H. Lorenz

Dynamik der Kurbelgetriebe

Mit besonderer Berücksichtigung der Schiffsmaschinen

H. Lorenz

Dynamik der Kurbelgetriebe

Mit besonderer Berücksichtigung der Schiffsmaschinen

ISBN/EAN: 9783955622701

Auflage:

Erscheinungsjahr: 2013

Erscheinungsort: Bremen, Deutschland

@ Bremen-university-press in Access Verlag GmbH, Fahrenheitstr. 1, 28359 Bremen. Alle Rechte beim Verlag und bei den jeweiligen Lizenzgebern.

DYNAMIK DER KURBELGETRIEBE

MIT BESONDERER BERÜCKSICHTIGUNG

DER

SCHIFFSMASCHINEN

VON

Dr. Phil. H. LORENZ,
DIPL. INGENIEUR,
PROFESSOR AN DER UNIVERSITÄT GÖTTINGEN.

MIT 66 TEXTFIGUREN.

Vorwort.

Die vorliegende Schrift behandelt ein Gebiet der technischen Mechanik und Maschinenlehre, welches in den zahlreichen Lehrbüchern dieser Disziplinen meines Wissens bisher noch keine seiner praktischen Bedeutung entsprechende Darstellung gefunden hat. Durch die erst neuerdings in Technikerkreisen als unzulänglich erkannte geometrische Bewegungslehre (Kinematik) war die schon von Poncelet und Redtenbacher angebahnte dynamische Behandlung des Kurbelmechanismus in den Hintergrund gedrängt worden. Hieran vermochte auch die bedeutungsvolle Arbeit Radingers „Über Dampfmaschinen mit hoher Kolbengeschwindigkeit" schon darum nichts zu ändern, weil sie die für stationäre Dampfmaschinen und Lokomotiven hinreichende Voraussetzung konstanter Winkelgeschwindigkeiten der Welle aus der Kinematik übernahm.

Erst die Aufgaben, welche der moderne Schiffsmaschinenbau stellte, erforderten eine breitere dynamische Grundlage, auf der für willkürliche Annahmen kein Platz mehr übrig blieb. Das Prinzip von D'Alembert* sowie die Energiegleichung reichen in der That zur praktischen Lösung aller Probleme hin und sind darum auch in der vorliegenden Arbeit ausgiebig verwendet worden. Aus dem ersteren ergeben sich, wie die Einleitung zeigen wird, zwanglos die allgemeinen Bedingungsgleichungen, welche dem Schlick'schen Massenausgleich zu Grunde liegen, während die Schwankungen der Winkelgeschwindigkeit sich mit Hilfe der Arbeitsgleichung leicht verfolgen lassen. Dabei bietet sich hinreichend Gelegenheit, die Berechtigung älterer Methoden zu prüfen.

Dem rein dynamischen Charakter dieser Schrift entsprechend habe ich, ohne ganz auf graphische Darstellungen zu verzichten, der analytischen Behandlung bei meinen Untersuchungen den Vorzug gegeben, wodurch sich auch der vielleicht auffallende Formelreichtum erklärt.

---

* Leser, welche mit den Lagrange'schen Gleichungen der Dynamik vertraut sind, werden vielleicht mit Interesse die dem Kurbelgetriebe gewidmeten Kapitel der eleganten Arbeit von K. Heun: „Die kinetischen Probleme der wissenschaftlichen Technik" im IX. Jahresbericht der deutschen Mathematiker-Vereinigung, Leipzig 1900, welche während des Druckes dieser Schrift erschien, mit unserer allerdings weitergehenden Darstellung vergleichen.

Ich hätte denselben allerdings leicht durch Weglassung mancher Beweise und Ausrechnungen einschränken können, doch schien mir dies um so weniger im Interesse der Leser zu liegen, als ich mich in den periodischen Reihen eines trotz seiner Fruchtbarkeit den Ingenieuren kaum geläufigen Hilfsmittels bedienen musste. Die damit erzielten, fast durchweg neuen und, wie mir scheint, auch praktisch wichtigen Resultate dürften dieses Verfahren im Verein mit einer ganz elementaren Darstellung, welche durch Zahlenbeispiele noch ergänzt wird, wohl rechtfertigen. Ich bin übrigens überzeugt, dass dieselbe Betrachtungsweise, welche uns einen Einblick in die periodischen Schwankungen des Drehmoments der Welle und deren Torsionsschwingungen während der Rotation gewährt, auch für das Studium anderer Vorgänge sich nützlich erweisen dürfte, und würde mich freuen, wenn meine Arbeit einige Leser nach dieser Richtung hin zu selbständigen Untersuchungen anspornen sollte. Habe ich doch selbst bei der Bearbeitung einzelner der hier behandelten Probleme den grossen Nutzen anderweitiger Anregungen erfahren, wofür ich in erster Linie Herrn O. Schlick in Hamburg und der Stettiner Maschinenbau-Aktiengesellschaft Vulkan, welche mir durch Beteiligung an Probefahrten wertvolle Einblicke in praktische Verhältnisse ermöglichten, zu Dank verpflichtet bin.

Solche Probleme sind in den letzten Jahren Gegenstand lebhafter Diskussion in Fachzeitschriften gewesen. Dass ich die hierbei erzielten positiven Ergebnisse unter vollständiger Quellenangabe aufgenommen habe, wird man wohl ebenso billigen wie den Verzicht auf jede Polemik an dieser Stelle. Dies verbot schon die Bestimmung der Arbeit als Einführung in das Gebiet für Ingenieure und reifere Studierende der Maschinentechnik, denen ohnehin mit noch nicht abgeschlossenen Untersuchungen schwerlich gedient wäre.

Schliesslich habe ich noch mit Dank die Unterstützung zu erwähnen, die mir durch meinen Assistenten, Herrn Ingenieur Cattaneo, beim Lesen der Korrekturen zu teil wurde.

Göttingen, im November 1900.

H. Lorenz.

Inhaltsverzeichnis.

	Seite
Einleitung	1

Kap. I. Die Massenwirkungen und ihr Ausgleich.

1. Die Bewegungen im Schubkurbelgetriebe	13
2. Die Massendrücke am Schubkurbelgetriebe	18
3. Die Ausgleichung der Massendrücke bei mehrkurbligen Maschinen	21
4. Diskussion der Ausgleichsbedingungen	28
5. Analytische Behandlung der Vierkurbelmaschine	33
6. Symmetrisch angeordnete Vierkurbelmaschinen	40
7. Graphische Behandlung der Vierkurbelmaschine	51
8. Die Bewegungen im Balanciergetriebe	57
9. Die Massendrücke in Balanciergetrieben	67

Kap. II. Der Energieaustausch.

10. Die kinetische Energie im Kurbelgetriebe	73
11. Die potentielle Energie im Kurbelgetriebe	84
12. Die Arbeit der treibenden Kraft	88
13. Der Ausgleich der Schwankungen im Drehmoment mehrkurbliger Maschinen	97
14. Die Widerstandsarbeit	109
15. Die Änderungen der Winkelgeschwindigkeit bei gegebener Widerstandskurve	114
16. Die Änderungen der Winkelgeschwindigkeit bei einem von ihr abhängigen Nutzwiderstande	126
17. Der Einfluss elastischer Formänderungen	133
18. Vergleich mit der praktischen Erfahrung	147

Sachregister	155
Namenregister	156

Einleitung.

Unter einem **Kurbelgetriebe** versteht man in der Maschinentechnik allgemein jeden Mechanismus, welcher die Rotation eines Körpers um eine Axe mit der geradlinigen Hin- und Herbewegung eines anderen Körpers derart gesetzmässig verknüpft, das zwischen beiden Körpern eine Energieübertragung möglich ist. Den rotierenden Körper bildet dabei immer die **Kurbelwelle**, auf welcher die **Kurbel** mit dem Angriffspunkt des erwähnten Mechanismus, dem **Kurbelzapfen**, fest angebracht ist, sowie eine ebenfalls mit ihr fest verbundene Masse, das sogenannte **Schwungrad**. Der hin- und hergehende Körper wird allgemein als **Gleitstück** bezeichnet und besteht im speziellen Falle der sogenannten Kolbenmaschinen aus **Kreuzkopf**,

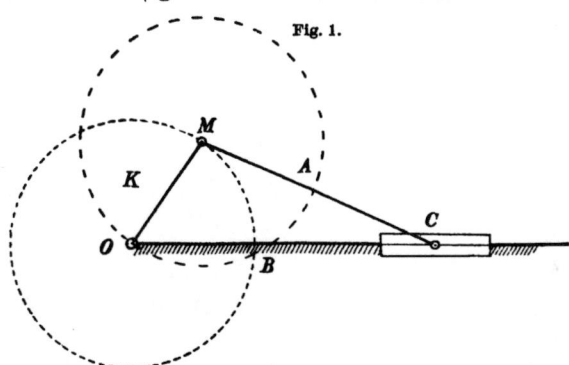

Fig. 1.

Kolbenstange und Kolben. Sowohl die Gleitbahn dieses Körpers (wohl auch Geradführung genannt), wie auch die Lager der Axe des rotierenden sind schliesslich durch einen dritten Körper, das sogenannte **Maschinenbett** oder die **Fundamentplatte** (auch **Främ** genannt) fest miteinander verbunden. Mittels dieses Körpers kann das ganze System durch Fundamentschrauben mit der Erdoberfläche oder auch mit einem Fahrzeug (Lokomotivgestell oder Schiffskörper) verknüpft werden.

Die äussere Form, welche die Kurbelgetriebe in der praktischen Technik annehmen, kann sehr verschieden ausfallen, je nach den kinematischen Bedingungen, welche sie zu erfüllen haben. Am einfachsten gestaltet sie sich, wenn die Bahnlänge des Gleitstückes gleich dem Durchmesser des Kurbelkreises (Fig. 1) sein soll. In diesem Falle hat man nur den Drehpunkt O der Kurbel K in die Verlängerung der Gleitbahn B zu verlegen und das Gleitstück C durch ein an ihm drehbares Zwischenglied A, die sogenannte **Schubstange**, mit dem Kurbelzapfen M zu verbinden. Den auf diese Weise entstandenen, bei weitem am häufigsten vorkommenden Mechanismus bezeichnet man als **Schubkurbelgetriebe**. Giebt man die hier festgehaltene Gleitbahn frei und hält statt ihrer das Zwischenglied A fest, so entsteht daraus das sogenannte **oscillierende Kurbelgetriebe**, welches jetzt nur noch selten Anwendung findet. Denkt man sich dagegen das Zwischenglied unendlich lang, bezw. seinen Drehpunkt auf dem Gleitstück C unendlich weit von O entfernt, so kann man auch den Kurbelzapfen M vermittelst eines Gleitstückes auf einer mit C fest verbundenen senkrecht

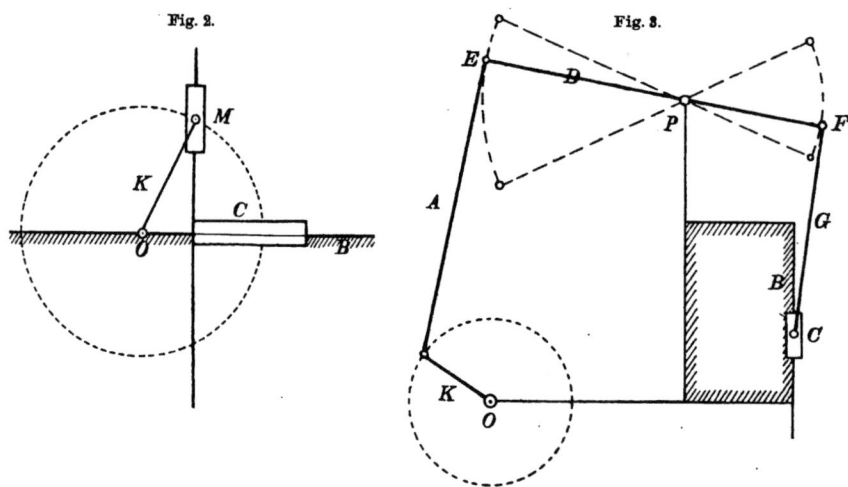

zur ursprünglichen Geradführung BB stehenden Gleitbahn bewegt denken (Fig. 2). Diese Verbindung bezeichnet man alsdann als **Kurbelschleife** und demnach das Ganze als **Kurbelschleifengetriebe**.

Verschiebt man nun unter Festhaltung des Kurbelmittels O in Figur 1 die Gleitbahn B parallel zu sich selbst, so erhält man Getriebe, in denen der Hub des Gleitstückes immer kleiner ausfallen wird als der Durchmesser des Kurbelkreises. Ausserdem ergeben sich hierbei, wenn die Verschiebung nicht klein gegen die Länge der Schubstange ist, sehr ungünstige Stellungen derselben, welche in der Praxis leicht zu Klemmungen führen. Will man sich hiervon unabhängig machen und zugleich bezüglich des Verhältnisses zwischen dem Hube des Gleitstückes und dem Kurbeldurchmesser volle Freiheit bewahren, so schaltet man nach Figur 3 einen **Schwinghebel oder Balancier** D mit einer am Gleitstück angreifenden Schubstange G zwischen dieses und die ursprüngliche Schubstange. Der Abstand des Balancierdrehpunktes P von seinen beiden Endpunkten E und F bestimmt hier das erwähnte Verhältnis, natürlich mit Rücksicht auf die Schubstangenlängen A und G.

Die bisher betrachteten Kurbelgetriebe sind sämtlich **ebene Mechanismen**; verbindet man nun mehrere in parallelen Ebenen liegende Getriebe, die übrigens verschiedenen Gattungen angehören können, durch eine gemeinsame Welle, so entstehen sogenannte **Mehrkurbelgetriebe**, welche in Verbindung mit mehreren Dampfcylindern inbesondere für Lokomotiven und Schiffe eine grosse Bedeutung erlangt haben. Die bei solchen Mehrkurbelmaschinen auftretenden Erscheinungen und deren Rückwirkung auf die Schiffskörper waren auch die Veranlassung zu einem erneuten Studium der Dynamik der Kurbelgetriebe überhaupt, nachdem sich herausgestellt hatte, dass die bisherige Auffassung der Vorgänge, welche in Radinger* ihren klassischen Vertreter gefunden hat, dem modernen Bedürfnis nach grösserer Schärfe nicht mehr entsprach.

Entsprechend ihrer praktischen Verwendung setzen wir nun für unsere Getriebe voraus, dass durch eine am Gleitstück angreifende mit der Bahn desselben gleichgerichtete Kraft ein Widerstandsmoment am Kurbelzapfen oder umgekehrt durch Einwirkung eines Drehmomentes an diesem ein am Gleitstück angreifender Widerstand überwunden werden soll. Erfolgt dies sehr langsam, so kann man unter Vernachlässigung der kinetischen Energie der einzelnen Getriebeteile die Aufgabe rein statisch, also etwa durch Anwendung des Prinzips der virtuellen Verschiebungen, behandeln. Für die jetzt gebräuchlichen Geschwindigkeiten, mit denen durch solche Getriebe oft ganz enorme Energiemengen hindurch geleitet werden, ist diese Methode indessen ganz unzulässig, auch wenn man sich auf die Untersuchung der Mechanismen im Beharrungszustande beschränkt. Dieser ist nämlich, wie man ohne weiteres erkennt, ein **periodischer**, indem nach Vollziehung einer Kurbelumdrehung alle Teile in dieselbe Lage zurückkehren und die ursprüngliche Geschwindigkeit wieder erlangen. Während einer Umdrehung aber ändert sich nicht nur die Lage, sondern auch die Geschwindigkeit aller Getriebeteile, welche hiernach Verzögerungen und Beschleunigungen unterworfen sind. Die von diesen Geschwindigkeitsänderungen herrührenden Kräfte, welche entweder bei stationären Maschinen von der Fundamentplatte aufgenommen werden oder bei beweglicher Unterlage derselben (auf Fahrzeugen) diese in Schwingungen versetzen, bezeichnet man, da ihre Grösse neben den Beschleunigungen wesentlich von den Massen der Getriebeteile abhängt als **Massenwirkungen**.

Über das Wesen dieser Massenwirkungen können uns nun allein die **Prinzipien der Dynamik**, vor allem dasjenige von d'Alembert

---

* Siehe dessen Buch: „Über Dampfmaschinen mit hoher Kolbengeschwindigkeit", 3. Aufl., Wien 1892.

eine erschöpfende Auskunft geben. In seiner allgemeinsten Form sagt dasselbe nur aus, dass die Gesamtheit der einem beliebigen System angreifenden Kräfte vermindert um die mit den Massen der entsprechenden Elemente multiplizierten Beschleunigungen keine Arbeit leistet. Sind demnach X, Y, Z die Komponenten einer dieser Kräfte, welche am Elemente m mit den augenblicklichen Koordinaten x, y, z angreifen, so haben wir, unter $\delta x, \delta y, \delta z$ die Projektionen irgend welcher unter dem Einfluss der Kräftekomponenten vollzogenen elementaren Verschiebung des Elementes auf die Axen eines im Raume festen Koordinatensystems verstanden, die allgemeine Gleichung

$$\Sigma\left\{\left(X - m\frac{d^2x}{dt^2}\right)\delta x + \left(Y - m\frac{d^2y}{dt^2}\right)\delta y + \left(Z - m\frac{d^2z}{dt^2}\right)\delta z\right\} = 0,$$

worin die Summierung über alle Teile des ganzen Systems zu erstrecken ist. Treten gar keine Beschleunigungen auf, so geht diese Formel in diejenige für das Gleichgewicht der äusseren Kräfte am System über, welche mit dem Prinzip der virtuellen Verschiebungen identisch sind.

Wir betrachten nun im speziellen Falle ein **System von parallelen Kurbelgetrieben** mit gemeinsamer Axe, und denken uns diese in einem bestimmten Augenblicke parallel mit der Z-Axe unseres festen Koordinatensystems. Die Bewegungsebenen der einzelnen Getriebe stehen demnach alle senkrecht zu dieser Axe. Weiterhin setzen wir fest, dass etwaige elastische Formänderungen der einzelnen Glieder unseres Mechanismus nur verschwindend gegenüber den Gestaltsänderungen des Systems bei einer Drehung um die Kurbelwelle sein mögen, so dass die Abstände einzelner Elemente voneinander als unabhängig von den Kräften angesehen werden dürfen. Alsdann bestehen durch den geometrischen Zusammenhang der Glieder Bedingungsgleichungen, denen wir, unter m' ein Element der bewegten Getriebeteile mit den Koordinaten x', y', z', und m'' ein solches des die Welle stützenden Fundamentes (Gestelles) mit den Abständen x'', y'', z'' verstanden, die Form geben können $f(x'-x'', y'-y'') = 0$. Die Koordinaten z' und z'' brauchen darin gar nicht aufzutreten, da ihre Differenz (d. h. der Abstand der entsprechenden Getriebeebene von einem beliebigen Punkte m'' des Gestelles) unverändert bleibt. Derartige Bedingungen, welche nichts anderes sind als Bahngleichungen, bestehen nun höchstens ebenso viele, als es bewegte Elemente m' giebt. Um dieselben mit der allgemeinen dynamischen Grundgleichung zu vereinigen, bilden wir für jede den Ausdruck

$$\frac{\partial f}{\partial x'}\delta x' + \frac{\partial f}{\partial x''}\delta x'' + \frac{\partial f}{\partial y'}\delta y' + \frac{\partial f}{\partial y''}\delta y'' = 0,$$

multiplizieren nach dem Vorgange von Lagrange mit je einem willkürlichen Koeffizienten λ und addieren* alle diese Produkte zu der allgemeinen Formel von d'Alembert. Dadurch geht diese über in

---

* Siehe Rausenberger: „Lehrbuch der analytischen Mechanik". Leipzig 1888, Bd. I S. 144.

$$\Sigma \left(X - m \frac{d^2x}{dt^2} + \lambda_1 \frac{\partial f_1}{\partial x} + \lambda_2 \frac{\partial f_2}{\partial x} + \cdots + \lambda_n \frac{\partial f_n}{\partial x} \right) \delta x$$
$$+ \Sigma \left(Y - m \frac{d^2y}{dt^2} + \lambda_1 \frac{\partial f_1}{\partial y} + \lambda_2 \frac{\partial f_2}{\partial y} + \cdots + \lambda_n \frac{\partial f_n}{\partial y} \right) \delta y$$
$$+ \Sigma \left(Z - m \frac{d^2z}{dt^2} \right) \delta z = 0,$$

worin die Summierung wieder über alle Elemente m' und m'', mit den zugehörigen Koordinaten x', y', z' bezw. x'', y'', z'' zu erstrecken ist. Die in den Klammern gegenüber der ursprünglichen Form des d'Alembertschen Prinzips hinzugetretenen Ausdrücke stellen nichts anderes als die **Bahndrücke** dar, welche den durch die Bedingungen $f(x'-x'', y'-y'') = 0$ vorgeschriebenen (also gezwungenen) Relativbewegungen entsprechen. Nur in der Z-Richtung treten derartige Zusatzkräfte nicht auf, da in derselben laut Voraussetzung keine relativen Verschiebungen entstehen. Wir können nunmehr die bisher willkürlichen n Multiplikatoren λ so bestimmen, dass ebenso viele in der letzten Gleichung eingeklammerte Faktoren von δx oder δy für sich verschwinden. Bei einer Gesamtzahl von k Elementen m bleiben mithin noch $(3k-n)$ derartiger Klammerausdrücke, deren Variationen $\delta x, \delta y, \delta z$ als unabhängig und darum vollkommen willkürlich anzusehen sind. Mithin müssen auch die übrigen Klammerausdrücke verschwinden, so dass unsere Formel in eine Anzahl einzelner Gleichungen für jedes Element zerfällt von der Form

$$m \frac{d^2x}{dt^2} = X + \lambda_1 \frac{\partial f_1}{\partial x} + \lambda_2 \frac{\partial f_2}{\partial x} + \cdots + \lambda_n \frac{\partial f_n}{\partial x}$$
$$m \frac{d^2y}{dt^2} = Y + \lambda_1 \frac{\partial f_1}{\partial x} + \lambda_2 \frac{\partial f_2}{\partial x} + \cdots + \lambda_n \frac{\partial f_n}{\partial x}$$
$$m \frac{d^2z}{dt^2} = Z.$$

Durch Zusammenfassung dieser Formeln nach jeder einzelnen Richtung ergeben sich dann die drei Gleichungen

$$\Sigma m \frac{d^2x}{dt^2} = \Sigma X + \lambda_1 \Sigma \frac{\partial f_1}{\partial x} + \cdots + \lambda_n \Sigma \frac{\partial f_n}{\partial x}$$
$$\Sigma m \frac{d^2y}{dt^2} = \Sigma Y + \lambda_1 \Sigma \frac{\partial f_1}{\partial y} + \cdots + \lambda_n \Sigma \frac{\partial f_n}{\partial y}$$
$$\Sigma m \frac{d^2z}{dt^2} = \Sigma Z.$$

Nun ist aber nach unseren nur die Relativbewegung umfassenden Bedingungen

$$\frac{\partial f}{\partial x'} = - \frac{\partial f}{\partial x''}, \quad \frac{\partial f}{\partial y'} = - \frac{\partial f}{\partial y''}$$

mithin, da andere als vier Koordinaten x', y', x'', y'' in keiner Bedingungsgleichung vorkommen

$$\Sigma \frac{\partial f}{\partial x} = 0, \quad \Sigma \frac{\partial f}{\partial y} = 0.$$

Damit verschwinden die Faktoren von λ in unsern letzten Formeln gänzlich und es bleiben die drei Gleichungen

$$\Sigma\left(X - m\frac{d^2x}{dt^2}\right) = 0$$

$$\Sigma\left(Y - m\frac{d^2y}{dt^2}\right) = 0$$

$$\Sigma\left(Z - m\frac{d^2z}{dt^2}\right) = 0$$

übrig, welche mit denen für ein vollkommen starres System identisch sind, so dass zunächst eine Trennung der Getriebeteile m' von den Elementen m'' des Gestelles nicht notwendig erscheint. Jedenfalls bewegt sich der Schwerpunkt des ganzen Systems, dessen Koordinaten ξ, η, ζ durch

$$\xi\Sigma m = \Sigma mx, \quad \eta\Sigma m = \Sigma my, \quad \zeta\Sigma m = \Sigma mz$$

definiert sind, hiernach genau so, als wenn sämtliche äussere Kräfte an ihm angreifen würden. Als solche äussere Kräfte kommen ausser den Gewichten und den sogenannten Auflagedrucken bei stationären Maschinen Riemenspannungen und Zahndrucke, bei Fahrzeugen (Schiffen und Lokomotiven) dagegen Bewegungswiderstände hinzu. Halten sich alle diese Kräfte das Gleichgewicht, d. h. verschwinden die Summen $\Sigma X, \Sigma Y, \Sigma Z$, so verharrt der Gesamtschwerpunkt entweder in Ruhe oder (bei Fahrzeugen) in gleichförmiger Bewegung. Für diesen Fall erhalten wir aus unseren Formeln durch Trennung der Elemente in diejenigen m' der Getriebeteile und m'' des Gestelles (worunter bei Fahrzeugen der ganze Lokomotivwagen mit Kessel, bez. der ganze Schiffskörper zu verstehen ist)

$$\Sigma m'\frac{d^2x'}{dt^2} + \Sigma m''\frac{d^2x''}{dt^2} = \Sigma m'\frac{d^2(x'-x'')}{dt^2} + \Sigma(m'+m'')\frac{d^2x''}{dt^2} = 0$$

$$\Sigma m'\frac{d^2y'}{dt^2} + \Sigma m''\frac{d^2y''}{dt^2} = \Sigma m'\frac{d^2(y'-y'')}{dt^2} + \Sigma(m'+m'')\frac{d^2y''}{dt^2} = 0$$

$$\Sigma m'\frac{d^2z'}{dt^2} + \Sigma m''\frac{d^2z''}{dt^2} = \Sigma(m'+m'')\frac{d^2z}{dt^2} = 0.$$

Hieraus erkennt man, dass man der Relativbewegung der Getriebeteile gegen den Gestellskörper dadurch gerecht wird, dass man die Masse der ersteren dem letzteren hinzufügt. Soll nunmehr der Schwerpunkt dieser vereinigten Massen seine Lage nicht ändern, d. h. sollen die zweiten Glieder der vorstehenden Formeln verschwinden, so muss dies auch für die ersten Glieder gelten. Für die dritte Gleichung fallen diese auf Grund unserer früheren Voraussetzungen natürlich von selbst weg. Die ersten Glieder bezeichnet man nun als die Massendrucke der Getriebeteile, deren Verschwinden demnach auf die Bedingungen

I) $\quad \Sigma m'\frac{d^2(x'-x'')}{dt^2} = 0, \quad \Sigma m'\frac{d^2(y'-y'')}{dt^2} = 0$

führt. Sind dieselben für unser System nicht erfüllt, so wird entweder das Gestelle in seiner Gesamtheit Bewegungen vollziehen oder, wenn es daran durch seine Befestigung verhindert ist, in seinen Einzelheiten Erschütterungen unterliegen. Die letzteren erkennt man sofort als Longitudinalschwingungen in der X- und Y-Richtung; dieselben gehen an der Grenzfläche als Schallschwingungen an die umgebende Luft über und sind demnach durch das Geräusch beim Gange der Maschine kenntlich. Infolge der elastischen Formänderung nicht nur des Gestelles, sondern auch der Getriebeteile können sie im allgemeinen nicht unterdrückt werden, sind indessen bei weitem nicht so lästig wie die Gesamtbewegungen des Gestelles, welches sich damit von seiner Unterlage abzuheben sucht. Für unsere späteren Untersuchungen ist übrigens der Umstand, dass es genügt, die Relativbewegungen der Getriebeteile gegenüber dem Gestell zu betrachten, besonders wichtig, da er uns der Notwendigkeit, die Lage des ganzen Systems ins Auge zu fassen, enthebt.

Durch die vorstehenden Formeln sind indessen noch nicht alle Massenwirkungen dargestellt, da neben der Lagenveränderung des Systemschwerpunktes auch noch Drehungen um denselben möglich sind. Diesen Drehungen müssen Momentgleichungen entsprechen, zu denen wir, wiederum nach Lagrange, durch Einführung dreier Winkel φ, ψ und ω gelangen, deren Variationen mit denjenigen der Koordinaten, wie man sofort übersieht, durch die Beziehungen

$$\delta x = z\delta\omega - y\delta\varphi, \quad \delta y = x\delta\varphi - z\delta\psi,$$
$$\delta z = y\delta\psi - x\delta\omega$$

verknüpft sind. Damit aber geht die allgemeine Formel für das d'Alembertsche Prinzip über in

$$\Sigma\left\{Yx - Xy - m\left(x\frac{d^2y}{dt^2} - y\frac{d^2x}{dt^2}\right)\right\}\delta\varphi$$
$$+ \Sigma\left\{Xz - Zx - m\left(z\frac{d^2x}{dt^2} - x\frac{d^2z}{dt^2}\right)\right\}\delta\omega$$
$$+ \Sigma\left\{Zy - Yz - m\left(y\frac{d^2z}{dt^2} - z\frac{d^2y}{dt^2}\right)\right\}\delta\psi = 0.$$

An einem vollkommen starren System sind die drei Drehungen $\delta\varphi$, $\delta\psi$, $\delta\omega$ einerseits allen Elementen m gemeinsam und ausserdem voneinander unabhängig. Infolgedessen verschwinden die Summen der drei Klammerausdrücke jede für sich, woraus die bekannten drei Momentgleichungen resultieren. In unserem Falle haben wir dagegen die Existenz der Gleichungen

$$f(x' - x'', y' - y'') = 0$$

für die relative Bewegung der Getriebeteile zu beachten, deren Variation nach Einführung der Verdrehungen $\delta\varphi'$, $\delta\psi'$, $\delta\omega'$ bezw. $\delta\varphi''$, $\delta\psi''$, $\delta\omega''$ die Form:

$$\frac{\partial f}{\partial x'}z'\,\delta\omega' - \frac{\partial f}{\partial y'}z'\,\delta\psi' + \left(\frac{\partial f}{\partial y'}x'' - \frac{\partial f}{\partial x'}y'\right)\delta\varphi'$$
$$+ \frac{\partial f}{\partial x''}z''\,\delta\omega'' - \frac{\partial f}{\partial y''}z''\,\delta\psi'' + \left(\frac{\partial f}{\partial y''}x'' - \frac{\partial f}{\partial x''}y''\right)\delta\varphi'' = 0$$

annimmt. Jede dieser n Gleichungen wollen wir nun wieder, mit einem zunächst willkürlichen Multiplikator λ versehen, der zuletzt entwickelten d'Alembertschen Formel hinzufügen, so dass diese übergeht in

$$\Sigma\left\{Yx - Xy - m\left(x\frac{d^2y}{dt^2} - y\frac{d^2x}{dt^2}\right) + \Sigma\lambda\left(\frac{\partial f}{\partial y}x - \frac{\partial f}{\partial x}y\right)\right\}\delta\varphi$$
$$+ \Sigma\left\{Xz - Zx - m\left(z\frac{d^2x}{dt^2} - x\frac{d^2z}{dt^2}\right) + \Sigma\lambda\frac{\partial f}{\partial x}z\right\}\delta\omega$$
$$+ \Sigma\left\{Zy - Yz - m\left(y\frac{d^2z}{dt^2} - z\frac{d^2y}{dt^2}\right) - \Sigma\lambda\frac{\partial f}{\partial y}z\right\}\delta\psi = 0.$$

Hierin können wir, analog der früheren Methode, die Multiplikatoren λ so bestimmen, dass n der in unter den Klammern befindlichen Einzelausdrücke für sich verschwinden, während die übrigen $(3k - n)$ wieder wegen der Willkürlichkeit der mit ihnen verbundenen Variationen zu Null werden müssen. Wir erhalten damit drei k Gleichungen

$$m\left(x\frac{d^2y}{dt^2} - y\frac{d^2x}{dt^2}\right) = Yx - Xy + \lambda_1\left(\frac{\partial f_1}{\partial y}x - \frac{\partial f_1}{\partial x}y\right) + \lambda_2\left(\frac{\partial f_2}{\partial y}x - \frac{\partial f_2}{\partial x}y\right) + \cdots$$
$$m\left(z\frac{d^2x}{dt^2} - x\frac{d^2z}{dt^2}\right) = Xz - Zx + z\left(\lambda_1\frac{\partial f_1}{\partial x} - \lambda_2\frac{\partial f_2}{\partial x} + \cdots\right)$$
$$m\left(y\frac{d^2z}{dt^2} - z\frac{d^2y}{dt^2}\right) = Zy - Yz - z\left(\lambda_1\frac{\partial f_1}{\partial y} + \lambda_2\frac{\partial f_2}{\partial y} + \cdots\right),$$

welche wir nach den Axenrichtungen zusammenfassen können.

Dabei verschwinden die Summen der in der zweiten und dritten Gleichung enthaltenen $\Sigma\frac{\partial f}{\partial x}$ bezw. $\Sigma\frac{\partial f}{\partial y}$, da infolge der ebenen Relativbewegung für das Giltigkeitsbereich die Bedingungsgleichungen $f(x' - x'', y' - y'') = 0$ alle Elemente dasselbe $z = z' = z''$ besitzen. Eine solche Vereinfachung tritt indessen bei der Summierung der Ausdrücke der ersten Reihen nicht ein, so dass wir nunmehr für die **Momentgleichungen** haben

$$\Sigma\left\{Yx - Xy - m\left(x\frac{d^2y}{dt^2} - y\frac{d^2x}{dt^2}\right)\right\} = -\Sigma\lambda\left(\frac{\partial f}{\partial y}x - \frac{\partial f}{\partial x}y\right)$$
$$\Sigma\left\{Xz - Zx - m\left(z\frac{d^2x}{dt^2} - x\frac{d^2z}{dt^2}\right)\right\} = 0$$
$$\Sigma\left\{Zy - Yz - m\left(y\frac{d^2z}{dt^2} - z\frac{d^2y}{dt^2}\right)\right\} = 0.$$

Hierin stimmen die letzten beiden Gleichungen wieder vollkommen mit den für das starre System giltigen Formeln überein, während die erste auf das Moment um die Kurbelwelle bezügliche noch die

Momente der Bahndrücke enthält. Wir wollen zunächst die Konsequenzen der letzten beiden Gleichungen für unseren Mechanismus ziehen. Befinden sich an derselben die Momente der äusseren Kräfte im Gleichgewichte, wie es der Zustand der Ruhe bezw. der gleichförmigen Bewegung verlangt, so verschwinden vor allem die Momente $\Sigma(Xz - Zx)$ und $\Sigma(Zy - Yz)$ und es bleibt, wenn wir wieder die Elemente m' der Getriebeteile von denen m'' des Gestelles trennen

$$\Sigma m'\left(z'\frac{d^2x'}{dt^2} - x'\frac{d^2z'}{dt^2}\right) + \Sigma m''\left(z''\frac{d^2x''}{dt^2} - x''\frac{d^2z''}{dt^2}\right) = 0$$

$$\Sigma m'\left(y'\frac{d^2z'}{dt^2} - z'\frac{d^2y'}{dt^2}\right) + \Sigma m''\left(y''\frac{d^2z''}{dt^2} - z''\frac{d^2y''}{dt^2}\right) = 0.$$

Beachten wir nun ferner, dass infolge des stationären Zustandes die Beschleunigung in der Z-Richtung und damit die Terme

$$\Sigma\left(m'x'\frac{d^2z'}{dt} + m''x''\frac{d^2z''}{dt^2}\right) = \frac{d^2z}{dt^2}\Sigma(m'x' + m''x'') = 0$$

$$\Sigma\left(m'y'\frac{d^2z'}{dt^2} + m''y''\frac{d^2z''}{dt^2}\right) = \frac{d^2z}{dt^2}\Sigma(m'y' + m''y'') = 0$$

verschwinden, so bleiben in jeder Gleichung nur je zwei Summen übrig, die wir unter Einführung der relativen Abstände $x' - x''$ und $y' - y''$ in der Form

$$\Sigma z' \cdot \frac{d^2(x' - x'')}{dt^2} + \Sigma(m'z' + m''z'')\frac{d^2x''}{dt^2} = 0$$

$$\Sigma z' \cdot \frac{d^2(y' - y'')}{dt^2} + \Sigma(m'z' + m''z'')\frac{d^2y''}{dt^2} = 0$$

schreiben können. Sollen nun keine Drehungen des ganzen Systems um je eine Axe in der X- und Y-Richtung stattfinden, wie sie durch die zweiten Terme dieser Gleichungen angedeutet sind, so müssen die ersten Terme verschwinden, d. h. die Bedingungen

II) $\qquad \Sigma z'\frac{d^2(x' - x'')}{dt^2} = 0, \quad \Sigma z'\frac{d^2(y' - y'')}{dt^2} = 0$

erfüllt sein. Diese Gleichungen bilden im Verein mit I) die Bedingungen für den vollständigen Massenausgleich des Systems, auf den wir im einzelnen im ersten Kapitel noch ausführlich zurückkommen werden. Wesentlich hierfür ist für uns die Thatsache, dass wir nur mehr die relative Bewegung der Getriebeteile gegenüber dem Gestell, nicht aber die absolute Bewegung des ganzen Systems ins Auge zu fassen haben.

Sind nun die Bedingungen II) nicht erfüllt, so wird das Gestell, wenn es als starr angesehen werden darf, auch bei vollständigem Wegfall (d. h. Gleichgewicht) der Momente $\Sigma(Xz - Zx)$ bezw. $\Sigma(Zy - Yz)$ Pendelungen um zwei Schwerpunktsaxen vollziehen, deren Periode mit der Umdrehungsdauer der Kurbelwelle übereinstimmen muss. Ist das Gestell dagegen elastisch deformierbar, so werden zu diesen Pendelungen noch Relativbewegungen seiner Einzelteile hinzutreten, welche nichts anderes als **Transversalschwingungen** sein können, da sie das Gestell auf Biegung beanspruchen. Bei Schiffen bezeichnet man diese Schwingungen meist als **Vibrationen** und diejenigen Punkte auf der Längsaxe, welche ihnen nicht unterworfen sind, als Knoten. Das ganze System verhält sich demnach den periodischen Bewegungen der Getriebeteile gegenüber wie ein in mehreren Punkten (d. i. den Knoten) festgehaltener Träger, in welchem durch die Schwingungen Biegungs- und Schubspannungen geweckt werden. Ganz besonders gefährlich werden diese Schwingungen im Falle der **Resonanz**, d. h. beim Zusammenfallen der Umdrehungsdauer der Maschine mit der Schwingungsdauer des als elastischer Träger aufgefassten Systems.

Im allgemeinen Falle, in welchem keine der vier Ausgleichsbedingungen erfüllt ist, fragt es sich nun, ob sich nicht die Wirkung der einzelnen Getriebe durch eine oder mehrere resultierende ersetzen lässt. Hierbei hat man sich zu erinnern, dass die relativen Bewegungen der Getriebeteile im Beharrungszustande periodisch sind, die Beschleunigungen mithin in Form einer periodischen Reihe angeschrieben werden können. Diese Reihe kann entweder nach Vielfachen des zurückgelegten Bogens φ oder mit Einführung der Winkelgeschwindigkeit ε nach der Zeit t fortschreiten. Wir werden später infolge der Veränderlichkeit von ε die erstere Schreibweise als praktisch erkennen. Dann haben wir für die relativen Beschleunigungskomponenten eines Elementes m''

$$\frac{d^2(x'-x'')}{dt^2} = A_1 \cos(\varphi + \alpha) + A_2 \cos 2(\varphi + \alpha) + \cdots$$

$$\frac{d^2(y'-y'')}{dt^2} = B_1 \sin(\varphi + \alpha) + B_2 \sin 2(\varphi + \alpha) + \cdots$$

worin unter α die Phasenverschiebung dieser Bewegung gegenüber derjenigen eines anderen Elementes m', dessen Bewegungsgleichung im übrigen dieselbe Form besitzt, verstanden werden soll. Wie gleich hier vorausgeschickt werden soll, werden wir diese Phasenverschiebung später als Schränkungswinkel der einzelnen Kurbeln von Mehrkurbelmaschinen wiederfinden. Führt man nun diese Ausdrücke für die Beschleunigungen in unsere früheren Formeln für die Bewegung des ganzen Systems ein, so erkennt man, dass die sogenannte Massenwirkung mit der Wirkung je zweier periodisch schwankender Kräfte und Kräftepaare identisch ist. Eine Zusammenfassung derselben, wie sie in der Statik gebräuchlich ist, bietet hier keinen Vorteil, da die momentanen Resultanten nicht nur in ihrer Grösse, sondern, wenigstens was die Kräfte betrifft, auch in ihrer Richtung periodisch veränderlich sind.

Einleitung.

Wir haben nunmehr noch die erste der Momentgleichungen des d'Alembertschen Prinzips zu untersuchen, in welcher die mit den Multiplikatoren λ behafteten Glieder nicht verschwinden. Der grundsätzliche Unterschied dieser Gleichung von den beiden anderen geht am einfachsten aus der Betrachtung der mit den Beschleunigungen behafteten Glieder hervor, die wir auch unter Einführung der Geschwindigkeitskomponenten

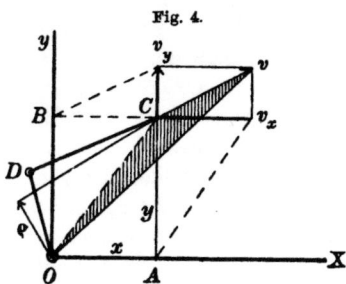

Fig. 4.

$$\frac{dx}{dt} = v_x \quad \text{und} \quad \frac{dy}{dt} = v_y$$

in der Form

$$\Sigma m \left(x \frac{d^2 y}{dt^2} - y \frac{d^2 x}{dt^2} \right) = \Sigma m \frac{d}{dt} \left(x v_y - y v_x \right)$$

schreiben dürfen. Bezeichnen wir nunmehr noch mit ϱ das Lot vom Ursprung O (s. Fig. 4) auf die Richtung der resultierenden Geschwindigkeit $v = \sqrt{v_x^2 + v_y^2}$, so erfolgt aus der Flächengleichheit der Dreiecke $OCv = ACv_x - BCv_y$

$$x v_y - y v_x = \varrho v,$$

und wir erhalten

$$\Sigma m \left(x \frac{d^2 y}{dt^2} - y \frac{d^2 x}{dt^2} \right) = \Sigma m \frac{d(\varrho v)}{dt}.$$

Würden nun das Moment der äusseren Kräfte $\Sigma(Y_x - X_y)$ und die mit λ behafteten Glieder verschwinden, so würde unter Zerlegung der Massen m in m' und m'' unsere Gleichung in

$$\Sigma m' \frac{d(\varrho' v')}{dt} + \Sigma m'' \frac{d(\varrho'' v'')}{dt} = 0$$

oder

$$\Sigma m' \varrho' v' + \Sigma m'' \varrho'' v'' = \text{Const.}$$

übergehen, und danach müssten Elemente m', deren Bewegungsrichtung gerade durch den Punkt O hindurchgeht, wegen $\varrho' = 0$ aus der Betrachtung ausscheiden. Dies trifft aber nur dann zu, wenn es sich um einen vollkommen starren Körper handelt, während wir uns für das vorliegende System den Punkt C mit O auch gelenkig durch die Arme OD (Kurbel) und CD (Schubstange) verbunden denken können. Alsdann aber muss eine Bewegung von C eine Drehung von OD zur Folge haben, der die letzte Formel nicht mehr gerecht wird. Damit aber ist die Unzulässigkeit des Fortlassens der mit λ behafteten Glieder, welche gerade den geometrischen Zusammenhang der einzelnen Elemente des Systems wiedergeben, erwiesen. **In Bezug auf die Drehungen um die Z-Achse allein unterscheidet sich demnach die Behandlung unseres Systems von derjenigen eines starren Körpers.**

Der weiteren Untersuchung auf Grund der Gleichung für die Momente und Drehungen um die Z-Achse würde nun zunächst eine Bestimmung der Multiplikatoren λ vorausgehen, die, wenigstens im allgemeinen Falle, recht umständlich werden dürfte. Wir wollen aus diesem Grunde auf die Diskussion dieser Formel verzichten und statt ihrer auf die Grundgleichung für das d'Alembertsche Prinzip zurückgreifen, welche sie natürlich mit umfasst. Wenn wir noch dabei voraussetzen, dass in der Z-Richtung das ganze System entweder in Ruhe oder in gleichförmiger Bewegung sich befinden soll, so müssen alle Variationen δz denselben Wert annehmen und können vor das entsprechende Summenzeichen gesetzt werden. Die Summe selbst aber muss verschwinden, weil die Z-Kräfte unter sich im Gleichgewichte sich befinden und keine Beschleunigungen $d^2z : dt^2$ mehr übrig bleiben. Damit reduziert sich die Gleichung auf

$$\Sigma\left(X - m\frac{d^2x}{dt^2}\right)\delta x + \Sigma\left(Y - m\frac{d^2y}{dt^2}\right)\delta y = 0$$

oder

IV) $\quad \Sigma(X\delta x + Y\delta y) = \Sigma m\left(\frac{d^2x}{dt^2}\delta x + \frac{d^2y}{dt^2}\delta y\right).$

Ersetzen wir nunmehr hierin die virtuellen Verschiebungen δx und δy durch die bei der Bewegung wirklich eintretenden dx und dy, so haben wir unter gleichzeitiger Einführung der Geschwindigkeiten v_x und v_y bezw. v

IVa) $\quad \Sigma(X\,dx + Y\,dx) = \Sigma m(v_x\,dv_x + v_y\,dv_y) = \Sigma m\,v\,dv,$

worin die linke Seite das Differential der Arbeit der äusseren Kräfte (einschliesslich der Gewichte), die rechte den Zuwachs der kinetischen Energie J angiebt. Da es sich hier um Drehungen um die Z-Achse handelt, so können wir auch den Arbeitszuwachs der äusseren Kräfte als Produkt eines Momentes $\mathfrak{M}$ mit einem Bogenelement $d\varphi$ darstellen und haben dann

IVb) $\quad \mathfrak{M}\,d\varphi = \Sigma m\,v\,dv = dJ.$

Wir werden später erkennen, dass es praktisch niemals möglich ist, das Moment der äusseren Kräfte vollständig zum Verschwinden zu bringen, so dass Schwankungen der kinetischen Energie des Systems unvermeidlich erscheinen. Indessen wird uns eine zweckmässige Analyse dieses Momentes, das sich als Differenz des treibenden und des Widerstandsmomentes unter Berücksichtigung der Gewichtsenergie ergiebt, auf praktisch brauchbare Regeln zur weitgehenden Herabminderung dieser Schwankungen führen.

Die Veränderungen der kinetischen Energie verteilen sich nunmehr auf die Getriebeteile und das Gestell. Auch wenn der Gesamtschwerpunkt, wie es dem Beharrungszustande entspricht, keine Beschleunigungen erleidet, bleiben mithin Bewegungen der Einzelteile des Gestelles übrig, welche ausser den schon betrachteten Longitudinal- und Transversalschwingungen auch die Form von **Torsionsschwingungen** annehmen können. Es sei übrigens gleich hier bemerkt, dass die auf alle diese Schwingungen entfallenden Arbeitsbeträge gegenüber der vom Getriebe übertragenen Gesamtarbeit nur klein sind, so dass wir sie in unserer Untersuchung des Energieaustausches, welche uns im zweiten Kapitel beschäftigen wird, zunächst vernachlässigen werden. Die Arbeitsgleichung wird uns alsdann zur Berechnung der Schwankungen der Winkelgeschwindigkeit im Getriebe dienen, welche ihrerseits für die Grösse der Massendrucke, deren Ausgleich das erste Kapitel gewidmet ist, massgebend sind.

Kapitel I.
Die Massenwirkungen und ihr Ausgleich.

1. Die Bewegungen im Schubkurbelgetriebe. Die Untersuchung des Kräftespiels an einem Mechanismus und die aus demselben hervorgehenden Energieänderungen setzt die Kenntnis der Bewegungen der einzelnen Getriebeteile zu einander voraus, aus denen dann die Geschwindigkeiten und Beschleunigungen abzuleiten sind. Da nun, wie aus der Betrachtung der obigen Figuren ohne weiteres erhellt, jeder Kurbelstellung eine eindeutig bestimmte Lage des Gleitstückes entspricht, umgekehrt aber jeder Lage des letzteren im allgemeinen zwei Kurbelstellungen zugehören, so empfiehlt es sich, als unabhängige Veränderliche die Kurbelstellung, gemessen durch ihren Ausschlagswinkel gegen eine ihrer Endlagen (sogenannte **Totlagen** bezw. **Totpunkte**) zu wählen. Wir gehen dabei von dem dem Gleitstück zugewendeten sogenannten **inneren Totpunkte** aus und bezeichnen den erwähnten Kurbelwinkel mit φ (siehe Fig. 5 S. 14), dem alsdann ein Ausschlagswinkel β der Schubstange aus ihrer Mittellage entspricht. Bezeichnen wir nun den Kurbelradius mit r, die Schubstangenlänge mit l und die momentane Entfernung des Kreuzkopfzapfens C von der Hubmitte mit x, so haben wir für x die Beziehung

1) $$x + l = r\cos\varphi + l\cos\beta,$$

welche wegen

2) $$r\sin\varphi = l\sin\beta$$

übergeht in

1a) $$x + l = r\cos\varphi + l\sqrt{1 - \frac{r^2}{l^2}\sin^2\varphi}.$$

Dieser Ausdruck ist für die weitere Behandlung recht unbequem; wir wollen daher die Wurzel in eine Reihe entwickeln und erhalten, nachdem noch l auf beiden Seiten weggehoben ist,

1b) $$\frac{x}{r} = \cos\varphi - \frac{1}{2}\frac{r}{l}\sin^2\varphi\left(1 + \frac{1}{4}\frac{r^2}{l^2}\sin^2\varphi + \frac{1}{8}\frac{r^4}{l^4}\sin^4\varphi + \cdots\right).$$

Bei der starken Konvergenz dieser Reihe wird man sich ohne Zweifel mit nur wenigen Gliedern begnügen dürfen. Die Glieder werden sämtlich am grössten mit $\varphi = \frac{\pi}{2}$, auch ist dann ihr Einfluss auf das Gesamtergebnis ein Maximum, da hierfür $\cos \varphi = 0$ wird. In der

Fig. 5.

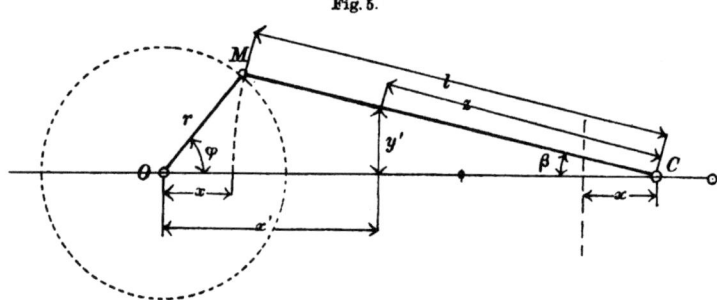

Praxis kommen nun vorwiegend Verhältnisse des Kurbelradius zur Schubstangenlänge vor, welche zwischen 1 : 4 und 1 : 5 liegen. Für diese Grössen haben wir aber die folgenden Werte:

$\frac{r}{l}$	$\frac{1}{2}\frac{r}{l}$	$\frac{1}{4}\frac{r^2}{l^2}$	$\frac{1}{8}\frac{r^4}{l^4}$
1 : 4	0,125	0,0156	0,0005
1 : 5	0,100	0,0100	0,0002

Daraus folgt, dass man sich in den meisten Fällen mit der Annäherungsformel:

1 c) $\qquad \frac{x}{r} = \cos \varphi - \frac{1}{2}\frac{r}{l}\sin^2 \varphi$

begnügen kann. Für das Kurbelschleifengetriebe verschwinden, da hier $r : l = 0$ zu setzen ist, in 1b) naturgemäss alle Glieder bis auf $\cos \varphi$, so dass sich die Bewegungsverhältnisse dieses Mechanismus besonders einfach gestalten.

Die Geschwindigkeit des Gleitstückes ergibt sich durch Differentiation von 1) nach der Zeit, also mit Rücksicht auf 2):

3) $\quad \frac{dx}{dt} = -r\sin\varphi\left(1 + \frac{d\beta}{d\varphi}\right)\frac{d\varphi}{dt} = -r\sin\varphi\left(1 + \frac{r}{l}\frac{\cos\varphi}{\cos\beta}\right)\frac{d\varphi}{dt}$.

Entwickeln wir auch hier den Ausdruck

$$1 : \cos\beta = \left(1 - \frac{r^2}{l^2}\sin^2\varphi\right)^{-\frac{1}{2}}$$

in eine Reihe, so geht 3) über in

3a) $\quad \dfrac{dx}{dt} = -r\sin\varphi \dfrac{d\varphi}{dt}\left\{1 + \dfrac{r}{l}\cos\varphi\left(1 + \dfrac{1}{2}\dfrac{r^2}{l^2}\sin^2\varphi + \dfrac{3}{8}\dfrac{r^4}{l^4}\sin^4\varphi + \cdots\right)\right\},$

worin wir wieder die Glieder mit höheren Potenzen von $r:l$ vernachlässigen dürfen, so dass nur noch

3b) $\quad \dfrac{dx}{dt} = -r\sin\varphi\left(1 + \dfrac{r}{l}\cos\varphi\right)\dfrac{d\varphi}{dt} = -r\left(\sin\varphi + \dfrac{r}{2l}\sin 2\varphi\right)\dfrac{d\varphi}{dt}$

als Näherungswert übrig bleibt. Diesen Ausdruck hätten wir auch sogleich durch Differentiation von 1c) erhalten können. Durch Vergleich dieser Formel mit 3) erkennt man übrigens, dass unsere Vernachlässigungen in der Kleinheit des Winkels β beruhen, dessen Kosinus deshalb niemals sehr von 1 abweichen wird. Genau zu demselben Ergebnis wären wir auch gelangt, wenn wir aus demselben Grunde in Gleichung 2) $\sin\beta \sim \beta$, mithin $\dfrac{d\beta}{d\varphi} \sim \dfrac{r}{l}\cos\varphi$ gesetzt hätten.

Durch eine weitere Differentiation geht schliesslich aus 3) die Beschleunigung des Gleitstückes hervor, die wir indessen, da sich dieselben Überlegungen hier wiederholen, unmittelbar aus 3b) ableiten wollen. Wir führen nur noch eine Abkürzung für die **Winkelgeschwindigkeit der Kurbel** ein, indem wir

4) $\quad\quad\quad\quad\quad\quad \dfrac{d\varphi}{dt} = \varepsilon$

setzen, und erhalten dann für die Beschleunigung

5) $\quad \dfrac{d^2 x}{dt^2} = -r\varepsilon^2\left(\cos\varphi + \dfrac{r}{l}\cdot\cos 2\varphi\right) - r\dfrac{d\varepsilon}{dt}\left(\sin\varphi + \dfrac{r}{2l}\sin 2\varphi\right),$

welche sich für das Kurbelschleifengetriebe vereinfacht in

5a) $\quad \dfrac{d^2 x}{dt^2} = -r\left(\varepsilon^2\cos\varphi + \dfrac{d\varepsilon}{dt}\sin\varphi\right).$

In allen bisherigen Behandlungen der Mechanik des Kurbelgetriebes, insbesondere derjenigen von Radinger, wird nun das mit der Winkelbeschleunigung $\dfrac{d\varepsilon}{dt}$ behaftete Glied vernachlässigt und damit eine Vereinfachung erzielt, welche indessen in zahlreichen, gerade in neuerer Zeit wichtig gewordenen Fällen auf Widersprüche führt.

Während das Gleitstück sich nur in einer Richtung bewegt, sind für die einzelnen **Punkte der Schubstange** immer zwei Komponenten zu berücksichtigen. Wir wollen der Einfachheit halber uns die Elemente der Schubstange auf die Verbindungslinie zwischen dem Kreuzkopf- und Kurbelzapfen, die sogenannte Axe, reduziert denken und einen von ersterem um z entfernten Punkt ins Auge fassen (Fig. 5). Die Lage dieses Punktes bestimmen wir einerseits durch seinen Abstand x' von O gemessen in der Bewegungsrichtung des Gleitstückes und seine Entfernung y' von dieser Linie, und erhalten hierfür:

6) $$x' = r\cos\varphi + (l-z)\cos\beta,$$
7) $$y' = z\cdot\sin\beta = z\frac{r}{l}\sin\varphi.$$

Von diesen Gleichungen lässt sich 6) durch die schon oben angewandte Vernachlässigung unter gleichzeitiger Elimination von β überführen in

6a) $$\frac{x'-l+z}{r} = \cos\varphi - \frac{l-z}{2l}\cdot\frac{r}{l}\sin^2\varphi.$$

Durch Elimination von φ aus 6a) und 7) gelangt man weiter zur Gleichung der Bahnkurve des betrachteten Punktes, die uns indessen hier um so weniger interessiert, als sich deren Eigenschaften viel einfacher mit graphischen Methoden verfolgen lassen. Die Formel 6a) entspricht in ihrer Bauart genau der Gleichung 1c) für die Bewegung des Gleitstückes, sie geht auch für $z = 0$ in diese über, wenn wir nur die Abscisse statt auf O auf die Hubmitte beziehen. Für $z = l$, also den Kurbelzapfen, erhalten wir dann die der Kreisbewegung entsprechende Formel:

6b) $$x_0 = r\cos\varphi.$$

In ganz derselben Weise wie oben ergeben sich nunmehr auch die Geschwindigkeiten des betrachteten Punktes nach beiden Richtungen zu

8) $$\frac{dx'}{dt} = -r\varepsilon\left(\sin\varphi + \frac{l-z}{2l}\cdot\frac{r}{l}\sin 2\varphi\right),$$
9) $$\frac{dy'}{dt} = +z\frac{r}{l}\varepsilon\cos\varphi$$

und schliesslich die Beschleunigungen in beiden Richtungen:

10) $$\begin{cases}\dfrac{d^2x'}{dt^2} = -r\varepsilon^2\left(\cos\varphi + \dfrac{l-z}{l}\cdot\dfrac{r}{l}\cos 2\varphi\right) \\ \qquad -r\dfrac{d\varepsilon}{dt}\left(\sin\varphi + \dfrac{l-z}{2l}\cdot\dfrac{r}{l}\sin 2\varphi\right),\end{cases}$$
11) $$\frac{d^2y'}{dt^2} = -r\frac{z}{l}\left(\varepsilon^2\sin\varphi - \frac{d\varepsilon}{dt}\cos\varphi\right).$$

Sehr einfach gestalten sich endlich die Bewegungsgleichungen des dritten Gliedes, der Kurbel, deren einzelne Punkte sämtlich Kreise beschreiben. Hat z. B. der ins Auge gefasste Punkt den Abstand ϱ vom Drehungsmittelpunkt O, so sind die beiden Koordinaten desselben:

12) $$x'' = \varrho\cos\varphi,$$
13) $$y'' = \varrho\sin\varphi,$$

mithin die Geschwindigkeitskomponenten:

14) $$\frac{dx''}{dt} = -\varrho\varepsilon\sin\varphi,$$
15) $$\frac{dy''}{dt} = +\varrho\varepsilon\cos\varphi,$$

und die Beschleunigungen:

16) $$\frac{d^2 x''}{dt^2} = -\varrho\left(\varepsilon^2 \cos \varphi + \frac{d\varepsilon}{dt}\sin\varphi\right),$$

17) $$\frac{d^2 y''}{dt^2} = -\varrho\left(\varepsilon^2 \sin \varphi - \frac{d\varepsilon}{dt}\cos\varphi\right).$$

Diese letzten Formeln gelten naturgemäss auch unverändert und streng für das Kurbelschleifengetriebe, für welches Gleichung 10) sich auf 5a) reduziert, seitliche Bewegungen von anderen Teilen ausser der Kurbel, wie sie durch Gleichung 9) und 11) charakterisiert sind, dagegen ganz wegfallen.

Zusatz. Die soeben entwickelten Näherungsformeln tragen ersichtlich den Charakter abgebrochener periodischer Reihen. Es erscheint darum insbesondere für die Beurteilung ihrer Genauigkeit nicht unwichtig, diese Reihen etwas vollständiger zu entwickeln, wie dies zuerst von Macalpine (Engineering 1897, 22. Okt.) durchgeführt wurde. Ersetzen wir in unserer allgemein giltigen Formel 1b) die Potenzen von $\sin \varphi$ durch Ausdrücke mit den Vielfachen von φ, und zwar mit Hilfe der Gleichungen

$$\sin^2 \varphi = \frac{1}{2}(1 - \cos 2\varphi)$$

$$\sin^4 \varphi = \frac{1}{2^3}(3 - 4\cos 2\varphi + \cos 4\varphi)$$

$$\sin^6 \varphi = \frac{1}{2^5}(10 - 15\cos 2\varphi + 6\cos 4\varphi - \cos 6\varphi)\ \text{u. s. w.,}$$

so erhalten wir

1d) $$\begin{cases} \dfrac{x}{r} = \cos \varphi - \dfrac{1}{4}\dfrac{r}{l} - \dfrac{3}{64}\dfrac{r^3}{l^3} - \dfrac{5}{256}\dfrac{r^5}{l^5} - \cdots \\ \quad + \cos 2\varphi\left(\dfrac{1}{4}\dfrac{r}{l} + \dfrac{1}{16}\dfrac{r^3}{l^3} + \dfrac{15}{512}\dfrac{r^5}{l^5} + \cdots\right) \\ \quad - \cos 4\varphi\left(\quad\cdot\quad \dfrac{1}{64}\dfrac{r^3}{l^3} + \dfrac{3}{256}\dfrac{r^5}{l^5} + \cdots\right) \\ \quad + \cos 6\varphi\left(\quad\cdot\quad\quad\cdot\quad \dfrac{1}{512}\dfrac{r^5}{l^5} + \cdots\right) \\ \quad + \cdot\quad\cdot\quad\cdot\quad\cdot\quad\cdot\quad\cdot\quad\cdot \end{cases}$$

Hieraus erkennt man, dass der Kolbenweg durch eine periodische Funktion des Kurbelwinkels dargestellt werden kann, deren Koeffizienten wiederum in Potenzreihen des Verhältnisses $r:l$ entwickelbar sind. Diese Reihen sind sehr rasch konvergent und können für praktische Zwecke unbedenklich mit dem ersten Gliede abgebrochen werden, woraus dann die Gleichung 1c) hervorgeht. Durch Differentiation erhält man aus 1d)

3c) $$\begin{cases} \dfrac{1}{r}\dfrac{dx}{d\varphi} = \dfrac{1}{r\varepsilon}\dfrac{dx}{dt} = -\sin\varphi - \sin 2\varphi\left(\dfrac{1}{2}\dfrac{r}{l} + \dfrac{1}{8}\dfrac{r^3}{l^3} + \dfrac{15}{256}\dfrac{r^5}{l^5} + \cdots\right) \\ \quad + \sin 4\varphi\left(\quad\cdot\quad \dfrac{1}{16}\dfrac{r^3}{l^3} + \dfrac{3}{64}\dfrac{r^5}{l^5} + \cdots\right) \\ \quad - \sin 6\varphi\left(\quad\cdot\quad\quad\cdot\quad \dfrac{3}{256}\dfrac{r^5}{l^5} + \cdots\right) \\ \quad + \cdot\quad\cdot\quad\cdot\quad\cdot\quad\cdot\quad\cdot\quad\cdot \end{cases}$$

worin die Koeffizienten schon etwas grösser erscheinen, jedoch nicht in dem Maße, dass die Weglassung der Glieder mit höheren Potenzen von $r:l$ Bedenken erregen könnte. Für die Beschleunigung ergiebt sich

oder
$$\frac{d^2x}{dt^2} = \frac{d}{dt}\left(\varepsilon\frac{dx}{d\varphi}\right) = \varepsilon^2\frac{d^2x}{d\varphi^2} + \frac{dx}{d\varphi}\frac{d\varepsilon}{dt}$$
$$\frac{d^2x}{dt^2} = \varepsilon^2\frac{d^2x}{d\varphi^2} + \frac{dx}{d\varphi}\varepsilon\frac{d\varepsilon}{d\varphi}.$$

Ist nun die Winkelbeschleunigung $d\varepsilon:dt = \varepsilon d\varepsilon:d\varphi$ während der ganzen Umdrehung klein gegen die Winkelgeschwindigkeit selbst, was insbesondere bei rasch laufenden Maschinen stets zutrifft, so kann man im zweiten Gliede dieser Gleichung alle mit dem Verhältnis $r:l$ behafteten Terme überhaupt vernachlässigen. Wir hätten dies schon oben in Gl. 5) durch Weglassung von $\frac{r}{2l}\sin 2\varphi$ in der zweiten Klammer thun können, haben aber dort davon Abstand genommen mit Rücksicht auf spätere Erörterungen in § 3.

Für die Winkelbeschleunigung erhalten wir nunmehr aus 3c) die Reihe

5b) $\begin{cases} \frac{1}{r\varepsilon^2}\frac{d^2x}{dt^2} = \frac{1}{r\varepsilon}\frac{d\varepsilon}{d\varphi}\cdot\frac{dx}{d\varphi} - \cos\varphi - \cos 2\varphi\left(\frac{r}{l} + \frac{1}{4}\frac{r^3}{l^3} + \frac{15}{128}\frac{r^5}{l^5} + \cdots\right) \\ \qquad\qquad\qquad\qquad\qquad + \cos 4\varphi\left(\cdot\quad\cdot\frac{1}{4}\frac{r^3}{l^3} + \frac{3}{16}\frac{r^5}{l^5} + \cdots\right) \\ \qquad\qquad\qquad\qquad\qquad - \cos 6\varphi\left(\cdot\quad\cdot\quad\cdot\frac{1}{128}\frac{r^5}{l^5} + \cdots\right) \\ \qquad\qquad\qquad\qquad\qquad + \cdot\quad\cdot\quad\cdot\quad\cdot\quad\cdot\quad\cdot\quad\cdot\quad\cdot \end{cases}$

in deren erstem Gliede die eben erwähnte Vernachlässigung vorgenommen werden kann. Die ausgeschiedenen Koeffizienten der Winkelfunktionen dieser Ausdrücke sind infolge der Differentiation wieder gegen 3c) grösser geworden, immerhin aber erkennt man, dass die Vernachlässigung von $\frac{1}{4}\frac{r^3}{l^3}$ noch bei einem Werte von $r:l = 1:4$ vollständig unbedenklich erscheint. Damit aber dürften die früher entwickelten Näherungsformeln 1c), 3b) und 5) als vollkommen zulässig für alle praktischen Zwecke angesehen werden. Dasselbe gilt natürlich auch für die Gl. 8) und 10), welche die Bewegung der einzelnen Schubstangenpunkte betreffen, während die Bewegungen im Kurbelschleifengetriebe sich immer in endlicher Form darstellen lassen.

2. **Die Massendrücke am Schubkurbelgetriebe.** Den im vorigen Paragraphen ermittelten Beschleunigungen entsprechen nun Reaktionen der einzelnen Massen, die wir schon oben als Massendrücke bezeichnet haben. Die in der x-Richtung fallenden Komponenten X dieser Reaktionen* summieren sich, wenn wir von der Reibung im ganzen

---

* Es mag noch darauf hingewiesen werden, dass die Grossen X bezw. Y hier nicht mit den in der Einleitung ebenso bezeichneten Komponenten der äusseren Kräfte verwechselt werden dürfen.

Getriebe absehen, im Kurbellager O und werden dort von der Fundamentplatte aufgenommen, während die hierzu senkrechten Komponenten Y teils im Kurbellager O, teils auch am Kreuzkopfzapfen C auftreten.

Die Massendrücke ergeben sich dabei einfach als die Summe der Produkte der einzelnen Massenelemente mit ihren Beschleunigungen. Es sei nun P das Gewicht des lediglich geradlinig bewegten Gleitstückes, g die Beschleunigung der Schwere, dann ist der durch seine Bewegung wachgerufene Massendruck nach Gleichung 5):

$$
18) \quad \begin{cases} X = -\dfrac{P}{g}\dfrac{d^2x}{dt^2} = -\dfrac{P}{g}r\varepsilon^2\left(\cos\varphi + \dfrac{r}{l}\cos 2\varphi\right) \\ \qquad + \dfrac{P}{g}r\dfrac{d\varepsilon}{dt}\left(\sin\varphi + \dfrac{r}{2l}\sin 2\varphi\right). \end{cases}
$$

In derselben Richtung wirkt auch der Beschleunigungsdruck X' der Schubstange, deren Gewichtselement wir mit dG bezeichnen wollen. Wir haben also mit 10):

$$
19) \quad \begin{cases} dX' = -\dfrac{dG}{g}\dfrac{d^2x'}{dt^2} = -\dfrac{dG}{g}r\varepsilon^2\left(\cos\varphi + \dfrac{r}{l}\cos 2\varphi - \dfrac{zr}{l^2}\cos 2\varphi\right) \\ \qquad + \dfrac{dG}{g}r\dfrac{d\varepsilon}{dt}\left(\sin\varphi + \dfrac{r}{2l}\sin 2\varphi - \dfrac{zr}{2l^2}\cdot\sin 2\varphi\right), \end{cases}
$$

woraus sich der Gesamtdruck durch Integration über die ganze Schubstangenlänge ergibt. Führen wir nunmehr den Schwerpunktsabstand s' der Schubstange vom Kreuzkopfzapfen ein und bezeichnen mit G das Gesamtgewicht derselben, so ist offenbar

$$\int_0^l z\,dG = Gs'$$

und wir erhalten aus 19):

$$
20) \quad \begin{cases} X' = \dfrac{G}{g}r\varepsilon^2\left(\cos\varphi + \dfrac{r}{l}\cos 2\varphi - \dfrac{s'r}{l^2}\cos 2\varphi\right) \\ \qquad + \dfrac{G}{g}r\dfrac{d\varepsilon}{dt}\left(\sin\varphi + \dfrac{r}{2l}\sin 2\varphi - \dfrac{s'r}{2l^2}\sin 2\varphi\right). \end{cases}
$$

Endlich wirkt auch noch die Kurbel in derselben Richtung, und zwar ein Element dK derselben nach Gleichung 16) mit der Kraft:

$$21) \quad dX'' = -\dfrac{dK}{g}\dfrac{d^2x''}{dt^2} = \dfrac{dK}{g}\varrho\left(\varepsilon^2\cos\varphi + \dfrac{d\varepsilon}{dt}\sin\varphi\right),$$

woraus sich der Gesamtdruck mit dem Schwerpunktsabstand der Kurbel s'' und ihrem Totalgewicht K zu

$$22) \quad X'' = \dfrac{K}{g}s''\varepsilon^2\cos\varphi + \dfrac{K}{g}s''\dfrac{d\varepsilon}{dt}\sin\varphi$$

ergiebt. Die Welle und das Schwungrad tragen ihrer symmetrischen Anordnung um die Drehaxe wegen zu den Massendrücken nichts bei. Dasselbe würde auch für die Kurbel gelten, wenn dieser gegenüber auf der Welle ein Gegengewicht von demselben statischen Moment in

Bezug auf die Drehaxe aufgekeilt wäre. In diesem Falle sprechen wir von einer ausgeglichenen Kurbel.

Durch Zusammenfassen der Einzeldrücke X, X', X'' folgt dann der totale Massendruck in der x-Richtung zu

$$23) \begin{cases} \Sigma X = \dfrac{\varepsilon^2}{g}\left\{(P+G)r\left(\cos\varphi + \dfrac{r}{l}\cos 2\varphi\right) + Ks''\cos\varphi - G\dfrac{r^2}{l^2}s'\cos 2\varphi\right\} \\ + \dfrac{1}{g}\dfrac{d\varepsilon}{dt}\left\{(P+G)r\left(\sin\varphi + \dfrac{r}{2l}\sin 2\varphi\right) + Ks''\sin\varphi - G\cdot\dfrac{r^2}{2l^2}s'\sin 2\varphi\right\}. \end{cases}$$

Auf dieselbe Weise ergiebt sich der **Massendruck in der y-Richtung** mit Hilfe von 11) und 17) zu

$$24) \qquad \Sigma Y = \dfrac{1}{g}\left(G\dfrac{r}{l}s' + Ks''\right)\left(\varepsilon^2\sin\varphi - \dfrac{d\varepsilon}{dt}\cos\varphi\right).$$

Die Verteilung dieses Druckes auf die beiden Punkte O und C kann leicht mit Hilfe des Momentsatzes ermittelt werden; für unsern Zweck ist dieselbe indessen ohne Bedeutung. Dagegen ist die Bemerkung wichtig, dass eine zahlenmässige Auswertung dieser Drücke, auch bei voller Kenntnis der Dimensionen und Gewichte aller Getriebeteile, sowie der mittleren Umdrehungsgeschwindigkeit der Kurbel zunächst nicht möglich ist. Gerade dieser Umstand ist bei der Anwendung der Massendrücke in der Theorie der Kurbelmechanismen bisher wohl ausnahmslos übersehen worden. Immerhin lassen sich aus unseren beiden Formeln 23) und 24) einige wichtige Schlüsse ziehen. Für das Kurbelschleifengetriebe gehen dieselben, indem wir hier das Schubstangengewicht fortlassen und $r:l=0$ setzen, über in

$$25) \begin{cases} \Sigma X_0 = \dfrac{1}{g}(Pr + Ks'')\left(\varepsilon^2\cos\varphi + \dfrac{d\varepsilon}{dt}\sin\varphi\right), \\ \Sigma Y_0 = \dfrac{1}{g}Ks''\left(\varepsilon^2\sin\varphi - \dfrac{d\varepsilon}{dt}\cos\varphi\right). \end{cases}$$

Dadurch, dass man der Kurbel gerade gegenüber auf der Welle eine Masse von demselben Momente Ks'' anbringt, kann man den Massendruck ΣY_0 vollständig zum Verschwinden bringen, wodurch übrigens auch ΣX_0 verringert wird. Hebt man jedoch diesen Druck allein auf durch Anbringen einer der Kurbel entgegengesetzten Masse mit dem Momente $Pr + Ks''$, so wird gleichzeitig hierdurch

$$26) \qquad \Sigma Y_0 = -\dfrac{1}{g}Pr\left(\varepsilon^2\cos\varphi + \dfrac{d\varepsilon}{dt}\sin\varphi\right),$$

mithin, da gewöhnlich $Pr > Ks''$, nicht nur in seiner Richtung umgekehrt, sondern auch bedeutend vergrössert. Solche Gegengewichte findet man häufig bei Lokomotivmaschinen angewendet; man erkennt jedoch, dass es nicht einmal möglich ist, mit ihnen beim Kurbelschleifengetriebe beide Komponenten des Massendruckes aufzuheben. Ebensowenig gelingt dies beim gewöhnlichen Schubkurbelgetriebe, bei dem man allerdings durch Anbringen einer der Kurbel entgegengesetzten Masse vom

Moment $G\frac{r}{l}s' + Ks''$ den Massendruck ΣY aufheben kann, nicht aber durch irgend eine Masse, die unter irgend einem Winkel auf die Welle aufgekeilt ist, den in der anderen Richtung wirkenden Druck zu beseitigen vermag. Es liegt dies einfach an den lediglich von der Schubstange herrührenden Gliedern in Gleichung 23), welche ihrerseits nur durch entgegengesetzt gleiche aufgehoben werden könnten. Dies ist aber nur erreichbar durch Anbringen eines mit entgegengesetzter Kurbel an derselben Welle arbeitenden, vollkommen gleich dimensionierten Getriebes (siehe Fig. 6), welches jedoch nur in den seltensten Fällen praktisch brauchbar ist.*

3. **Die Ausgleichung der Massendrücke bei mehrkurbligen Maschinen.** Wir betrachten nunmehr einen Mechanismus, der aus n in parallelen Ebenen nebeneinander, aber an derselben Welle O angreifenden Kurbelgetrieben besteht. Ausserdem mögen sich sämtliche Gleitstücke in einer Ebene bewegen, in der gleichzeitig auch die Welle liegt. Die einzelnen Kurbelradien seien $r_1, r_2, r_3 \cdots r_n$, die Gewichte der einzelnen

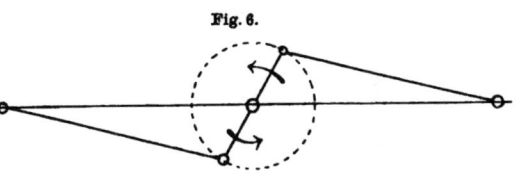

Fig. 6.

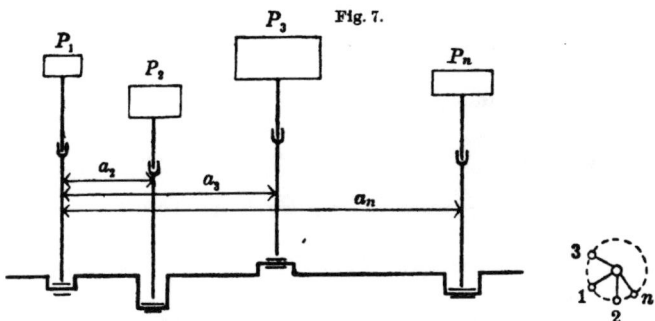

Fig. 7.

Getriebeteile und ihre Schwerpunktsabstände mögen ebenfalls unter Beibehaltung der früheren Benennungen durch diese Indices bezeichnet sein (Fig. 7).

Steht dann die erste Kurbel im innern Totpunkte, so sei die zweite Kurbel in der Drehrichtung bereits um einen Winkel α_2, die dritte um α_3, die n^{te} um α_n vorangeeilt. Ausserdem sei der Abstand der Bewegungsebenen der einzelnen Getriebe von derjenigen des ersten

---

* Wie ich einer „Note sur l'équilibre des efforts d'inertie dans un moteur à cylindre oscillant" von Ch. Le Chatelier, Revue de mécanique, 31. Jan. 1900, entnehme, ist die durch Fig. 6 dargestellte Anordnung mit gekröpfter Kurbelwelle bei der bekannten Heilmannschen Lokomotive verwendet worden.

mit a_2, a_3, a_n bezeichnet. Die in jedem Moment infolge der starren Verbindung der Kurbeln mit der Welle allen gemeinsame Winkelgeschwindigkeit sei wieder ε. Da sämtliche Getriebe durch die Welle verbunden sind, also eine gemeinsame Fundamentplatte besitzen, so können wir auch ihre augenblicklichen Massendruckkomponenten addieren und erhalten, wenn wir diese Summen der Kürze halber mit X und Y bezeichnen, hierfür bei der Stellung φ der ersten Kurbel:

$$27)\quad \begin{cases} X = \frac{\varepsilon^2}{g}\Big\{\Sigma(Pr+Gr+Ks'')\cos(\varphi+\alpha) \\ \quad +\Sigma\Big(Pr+Gr-G\frac{r}{l}s'\Big)\frac{r}{l}\cos 2(\varphi+\alpha)\Big\} \\ +\frac{1}{g}\frac{d\varepsilon}{dt}\Big\{\Sigma(Pr+Gr+Ks'')\sin(\varphi+\alpha) \\ \quad +\frac{1}{2}\Sigma\Big(Pr+Gr-G\frac{r}{l}s'\Big)\frac{r}{l}\sin 2(\varphi+\alpha)\Big\}, \end{cases}$$

$$28)\quad \begin{cases} Y = \frac{\varepsilon^2}{g}\Sigma\Big(G\frac{r}{l}s'+Ks''\Big)\sin(\varphi+\alpha) \\ \quad -\frac{1}{g}\frac{d\varepsilon}{dt}\Sigma\Big(G\frac{r}{l}s'+Ks''\Big)\cos(\varphi+\alpha). \end{cases}$$

Durch Auflösung der Winkelfunktionen und Vorsetzen der sin und cos des für alle Getriebe gleichzeitig maßgebenden einfachen bezw. doppelten Winkels φ vor die Summenzeichen wird hieraus:

$$27\text{a})\quad \begin{cases} X = \frac{\varepsilon^2}{g}\cos\varphi\,\Sigma(Pr+Gr+Ks'')\cos\alpha \\ \quad -\frac{\varepsilon^2}{g}\sin\varphi\,\Sigma(Pr+Gr+Ks'')\sin\alpha \\ \quad +\frac{1}{g}\frac{d\varepsilon}{dt}\cos\varphi\,\Sigma(Pr+Gr+Ks'')\sin\alpha \\ \quad +\frac{1}{g}\frac{d\varepsilon}{dt}\sin\varphi\,\Sigma(Pr+Gr+Ks'')\cos\alpha \\ \quad +\frac{\varepsilon^2}{g}\cos 2\varphi\,\Sigma\Big(Pr+Gr-G\frac{r}{l}s'\Big)\frac{r}{l}\cos 2\alpha \\ \quad -\frac{\varepsilon^2}{g}\sin 2\varphi\,\Sigma\Big(Pr+Gr-G\frac{r}{l}s'\Big)\frac{r}{l}\sin 2\alpha \\ \quad +\frac{1}{2g}\frac{d\varepsilon}{dt}\cos 2\varphi\,\Sigma\Big(Pr+Gr-G\frac{r}{l}s'\Big)\frac{r}{l}\sin 2\alpha \\ \quad +\frac{1}{2g}\sin 2\varphi\,\Sigma\Big(Pr+Gr-G\frac{r}{l}s'\Big)\frac{r}{l}\cos 2\alpha; \end{cases}$$

$$28\text{a})\quad \begin{cases} Y = \frac{\varepsilon^2}{g}\sin\varphi\,\Sigma\Big(G\frac{r}{l}s'+Ks''\Big)\cos\alpha + \frac{\varepsilon^2}{g}\cos\varphi\,\Sigma\Big(G\frac{r}{l}s'+Ks''\Big)\sin\alpha \\ +\frac{1}{g}\frac{d\varepsilon}{dt}\sin\varphi\,\Sigma\Big(G\frac{r}{l}s'+Ks''\Big)\sin\alpha - \frac{1}{g}\frac{d\varepsilon}{dt}\cos\varphi\,\Sigma\Big(G\frac{r}{l}s'+Ks''\Big)\cos\alpha. \end{cases}$$

Wir wollen nun untersuchen, unter welchen Bedingungen diese resultierenden Drücke ganz oder teilweise für beliebige Stellungen φ

der ersten Kurbel und beliebige Winkelgeschwindigkeiten, bezw. Beschleunigungen zum Verschwinden gebracht werden können.

Da die vor den Summenzeichen stehenden Produkte aus Winkelfunktionen, Geschwindigkeiten und Beschleunigungen ebenso willkürlich sind wie diese selbst, so kann ein allgemeines Verschwinden offenbar nur eintreten, wenn gleichzeitig alle Summen zu Null werden, d. h. wenn

29) $\quad \Sigma(Pr + Gr + Ks'')\cos\alpha = 0, \quad \Sigma(Pr + Gr + Ks'')\sin\alpha = 0,$

30) $\quad \begin{cases} \Sigma\left(Pr + Gr - G\dfrac{r}{l}s'\right)\dfrac{r}{l}\cos 2\alpha = 0, \\ \Sigma\left(Pr + Gr - G\dfrac{r}{l}s'\right)\dfrac{r}{l}\sin 2\alpha = 0, \end{cases}$

31) $\quad \Sigma\left(G\dfrac{r}{l}s' + Ks''\right)\cos\alpha = 0, \quad \Sigma\left(G\dfrac{r}{l}s' + Ks''\right)\sin\alpha = 0.$

Durch Subtraktion der beiden letzten von den ersten Gleichungen kann man übrigens sofort die Kurbelmomente aus 29) eliminieren und schreiben:

29a) $\quad \begin{cases} \Sigma\left(Pr + Gr - G\dfrac{r}{l}s'\right)\cos\alpha = 0, \\ \Sigma\left(Pr + Gr - G\dfrac{r}{l}s'\right)\sin\alpha = 0; \end{cases}$

30a) $\quad \begin{cases} \Sigma\left(Pr + Gr - G\dfrac{r}{l}s'\right)\dfrac{r}{l}\cos 2\alpha = 0, \\ \Sigma\left(Pr + Gr - G\dfrac{r}{l}s'\right)\dfrac{r}{l}\sin 2\alpha = 0; \end{cases}$

31a) $\quad \Sigma\left(G\dfrac{r}{l}s' + Ks''\right)\cos\alpha = 0, \quad \Sigma\left(G\dfrac{r}{l}s' + Ks''\right)\sin\alpha.$

Überaus einfach gestalten sich diese Bedingungen für **Kurbelschleifengetriebe**, da hierfür alle $G = 0$ und $r:l = 0$ zu setzen sind. Damit werden die Formeln 30a) identisch erfüllt und es bleiben nur

29b) $\quad \Sigma Pr\cos\alpha = 0, \quad \Sigma Pr\sin\alpha = 0$

übrig, vorausgesetzt, dass die Kurbeln jede für sich ausgeglichen sind. Ist dies nicht der Fall, so müssten zu diesen beiden Gleichungen noch die aus 31) hervorgehenden

31b) $\quad \Sigma Ks''\cos\alpha = 0, \quad \Sigma Ks''\sin\alpha = 0$

hinzutreten.

Da unsere Ergebnisse weder Geschwindigkeiten, noch auch Beschleunigungen mehr enthalten, so stellen sie offenbar Gleichgewichtsbedingungen dar. Es ist deshalb von Interesse, dieselben mit derjenigen Bedingung zu vergleichen, welche ein System von *n* an derselben Welle arbeitenden Kurbelgetrieben erfüllen muss, um in jeder Lage

24 Kapitel I.

sich im Gleichgewichte zu befinden. Zu diesem Zwecke wollen wir (Fig. 8) dem ganzen System eine schiefe Lage geben, so dass die Bewegungsebene aller Gleitstücke mit dem Horizont den Winkel γ bildet, und das Prinzip der virtuellen Verschiebungen darauf anwenden. Bedeutet h die momentane Höhe des Schwerpunktes S eines Gleitstückes über einem beliebigen, z. B. den durch das Wellenmittel gelegenen Horizont, h' diejenige des entsprechenden Schubstangenschwerpunktes S' und schliesslich h'' die des Kurbelschwerpunktes S'', so lautet die Gleichgewichtsbedingung allgemein:

32) $\qquad \Sigma(P\delta h + G\delta h' + K\delta h'') = 0.$

Hierin ist aber mit Rücksicht auf unsere schon früher angewandten Vernachlässigungen für die erste Kurbel:

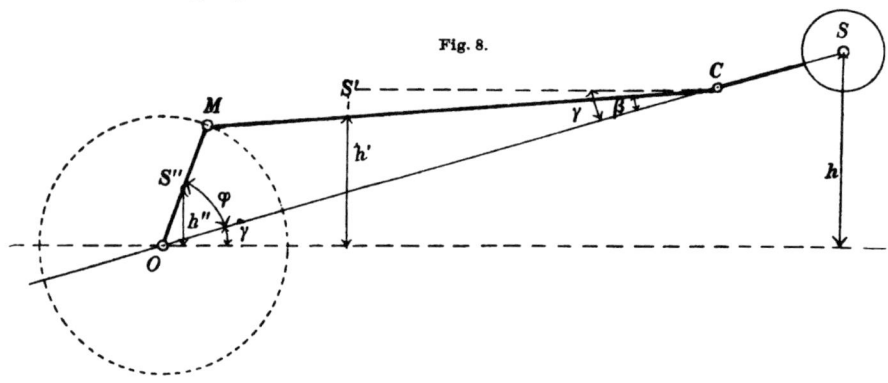

Fig. 8.

also
$$\delta h = \delta x \cdot \sin\gamma = -r\left(\sin\varphi + \frac{r}{2l}\sin 2\varphi\right)\delta\varphi \cdot \sin\gamma,$$
$$h' = +(r\cos\varphi + l\cos\beta)\sin\gamma - s'\sin(\gamma - \beta),$$
$$\begin{cases}\delta h' = -r\left(\sin\varphi + \frac{r}{2l}\sin 2\varphi\right)\delta\varphi \cdot \sin\gamma \\ \qquad + s'\frac{r}{l}\cos\varphi\cdot\cos\gamma\,\delta\varphi + s'\frac{r^2}{2l^2}\sin 2\varphi\,\delta\varphi,\end{cases}$$
$$h'' = s''\sin(\varphi + \gamma),$$
$$\delta h'' = -s''\sin\varphi\sin\gamma\,\delta\varphi + s''\cos\varphi\cos\gamma\,\delta\varphi.$$

Führen wir diese Werte in 32) ein und ersetzen gleichzeitig φ durch den für eine beliebige Kurbel giltigen Winkel $\varphi + \alpha$, so erhalten wir

33) $\begin{cases} -\sin\gamma\,\Sigma(Pr + Gr + Ks'')\sin(\varphi + \alpha) \\ -\dfrac{\sin\gamma}{2}\,\Sigma\left(Pr + Gr - G\dfrac{r}{l}s'\right)\dfrac{r}{l}\sin 2(\varphi + \alpha) \\ +\cos\gamma\,\Sigma\left(G\dfrac{r}{l}s' + Ks''\right)\cos(\varphi + \alpha) = 0.\end{cases}$

Lösen wir auch hierin die Winkelfunktionen auf und setzen die allen gemeinsamen Werte $\sin \varphi$, $\cos \varphi$, $\sin 2\varphi$, $\cos 2\varphi$ vor die Summenzeichen, so erkennen wir, dass die Gleichung 33) nur bestehen kann, wenn die einzelnen mit den Funktionen von φ behafteten Summen sämtlich verschwinden. Diese Summen aber sind identisch mit den sechs Ausdrücken 29) bis 31), so dass unser Massendruckausgleich nichts anderes besagt, als dass in einem System von n Kurbelgetrieben mit gemeinsamer Welle der Gesamtschwerpunkt seine Lage nicht ändern darf, wobei die Neigung der gemeinsamen Bewegungsebene aller Gleitstücke ganz willkürlich ist.

Damit ist übrigens durchaus nicht gesagt, dass die Wirkung der auf- und niedergehenden Gewichte, deren Schwankungen bei unveränderter Lage des Gesamtschwerpunktes wegfallen, mit derjenigen der Massendrücke verwechselt werden darf. Das Ergebnis besagt vielmehr nur, dass mit dem Ausgleich der Gewichtswirkungen auch ein solcher der Massendrücke notwendig Hand in Hand geht. In welcher Weise die Gewichtswirkungen insbesondere das Drehmoment der Maschine beeinflussen, werden wir im II. Kapitel dieser Schrift näher zu untersuchen haben.

Bei einer einkurbligen Maschine rufen die Massendrücke nur dann Momente in einer durch die Welle und die Bewegungsrichtung des Gleitstückes bestimmten, sowie einer senkrecht hierzu stehenden Ebene hervor, wenn die Kurbel nicht durch zwei gleichweit entfernte Lager zu beiden Seiten gestützt ist. Jedenfalls wird dann die Kurbel im anderen Falle dem nächsten Lager thunlichst genähert, so dass die von ihrer seitlichen Lage herrührenden Momente nur klein sind. Bei mehrkurbligen Maschinen dagegen können sie ganz erhebliche Werte annehmen, so dass hier die Frage nach der Möglichkeit einer Ausgleichung gerechtfertigt erscheint. Zu diesem Zwecke wählen wir als Pol einen auf der Welle um a von der ins Auge gefassten Kurbel entfernten Punkt und erhalten durch Multiplikation dieses Abstandes mit den beiden Massendruckkomponenten Gleichung 23) und 24) die fraglichen Momente. Führen wir statt des Winkels φ in diese Gleichungen dann noch den allgemeinen Winkel $\varphi + \alpha$ ein und verstehen unter a die Entfernung der dem Winkel α entsprechenden Kurbel von der ersten (Fig. 7), so können wir alle in denselben Ebenen wirkenden Momente summieren und erhalten für die resultierenden Momente die Ausdrücke:

$$34) \begin{cases} \mathfrak{M}_y = \Sigma(Xa) = \dfrac{\varepsilon^2}{g}\Big\{\Sigma(Pr + Gr + Ks'')a\cos(\varphi+\alpha) \\ \qquad + \Sigma\Big(Pr + Gr - G\dfrac{r}{l}s'\Big)\dfrac{r}{l}a\cos 2(\varphi+\alpha)\Big\} \\ \qquad + \dfrac{1}{g}\dfrac{d\varepsilon}{dt}\Big\{\Sigma(Pr + Gr + Ks'')a\sin(\varphi+\alpha) \\ \qquad + \Sigma\Big(Pr + Gr - G\dfrac{r}{l}s'\Big)\dfrac{r}{2l}a\sin 2(\varphi+\alpha)\Big\} \end{cases}$$

26 Kapitel I.

35) $\begin{cases} \mathfrak{M}_x - \Sigma(Ya) - \frac{s^2}{g} \Sigma \left(G \frac{r}{l} s' + K s'' \right) a \sin (\varphi + \alpha) \\ \qquad - \frac{1}{g} \frac{ds}{dt} \Sigma \left(G \frac{r}{l} s' + K s'' \right) a \cos (\varphi + \alpha). \end{cases}$

Diese Momente (Kräftepaare) suchen nun das ganze System um seinen Schwerpunkt zu drehen und würden, wenn sie nicht ausgeglichen sind, vermöge ihrer Veränderlichkeit zu Schwingungen (Pendelungen) um zwei zur gemeinsamen Welle senkrechte Axen Anlass geben.

Als Bedingung für das Verschwinden der Werte 34) und 35) ergeben sich nunmehr in genau derselben Weise wie oben die Gleichungen:

36) $\begin{cases} \Sigma (Pr + Gr + Ks'') a \cos \alpha = 0, \\ \Sigma (Pr + Gr + Ks'') a \sin \alpha = 0, \end{cases}$

37) $\begin{cases} \Sigma \left(Pr + Gr - G \frac{r}{l} s' \right) \frac{r}{l} a \cos 2\alpha = 0, \\ \Sigma \left(Pr + Gr - G \frac{r}{l} s' \right) \frac{r}{l} a \sin 2\alpha = 0, \end{cases}$

38) $\begin{cases} \Sigma \left(G \frac{r}{l} s' + K s'' \right) a \cos \alpha = 0, \\ \Sigma \left(G \frac{r}{l} s' + K s'' \right) a \sin \alpha = 0, \end{cases}$

oder auch übersichtlicher:

36a) $\begin{cases} \Sigma \left(Pr + Gr - G \frac{r}{l} s' \right) a \cos \alpha = 0, \\ \Sigma \left(Pr + Gr - G \frac{r}{l} s' \right) a \sin \alpha = 0, \end{cases}$

37a) $\begin{cases} \Sigma \left(Pr + Gr - G \frac{r}{l} s' \right) \frac{r}{l} a \cos 2\alpha = 0, \\ \Sigma \left(Pr + Gr - G \frac{r}{l} s' \right) \frac{r}{l} a \sin 2\alpha = 0, \end{cases}$

38a) $\begin{cases} \Sigma \left(G \frac{r}{l} s' + K s'' \right) a \cos \alpha = 0, \\ \Sigma \left(G \frac{r}{l} s' + K s'' \right) a \sin \alpha = 0. \end{cases}$

Für ein System von Kurbelschleifengetrieben* gehen diese Gleichungen über in:

---

* Eine bemerkenswerte Ausführung des Massenausgleiches bei zwei Kurbelschleifengetrieben verdankt man Prof. v. Bach. Derselbe zeigte, ohne sich auf die allgemeine Theorie weiter einzulassen, dass die Massendruckkomponenten eines solchen Systems dann vollständig verschwinden, wenn für jedes der beiden an einer Kurbel angreifenden, gegeneinander kreuzweise angeordneten und gleich dimensionierten Getriebe (Pr)

$$Pr + Ks'' = 0$$

wird, unter K und s'' das Gewicht bezw. den Schwerpunktabstand der gemeinsamen Kurbel verstanden. Dieser Bedingung wird v. Bach dadurch gerecht, dass

36b) $\quad\Sigma Pra\cos\alpha = 0, \quad \Sigma Pra\sin\alpha = 0,$

38b) $\quad\Sigma Ks''a\cos\alpha = 0, \quad \Sigma Ks''a\sin\alpha = 0.$

Eine recht übersichtliche Form gewinnen unsere Ergebnisse übrigens, wenn wir abkürzungsweise

$$39)\qquad Pr + Gr - G\frac{r}{l}s' = Q,$$

$$40)\qquad G\frac{r}{l}s' + Ks'' = R$$

setzen. Wir wollen diese Ausdrücke als die **reduzierten Momente der hin- und hergehenden** bezw. **rotierenden Massen** bezeichnen und können dann unsere Bedingungen für das Verschwinden der Massendrücke und Massendruckmomente in drei Gruppen anschreiben:

V. $\quad\begin{cases} \Sigma Q\cos\alpha = 0, & \Sigma Q\sin\alpha = 0, \\ \Sigma Qa\cos\alpha = 0, & \Sigma Qa\sin\alpha = 0, \end{cases}$

VI. $\quad\begin{cases} \Sigma R\cos\alpha = 0, & \Sigma R\sin\alpha = 0, \\ \Sigma Ra\cos\alpha = 0, & \Sigma Ra\sin\alpha = 0, \end{cases}$

VII. $\quad\begin{cases} \Sigma Q\dfrac{r}{l}\cos 2\alpha = 0, & \Sigma Q\dfrac{r}{l}\sin 2\alpha = 0, \\ \Sigma Q\dfrac{r}{l}a\cos 2\alpha = 0, & \Sigma Q\dfrac{r}{l}a\sin 2\alpha = 0. \end{cases}$

Von diesen[*] bezieht sich die Gruppe V ausschliesslich auf die Wirkung der hin- und hergehenden Massen, die Gruppe VI unabhängig davon auf die rotierenden, wobei von der Schubstange der Betrag $G\left(1 - \dfrac{s'}{l}\right)$ als lediglich hin- und hergehend, der Rest $G\dfrac{s'}{l}$ dagegen als im Kurbelzapfen konzentriert und mit diesem rotierend angesehen werden darf. Es sind dies auch die beiden sich zu dem der Schubstange ergänzenden Gewichte, mit denen diese statisch den Kreuzkopf bezw. den Kurbelzapfen belastet. Die Gruppen V und VI sind nun ganz ebenso gebaut, wie die Bedingungen für den Ausgleich von Kurbelschleifengetrieben;

---

er entweder der Kurbel ein entsprechendes Gegengewicht erteilt, oder auch am Schwungrad eine Aussparung anbringt, bezw. beides vereinigt.

Diese Anordnung hat für kleine Maschinen, welche auf Wagengestellen montiert sind, eine nicht zu unterschätzende Bedeutung, z. B. für Feuerspritzen, mit deren Konstruktion sich v. Bach früher eingehender beschäftigte. Siehe Näheres hierüber dessen Abhandlung in der Zeitschrift des Vereins deutscher Ingenieure 1880, S. 113, sowie sein Werk: „Die Konstruktion der Feuerspritzen". Stuttgart 1883, S. 124. Für grosse Maschinen, denen unsere Schrift vorwiegend gewidmet ist, erscheint die v. Bachsche Anordnung leider nicht gut verwendbar und zwar nicht allein wegen der kreuzweisen Anordnung, als auch der Beschränkung auf Kurbelschleifen, abgesehen von der Unmöglichkeit des Ausgleiches der Kippmomente bei nur zwei Getrieben.

[*] Wir werden später untersuchen, inwieweit diese Gleichungen miteinander verträglich sind, bezw. unabhängig voneinander bestehen können.

wir wollen sie in der Folge die **Ausgleichsbedingungen erster Ordnung** nennen. Im Gegensatz hierzu stehen die in Gruppe VII vereinigten **Ausgleichsbedingungen zweiter Ordnung**, für welche die rotierenden Massen keine Rolle mehr spielen. Hätten wir übrigens aus unseren Reihenentwickelungen z. B. 3a) noch Glieder mit höheren Potenzen von $r:l$ bezw. der Winkelfunktionen herangezogen, so würden wir auch hier noch Bedingungen für Massenausgleiche höherer Ordnung erhalten haben, denen aber bei der relativen Kleinheit der eintretenden Grössen keine praktische Bedeutung mehr zukommt.

Die hier entwickelte Theorie des Massenausgleichs hat nun in der Praxis des Schiffbaues — allerdings in vereinfachter Form — eine weitgehende Anwendung erfahren. Auf ihre theoretische Möglichkeit, wenigstens für Kurbelschleifengetriebe, wies zuerst der amerikanische Ingenieur Taylor 1891[*] hin, indem er die Ausdrücke 29b) und 36b) graphisch durch geschlossene Polygone darstellte. Taylor bezweifelte indes die praktische Durchführbarkeit, da er die Schränkungswinkel α, die Cylinderabstände und auch die Gestängegewichte als durch andere Rücksichten, auf die wir weiter unten zu sprechen kommen, für festgelegt ansah und schlug nur die Einführung einer neuen hin- und hergehenden Masse vor. Diese kann aber bei sonst gegebenen Maschinendimensionen die vier Gleichungen 29b) und 36b) nicht gleichzeitig erfüllen, da sie selbst und ihre Anordnung schon durch drei Grössen, nämlich das Produkt Pr, den Abstand a und den Schränkungswinkel α bestimmt ist. Dagegen erkannte der englische Schiffbauer Yarrow 1892[**] die Möglichkeit, dies durch Einführung zweier Massen zu erreichen, verliess aber seine Methode sofort, nachdem der deutsche Ingenieur Otto Schlick 1893[***] die praktische Erfüllung der Bedingungen eines Ausgleiches erster Ordnung durch die Massen und Anordnung der arbeitenden Getriebe selbst, ohne Zuhilfenahme neuer toter Gewichte, gezeigt hatte. Dem Vorgange von Yarrow in der Annahme des Schlickschen Verfahrens schlossen sich seitdem rasch die namhaftesten Fabriken des In- und Auslandes an, während sich Schlick selbst in Anlehnung an die praktischen Ergebnisse bemühte, die bald erkannte Möglichkeit auch des Ausgleiches zweiter Ordnung für die Industrie nutzbar zu machen. Aus diesen Bestrebungen, an denen sich u. a. der Verfasser beteiligte, ist auch die vorliegende Arbeit hervorgegangen.

4. Diskussion der Ausgleichsbedingungen. Die von uns entwickelten acht Gleichungen für den Massenausgleich erster Ordnung und vier Gleichungen für einen solchen zweiter Ordnung enthalten ausser den Winkeln $\alpha_2, \alpha_3 \ldots \alpha_n$ der einzelnen Kurbeln gegen die erste

---

[*] Taylor: „The causes of vibrations of screw steamers", Journ. of the American Society of Naval Engineers Vol. III. 1891.
[**] Englisches Patent Nr. 5321/1892.
[***] Deutsches Patent Nr. 80974, 1893.

noch die reduzierten Momente Q der hin- und hergehenden, sowie R der rotierenden Massen, die Abstände $a_2, a_3 \ldots a_n$ der einzelnen Getriebeebenen von derjenigen des ersten und schliesslich die Schubstangenverhältnisse $r:l$ jedes Getriebes. Dividieren wir nun unsere Gleichungen mit Q_1 bezw. R_1, so erkennen wir, dass sie als Variable nur die Verhältnisse der fraglichen Momente enthalten, die wir abkürzungsweise

41) $\qquad \dfrac{Q_2}{Q_1} = q_2, \quad \dfrac{Q_3}{Q_1} = q_3 \cdots \dfrac{Q_n}{Q_1} = q_n,$

42) $\qquad \dfrac{R_2}{R_1} = \varrho_2, \quad \dfrac{R_3}{R_1} = \varrho_3 \cdots \dfrac{R_n}{R_1} = \varrho_n$

setzen wollen. Dasselbe Verfahren können wir auch mit den Grössen a wiederholen und deren Verhältnisse

43) $\qquad \dfrac{a_3}{a_2} = k_3, \quad \dfrac{a_4}{a_2} = k_4 \cdots \dfrac{a_n}{a_2} = k_n$

setzen. Endlich wollen wir auch noch die Verhältnisse der Quotienten $r:l$ bilden und schreiben:

44) $\qquad \dfrac{r_2 l_1}{l_2 r_1} = \lambda_2, \quad \dfrac{r_3 l_1}{l_3 r_1} = \lambda_3 \cdots \dfrac{r_n l_1}{l_n r_1} = \lambda_n.$

Alsdann lauten unsere Gleichungen in entwickelter Form, da $\alpha_1 = 0$:

Va) $\begin{cases} 1 + q_2 \cos \alpha_2 + q_3 \cos \alpha_3 + \cdots + q_n \cos \alpha_n = 0, \\ q_2 \sin \alpha_2 + q_3 \sin \alpha_3 + \cdots + q_n \sin \alpha_n = 0, \\ q_2 \cos \alpha_2 + q_3 k_3 \cos \alpha_3 + \cdots + q_n k_n \cos \alpha_n = 0, \\ q_2 \sin \alpha_2 + q_3 k_3 \sin \alpha_3 + \cdots + q_n k_n \sin \alpha_n = 0; \end{cases}$

VIa) $\begin{cases} 1 + \varrho_2 \cos \alpha_2 + \varrho_3 \cos \alpha_3 + \cdots + \varrho_n \cos \alpha_n = 0, \\ \varrho_2 \sin \alpha_2 + \varrho_3 \sin \alpha_3 + \cdots + \varrho_n \sin \alpha_n = 0, \\ \varrho_2 \cos \alpha_2 + \varrho_3 k_3 \cos \alpha_3 + \cdots + \varrho_n k_n \cos \alpha_n = 0, \\ \varrho_2 \sin \alpha_2 + \varrho_3 k_3 \sin \alpha_3 + \cdots + \varrho_n k_n \sin \alpha_n = 0; \end{cases}$

VIIa) $\begin{cases} 1 - q_2 \lambda_2 \cos 2\alpha_2 + q_3 \lambda_3 \cos 2\alpha_3 + \cdots + q_n \lambda_n \cos 2\alpha_n = 0, \\ q_2 \lambda_2 \sin 2\alpha_2 + q_3 \lambda_3 \sin 2\alpha_3 + \cdots + q_n \lambda_n \sin 2\alpha_n = 0, \\ q_2 \lambda_2 \cos 2\alpha_2 + q_3 \lambda_3 k_3 \cos 2\alpha_3 + \cdots + q_n \lambda_n k_n \cos 2\alpha_n = 0, \\ q_2 \lambda_2 \sin 2\alpha_2 + q_3 \lambda_3 k_3 \sin 2\alpha_3 + \cdots + q_n \lambda_n k_n \sin 2\alpha_n = 0. \end{cases}$

Diese zwölf Gleichungen enthalten mithin je $n-1$ Winkel α, Momentverhältnisse q und r, Doppelverhältnisse λ und $n-2$ Abstandsverhältnisse k, zusammen also $5n-6$ Variable, woraus man schliessen darf, dass eine weniger als vierkurblige Maschine überhaupt nicht ausgleichbar (und zwar gleichzeitig von erster und zweiter Ordnung) wäre, für eine vier- und mehrkurblige dagegen noch über wenigstens vier Grössen willkürlich verfügt werden könne. Ein ganz ähnliches Resultat würde sich ergeben, wenn man vom Ausgleich zweiter Ordnung absieht; es fallen dann die vier Bedingungen VIIa) und die $n-1$ Grössen λ weg, so dass acht Gleichungen noch $4n-5$ Veränderlichen entsprechen. Bei vier Kurbeln hätte man alsdann noch eine frei verfügbare Grösse.

Diese Schlussfolgerungen setzen indessen voraus, dass unsere zwölf Gleichungen für jedes n mit einander praktisch verträglich bezw. voneinander unabhängig sind. Als praktisch unannehmbar wäre z. B. eine Lösung zu bezeichnen, bei der einer der Werte von $k = 1$ würde, da dies ein **Zusammenfallen zweier Getriebe-Ebenen** bedeutet. Ebenso unzulässig ist die Bedingung, dass einer der Winkel α, bezw. eine Differenz $\alpha_m - \alpha_k = 0$ oder $= 180^0$ wird, da alsdann die **Totpunkte zweier Getriebe zusammenfallen**, so dass die Gefahr entsteht, dass die Maschine nicht in jeder Lage anspringt, d. h. sich von selbst durch den Dampfdruck in Bewegung setzt. Um zu entscheiden, ob und wann diese Fälle eintreten, wollen wir zunächst einmal die mit dem Index 2 behafteten Glieder* eliminieren.

Wir erhalten so durch Subtraktion der dritten von der ersten bezw. der vierten von der zweiten Gleichung in Va) bis VIIa):

$$\text{Vb)} \quad \begin{cases} 1 + q_3 \ (1 - k_3)\cos\alpha_3 + \cdots + q_n(1 - k_n)\cos\alpha_n = 0, \\ q_3 \ (1 - k_3)\sin\alpha_3 + \cdots + q_n(1 - k_n)\sin\alpha_n = 0; \end{cases}$$

$$\text{VIb)} \quad \begin{cases} 1 + \varrho_3 \ (1 - k_3)\cos\alpha_3 + \cdots + \varrho_n(1 - k_n)\cos\alpha_n = 0, \\ \varrho_3 \ (1 - k_3)\sin\alpha_3 + \cdots + \varrho_n(1 - k_n)\sin\alpha_n = 0; \end{cases}$$

$$\text{VIIb)} \quad \begin{cases} 1 + q_3\lambda_3(1 - k_3)\cos 2\alpha_3 + \cdots + q_n\lambda_n(1 - k_n)\cos 2\alpha_n = 0, \\ q_3\lambda_3(1 - k_3)\sin 2\alpha_3 + \cdots + q_n\lambda_n(1 - k_n)\sin 2\alpha_n = 0. \end{cases}$$

Hierin lassen sich noch die entsprechenden Gleichungen der Gruppen Va) und VIa) vereinigen zu

45) $\quad (q_3 - \varrho_3)(1 - k_3)\cos\alpha_3 + \cdots + (q_n - \varrho_n)(1 - k_n)\cos\alpha_n = 0,$

46) $\quad (q_3 - \varrho_3)(1 - k_3)\sin\alpha_3 + \cdots + (q_n - \varrho_n)(1 - k_n)\sin\alpha_n = 0,$

während für VIIb) keine weitere Vereinfachung möglich ist. Diese beiden Formeln gehen für eine **Vierkurbelmaschine** über in

45a) $\quad (q_3 - \varrho_3)(1 - k_3)\cos\alpha_3 + (q_4 - \varrho_4)(1 - k_4)\cos\alpha_4 = 0,$

46a) $\quad (q_3 - \varrho_3)(1 - k_3)\sin\alpha_3 + (q_4 - \varrho_4)(1 - k_4)\sin\alpha_4 = 0.$

Sind hierin q_3 und ϱ_3, bezw. q_4 und ϱ_4 voneinander verschieden, so müsste
47) $\quad\quad\quad\quad\quad\quad\quad \operatorname{tg}\alpha_3 = \operatorname{tg}\alpha_4,$

d. h. $\alpha_4 = \alpha_3$ oder $= 180 + \alpha_3$ sein. Dies besagt aber, dass die Kurbeln 3 und 4 entweder einander gleich oder gerade entgegengesetzt gerichtet sein sollen, eine praktisch unbrauchbare Anordnung. Mithin wird 47)

---

* Selbstverständlich hätten wir auch die mit einem anderen Index behafteten Glieder eliminieren können, da doch die Reihenfolge ganz willkürlich gewählt ist.

hinfällig*, und es können, da k_3 und k_4 niemals $= 1$ werden, die Gleichungen 45a) und 46a) nur bestehen, wenn

$$q_3 = \varrho_3 \quad \text{und} \quad q_4 = \varrho_4$$

wird. Dies hat weiter, wie man aus Va) und VIa) erkennt, die Gleichheit von $q_2 = \varrho_2$ zur Folge und führt wegen 41) und 42) auf den praktisch wichtigen Satz, dass bei ausgeglichenen Vierkurbelmaschinen die Momente der rotierenden Massen in allen Getrieben denjenigen der hin- und hergehenden proportional sein müssen.

Diese Bedingung würde nun z. B. für die Niederdruckkurbeln an Schiffsmaschinen auf ganz enorme Gewichte führen, deren Unterbringung nicht immer möglich sein dürfte. Um in solchem Falle nicht durch mangelhaften Ausgleich schädliche Massendrücke im ganzen System zu behalten, erscheint es zweckmässig, für die rotierenden Teile allein auf die schon oben erwähnte gewöhnliche Ausgleichung zurückzugreifen, also z. B. an den beiden Enden der Maschinenwelle rotierende Ausgleichsgewichte anzubringen, die Kurbeln selbst aber lediglich nach konstruktiven Erwägungen zu dimensionieren. Aldann werden unsere Ausdrücke VI) bezw. VIa) erst durch Hinzutreten der von den Momenten B' und B'' der Ausgleichsgewichte herrührenden Glieder zum Verschwinden gebracht. Nennen wir die Entfernungen

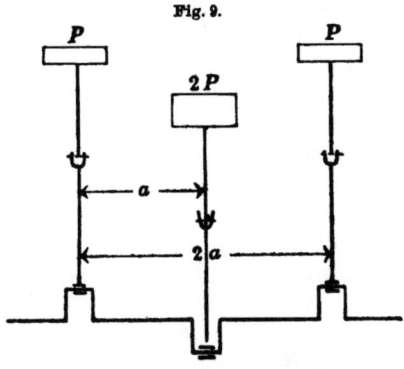

Fig. 9.

---

* Auf ganz ähnliche Verhältnisse führt der Ausgleich von Dreikurbelmaschinen, der übrigens auch theoretisch nur in erster Ordnung, d. h. ohne Rücksicht auf IIIa) durchführbar ist. Auch hier muss zunächst $q_3 = \varrho_3$, $q_2 = \varrho_2$ sein, weiter aber erhält man aus Ia) zweite und vierte Gleichung:

$$\sin \alpha_3 = k_3 \sin \alpha_3,$$

mithin

$$\alpha_3 = 0 \quad \text{oder} \quad = \pi$$

und, da wegen der zweiten Gleichung dann auch $\sin \alpha_2 = 0$ sein muss,

$$\cos \alpha_3 = + 1 = - \cos \alpha_2.$$

Die Maschinenanordnung ist mithin bestimmt durch:

$$1 - q_2 + q_3 = 0,$$
$$q_2 - q_3 k_3 = 0,$$

was bei symmetrischer Anordnung $\left(\text{also } k = \dfrac{a_3}{a_2} = 2\right)$ auf die in Fig. 9 skizzierte Form führt. Diese ist indessen wenig zweckmässig, weil alle Totlagen der drei Kurbeln zu gleicher Zeit eintreten.

derselben von der Anfangskurbel (gemessen in der Richtung der gemeinsamen Drehaxe) b' und b'' und die Winkel ihrer Radien (d. i. der Verbindungslinien der Gewichtsschwerpunkte mit der Axe) mit der Anfangskurbel α' und α'', so haben wir jetzt statt VI):

VIc) $\begin{cases} B' \cos\alpha' + B'' \cos\alpha'' + \Sigma R \cos\alpha = 0, \\ B' \sin\alpha' + B'' \sin\alpha'' + \Sigma R \sin\alpha = 0, \\ B' b' \cos\alpha' + B'' b'' \cos\alpha'' + \Sigma Ra \cos\alpha = 0, \\ B' b' \sin\alpha' + B'' b'' \sin\alpha'' + \Sigma Ra \sin\alpha = 0. \end{cases}$

Nehmen wir zunächst die Entfernungen b' und b'' als gegeben an, so folgt:

48) $\qquad \operatorname{tg}\alpha' = \dfrac{b'' \Sigma R \sin\alpha - \Sigma Ra \sin\alpha}{b'' \Sigma R \cos\alpha - \Sigma Ra \cos\alpha},$

49) $\qquad B' = \dfrac{b'' \Sigma R \sin\alpha - \Sigma Ra \sin\alpha}{(b' - b'') \sin\alpha'} = \dfrac{b'' \Sigma R \cos\alpha - \Sigma Ra \cos\alpha}{(b' - b'') \cos\alpha'}$

und ebenso $\operatorname{tg}\alpha''$ und B'' durch Vertauschen der Indices von b und α. Man erkennt hieraus, dass die Momente B und damit die Ausgleichsgewichte selbst um so kleiner ausfallen, je grösser ihre Entfernung voneinander ist. Hiermit aber ist man nicht unbeschränkt, da die neuen Ausgleichsgewichte, um lediglich innerhalb des Maschinensystems zur Wirkung zu gelangen, auch innerhalb desselben angebracht werden müssen. Es ist deshalb nicht angängig, dieselben etwa auf Verlängerungen der Maschinenwelle zu setzen, da diese sonst, um nicht durch die Centrifugalkraft der Gewichte ausgebogen zu werden, ausserhalb gelagert werden müsste. Auf diese Lager würde sich dann ein Teil der Wirkung unserer Ausgleichsgewichte übertragen und nur mehr der Rest in die Maschine gelangen. Schlick schlägt deshalb einfach vor, diese Gewichte an den beiden äussersten Kurbeln, selbstverständlich mit den ihnen zugehörigen Winkeln α' und α'' und einem passend gewählten Radius anzubringen.

Es ist nun evident, dass man dieses Verfahren, die als lediglich rotierend zu betrachtenden Massen für sich auszugleichen, auch auf mehr als vierkurblige Maschinen ausdehnen kann. In der ausführenden Technik ist man hierzu sogar gezwungen, da man auf die Dimensionierung dieser Teile nach Festigkeitsrücksichten nicht verzichten darf. Alsdann aber fällt die ganze Gruppe VI) bezw. VIa) aus unseren Rechnungen fort und wird durch vier für sich zu behandelnde Formeln VIc) ersetzt. Für das ursprüngliche Ausgleichsproblem bleiben mithin nur noch die acht Gleichungen Va) und VIa) mit den Unbekannten q, α, k und λ. Setzt man, wie es in der Praxis aus Herstellungsgründen und mit Rücksicht auf den Raum für die Maschinen immer geschieht, die Verhältnisse $r:l$ alle einander gleich, so werden sämtliche $\lambda = 1$, und die Zahl der Unbekannten reduziert sich bei einer Maschine mit n Kurbeln auf $3n - 4$. Hiernach würden für die Fünfkurbelmaschine noch drei Grössen frei verfügbar bleiben, während eine Vierkurbelmaschine gerade durch unsere acht Gleichungen bestimmt wäre. Wir werden bei der analytischen Behandlung der letzteren sogleich die Notwendigkeit einer noch weiteren Einschränkung für den letztgenannten Fall kennen lernen.

5. Analytische Behandlung der Vierkurbelmaschine. Nach den letzten Bemerkungen brauchen wir uns nur noch mit dem Ausgleich der hin- und hergehenden Teile an der Vierkurbelmaschine zu beschäftigen, welche praktisch überhaupt die grösste Bedeutung besitzt. Für dieselbe haben wir zunächst aus der zweiten Gleichung V b):

50) $\quad q_3(k_3-1)\sin\alpha_3 + q_4(k_4-1)\sin\alpha_4 = 0.$

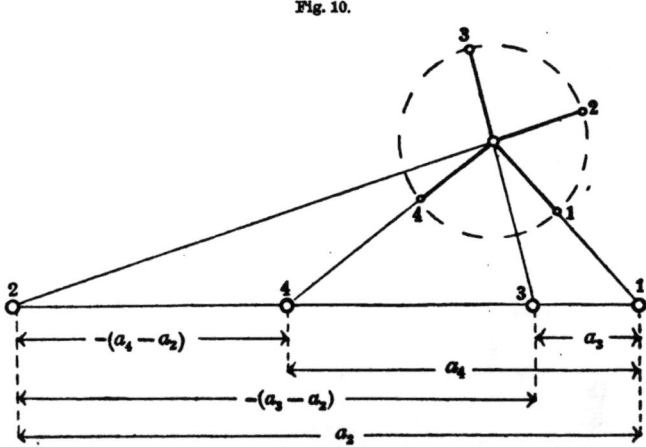

Fig. 10.

Multiplizieren wir noch die dritte Gleichung Ia) mit $\sin\alpha_2$ und die vierte Gleichung mit $\cos\alpha_2$, so ergiebt die Subtraktion beider

51) $\quad q_3 k_3 \sin(\alpha_3-\alpha_2) + q_4 k_4 \sin(\alpha_4-\alpha_2) = 0.$

Durch Verbindung von 50) und 51) folgt schliesslich:

$$\frac{k_3(k_4-1)}{k_4(k_3-1)} = \frac{\sin\alpha_3 \sin(\alpha_4-\alpha_2)}{\sin\alpha_4 \sin(\alpha_3-\alpha_2)},$$

oder, wenn wir wieder für die k ihre Werte 43) einsetzen,

52) $\quad \dfrac{a_3(a_4-a_2)}{a_4(a_3-a_2)} = \dfrac{\sin\alpha_3 \cdot \sin(\alpha_4-\alpha_2)}{\sin\alpha_4 \cdot (\sin\alpha_3-\alpha_2)}.$

Diese von Prof. Schubert (Hamburg) aufgedeckte Beziehung[*] lehrt, dass zwischen den Abständen a der einzelnen Getriebe

---

[*] H. Schubert, Zur Theorie des Schlickschen Problems. Mitteilungen der mathem. Gesellschaft in Hamburg, 1898.

einer Vierkurbelmaschine dann dasselbe Doppelverhältnis wie zwischen den Sinus der entsprechenden Kurbelwinkel besteht, wenn die Maschine in erster Ordnung (nach Schlickscher Methode) ausgeglichen ist. Trägt man also, wie es in Figur 10 geschehen ist, die Abstände a der einzelnen Getriebe von einem Punkte aus gerechnet auf einer Geraden ab, so kann diese Gerade in eine solche (perspektivische) Lage gebracht werden, dass die Endpunkte der Abstände von den Verlängerungen der entsprechenden mit ihren Winkeln um einen Punkt gruppierten Kurbelradien geschnitten werden. Die Aufzeichnung der Figur 10 bildet nun nicht nur ein Kriterium für den Massenausgleich erster Ordnung bei vier Kurbeln, sie lehrt auch durch den Augenschein, dass keiner der Winkel $\alpha = 0$ oder $= \pi$ werden darf, da sonst die Ebenen zweier Getriebe zusammenfallen. Aus diesem Grunde ist auch eine vollkommen symmetrische Anordnung aller Kurbeln in Kreuzform mit den Winkeln:

$$\alpha_2 = 90°, \quad \alpha_3 = 180°, \quad \alpha_4 = 270°$$

(siehe Fig. 11) mit unseren Bedingungen unvereinbar, während der Verwendung zweier rechter Winkel so lange nichts im Wege steht, als

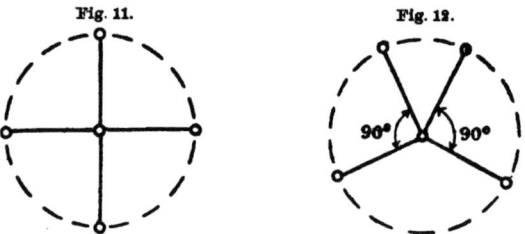

Fig. 11. Fig. 12.

sie im Kurbelkreis (wie in Fig. 12) nicht unmittelbar aufeinander folgen. Soll nun eine Vierkurbelmaschine auch noch einem Massenausgleich zweiter Ordnung unterworfen sein, so müssen ausser Va) und VIa) auch die vier Gleichungen VIIa) erfüllt sein. Aus diesen lassen sich aber die Grössen $q\lambda$ ebenso eliminieren, wie die q aus Va), und wir erhalten als Ergebnis das der Gleichung 52) genau entsprechende Doppelverhältnis:

$$53) \qquad \frac{a_3(a_4 - a_2)}{a_4(a_3 - a_2)} = \frac{\sin 2\alpha_3 \sin 2(\alpha_4 - \alpha_2)}{\sin 2\alpha_4 \sin 2(\alpha_3 - \alpha_2)}.$$

Es fragt sich nun, ob diese beiden Doppelverhältnisse überhaupt miteinander vereinbar sind. Setzen wir sie einander gleich und lösen die Sinus der Doppelwinkel in 53) auf, so bleibt:

$$\cos \alpha_3 \cos(\alpha_4 - \alpha_2) = \cos \alpha_4 \cos(\alpha_3 - \alpha_2),$$

oder nach Ausführung:

$$(\operatorname{tg} \alpha_4 - \operatorname{tg} \alpha_3) \sin \alpha_2 = 0,$$

bezw., da $\sin \alpha_2$ nicht verschwinden darf:

$$\operatorname{tg}\alpha_4 = \operatorname{tg}\alpha_3,$$

wie in 47). Die praktische Unmöglichkeit dieser Bedingung haben wir aber schon oben erkannt, so dass wir jetzt den Satz erhalten, dass ein vollständiger gleichzeitiger Ausgleich erster und zweiter Ordnung bei Vierkurbelmaschinen unmöglich ist.*

Man könnte nun vielleicht erwarten, dass dieser Ausgleich bei mehr als vier Kurbeln keine Schwierigkeiten bereitet. Indessen führt er, wie zuerst Knoller in einer Zuschrift an die Zeitschrift d. Ver. d. Ingenieure 1897 S. 1371 gezeigt hatte, stets auf bestimmte Winkel und im speziellen Falle der Vierkurbelmaschine auf den Zusammenfall zweier Getriebe. Aus den für gemeinsames $\lambda = r : l$ bestehenden acht Gleichungen V) und VII), welche vom Verfasser zuerst entwickelt wurden (ebenda S. 1030):

Vc) $\begin{cases} \Sigma Q \cos\alpha = 0, & \Sigma Q a \cos\alpha = 0, \\ \Sigma Q \sin\alpha = 0, & \Sigma Q a \sin\alpha = 0, \end{cases}$

VII) $\begin{cases} \Sigma Q \cos 2\alpha = 0, & \Sigma Q a \cos\alpha = 0, \\ \Sigma Q \sin 2\alpha = 0, & \Sigma Q h \sin\alpha = 0 \end{cases}$

schliesst nämlich Knoller a. a. O., dass eine Maschine dann vollständig ausgeglichen ist, wenn dies für sie selbst und eine solche mit den doppelten Kurbelwinkeln in erster Ordnung zutrifft. Setzt man nun eine solche Lösung als gegeben voraus, so muss durch Verdoppelung sämtlicher Winkel im Kurbelkreise dasselbe bezw. ein Spiegelbild zu der ursprünglichen Anordnung entstehen. Dies ist aber nur möglich, wenn die Winkel 0 oder 120° betragen. Auf solche Winkel führt denn auch, wie Schubert a. a. O. bewiesen hat, der vollständige Ausgleich der Fünfkurbelmaschine, während man bei demjenigen der Vierkurbelmaschine mit 120° Winkeln zu drei Kurbeln zurückgelangt.

---

* Auch diesen Satz hat Schubert (siehe a. a. O.) zuerst, wenn auch auf etwas anderem Wege wie oben bewiesen. Es lässt sich übrigens leicht zeigen, dass der Grund für die Unvereinbarkeit der Gleichungsgruppe Ia) und IIIa) für Vierkurbelmaschinen praktisch allein auf der Unvereinbarkeit der Ausgleichsbedingungen erster und zweiter Ordnung für die Momente beruht. Eliminiert man nämlich aus den beiden letzten Gleichungen Ia) und IIIa) das Verhältnis q_2, bezw. $q_2 \lambda_2$, so bleibt:

$$q_3 k_3 \sin(\alpha_2 - \alpha_3) + q_4 k_4 \sin(\alpha_2 - \alpha_4) = 0,$$
$$q_3 k_3 \lambda_3 \sin 2(\alpha_2 - \alpha_3) + q_4 k_4 \lambda_4 \sin 2(\alpha_2 - \alpha_4) = 0,$$

oder, da weder $\sin(\alpha_2 - \alpha_3)$ noch $\sin(\alpha_2 - \alpha_4)$ verschwinden darf:

$$\lambda_3 \cos(\alpha_2 - \alpha_3) = \lambda_4 \cos(\alpha_2 - \alpha_4).$$

Werden nun die Grössen λ, wie es praktisch immer aus baulichen Gründen geschieht, einander gleich angenommen, so müsste wieder, wie oben, $\alpha_3 = \alpha_4$ werden. Deshalb muss man für die Vierkurbelmaschine auf den Ausgleich der Momente in der zweiten Ordnung verzichten.

Es fragt sich nun, ob man auf Grund dieser Thatsache für diese Maschinengattung auf den Ausgleich zweiter Ordnung überhaupt verzichten soll. Dann besteht immerhin für Schiffe die Gefahr, dass beim Zusammenfallen der Umdrehungszahl der Maschine mit der Schwingungszahl des Schiffskörpers (als elastischer Träger betrachtet) durch die sich summierenden Impulse der Massendrücke zweiter Ordnung Durchbiegungen von unzulässiger Grösse hervorgerufen werden, während die Momente keine so erhebliche Rolle spielen. Man wird also jedenfalls die Massendrücke vollständig auszugleichen suchen. Wir werden demnach neben den Gleichungen Va) von unseren Gleichungen VIIa) nur mehr die beiden ersten benutzen und diese durch die der praktischen Ausführung durchaus gleicher Kurbelradien und Schubstangenlängen entsprechende Annahme:

54) $$\lambda_2 = \lambda_3 = \lambda_4 = 1$$

vereinfachen. Man erkennt nun sofort, dass man aus den beiden ersten Gleichungen von Va) einerseits und VIIa) andererseits die Verhältnisse q eliminieren kann, woraus eine Beziehung zwischen den Winkeln resultiert. Umgekehrt kann man auch die drei Winkel eliminieren und behält sodann eine Beziehung zwischen den drei Verhältnissen q_2, q_3, q_4.

Wir wollen die erstere Elimination, welche einfacher ist, durchführen. Hierfür lautet unser Gleichungssystem wegen 54):

55) $\quad 1 + q_2 \cos\alpha_2 + q_3 \cos\alpha_3 + q_4 \cos\alpha_4 = 0,$

56) $\quad\quad\ \ q_2 \sin\alpha_2 + q_3 \sin\alpha_3 + q_4 \sin\alpha_4 = 0,$

57) $\quad 1 + q_2 \cos 2\alpha_2 + q_3 \cos 2\alpha_3 + q_4 \cos 2\alpha_4 = 0,$

58) $\quad\quad\ \ q_2 \sin 2\alpha_2 + q_3 \sin 2\alpha_3 + q_4 \sin 2\alpha_4 = 0.$

Eliminiert man z. B. q_2 aus 55) und 56) bezw. 57) und 58), so bleibt:

59) $\begin{cases} \sin\alpha_2 + q_3 \sin(\alpha_2 - \alpha_3) + q_4 \sin(\alpha_2 - \alpha_4) = 0, \\ \sin 2\alpha_2 + q_3 \sin 2(\alpha_2 - \alpha_3) + q_4 \sin 2(\alpha_2 - \alpha_4) = 0. \end{cases}$

Ebenso erhalten wir durch Elimination von q_3 und q_4 die Gruppen:

60) $\begin{cases} \sin\alpha_3 + q_2 \sin(\alpha_3 - \alpha_2) + q_4 \sin(\alpha_3 - \alpha_4) = 0, \\ \sin 2\alpha_3 + q_2 \sin 2(\alpha_3 - \alpha_2) + q_4 \sin 2(\alpha_3 - \alpha_4) = 0. \end{cases}$

61) $\begin{cases} \sin\alpha_4 + q_2 \sin(\alpha_4 - \alpha_2) + q_3 \sin(\alpha_4 - \alpha_3) = 0, \\ \sin 2\alpha_4 + q_2 \sin 2(\alpha_4 - \alpha_2) + q_3 \sin 2(\alpha_4 - \alpha_3) = 0. \end{cases}$

Multipliziert man nun diese sechs Gleichungen bezw. mit

$\sin(\alpha_3 - \alpha_4), \quad \sin 2(\alpha_3 - \alpha_4), \quad \sin(\alpha_4 - \alpha_2), \quad \sin 2(\alpha_4 - \alpha_2),$
$\sin(\alpha_2 - \alpha_3), \quad \sin 2(\alpha_2 - \alpha_3),$

was darum erlaubt ist, weil keiner der Winkel zwischen zwei Kurbeln verschwinden darf, und addiert, so verschwinden die Faktoren von q_2, q_3 und q_4, und es bleibt:

Die Massenwirkungen und ihr Ausgleich.

62) $\quad\left\{\begin{array}{l}\sin\alpha_2\sin 2(\alpha_3-\alpha_4)+\sin 2\alpha_2\sin(\alpha_3-\alpha_4)\\+\sin\alpha_3\sin 2(\alpha_4-\alpha_2)+\sin 2\alpha_3\sin(\alpha_4-\alpha_2)\\+\sin\alpha_4\sin 2(\alpha_2-\alpha_3)+\sin 2\alpha_4\sin(\alpha_2-\alpha_3)\end{array}\right\}=0,$

oder nach Auflösung der Funktionen der Doppelwinkel:

62a) $\quad\left\{\begin{array}{l}\sin\alpha_2\sin(\alpha_3-\alpha_4)[\cos(\alpha_3-\alpha_4)+\cos\alpha_2]\\+\sin\alpha_3\sin(\alpha_4-\alpha_2)[\cos(\alpha_4-\alpha_2)+\cos\alpha_3]\\+\sin\alpha_4\sin(\alpha_2-\alpha_3)[\cos(\alpha_2-\alpha_3)+\cos\alpha_4]\end{array}\right\}=0.$

Setzt man hierin die Produkte

$$\sin u \cdot \sin v = \tfrac{1}{2}\cos(u-v) - \tfrac{1}{2}\cos(u+v),$$

sowie die Summen

$$\cos u + \cos v = 2\cos\tfrac{u+v}{2}\cdot\cos\tfrac{u-v}{2}$$

und beachtet ferner, dass

$$\cos u = 2\cos^2\tfrac{u}{2} - 1,$$

so ergiebt sich, wenn wir schliesslich der Einfachheit halber schreiben:

$$\cos\tfrac{\alpha_2-\alpha_3+\alpha_4}{2} = \xi,$$

$$\cos\tfrac{\alpha_2+\alpha_3-\alpha_4}{2} = \eta,$$

$$\cos\tfrac{-\alpha_2+\alpha_3+\alpha_4}{2} = \zeta,$$

aus 62a):

62b) $\qquad (\xi^2-\eta^2)\xi\eta + (\eta^2-\zeta^2)\eta\zeta + (\zeta^2-\xi^2)\zeta\xi = 0,$

oder

62c) $\qquad (\xi-\eta)(\eta-\zeta)(\zeta-\xi)(\xi+\eta+\zeta) = 0.$

Hierin dürfen aber die Ausdrücke:

$$\xi - \eta = 2\sin\tfrac{\alpha_2}{2}\sin\tfrac{\alpha_3-\alpha_4}{2},$$

$$\eta - \zeta = 2\sin\tfrac{\alpha_3}{2}\sin\tfrac{\alpha_4-\alpha_2}{2},$$

$$\zeta - \xi = 2\sin\tfrac{\alpha_4}{2}\sin\tfrac{\alpha_2-\alpha_3}{2}$$

nicht verschwinden, damit nicht zwei Kurbeln zusammenfallen, bezw. sich gerade gegenüberstehen, so dass sich unsere Elimination auf

62d) $\qquad\qquad \xi + \eta + \zeta = 0$

reduziert. Führt man schliesslich noch die aufeinanderfolgenden Kurbelwinkel ein, setzt also (siehe Fig. 13):

$$\alpha_2 = \alpha,\quad \alpha_3 - \alpha_2 = \beta,\quad \alpha_4 - \alpha_3 = \gamma,\quad \alpha_4 = 360^0 - \delta,$$

so wird:

63) $\qquad \xi = \cos\tfrac{\alpha+\gamma}{2},\quad \eta = \cos\tfrac{\alpha-\gamma}{2},\quad \zeta = -\cos\tfrac{\beta-\delta}{2},$

und unser Ergebnis lautet:

38   Kapitel I.

64)
$$\cos\frac{\alpha+\gamma}{2} + \cos\frac{\alpha-\gamma}{2} = \cos\frac{\beta-\delta}{2},$$
oder

64a)
$$2\cos\frac{\alpha}{2}\cos\frac{\gamma}{2} = \cos\frac{\beta-\delta}{2}.$$

Infolge der Vertauschbarkeit der Winkel kann man natürlich auch diese Gleichung in der Form:

64b)
$$2\cos\frac{\beta}{2}\cos\frac{\delta}{2} = \cos\frac{\alpha-\gamma}{2}$$

schreiben.

Die ebenfalls von Schubert* zuerst aufgestellte Formel 64) ermöglicht uns, aus zwei gegebenen Winkeln, z. B. β und δ, die anderen beiden so zu bestimmen, dass unsere Gleichungen 55) bis 58) erfüllt bleiben. Für eine Neuberechnung einer soweit als möglich aus-

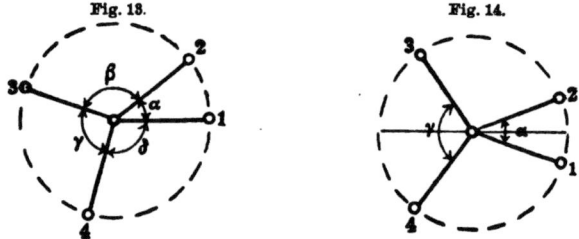

Fig. 13.   Fig. 14.

geglichenen Vierkurbelmaschine wird demnach 64) den Ausgangspunkt bilden.

Dabei verfährt man am einfachsten so, dass man z. B. bei gegebenen gegenüber liegenden Winkeln β und δ mit

$$\alpha+\gamma = 360^0 - (\beta+\delta)$$

die Differenz $\alpha - \gamma$ aus 64) ermittelt, woraus sich dann α und γ einzeln ergeben. Sind dagegen zwei anliegende Winkel, z. B. α und β gegeben, so empfiehlt es sich, von 64a) auszugehen und daraus für die Berechnung von γ den vierten Winkel

---

* In seiner schon angeführten Abhandlung deutet Schubert nur an, dass er zur Gleichung 64) durch Zerlegung der Eliminationsdeterminante der Gleichung 55) bis 58) gelangt. In dem mir brieflich mitgeteilten ausführlichen Beweis führt dann Schubert, nachdem er durch Anwendung des Laplaceschen Satzes Gleichung 62) bezw. 62a) erhalten hat, sofort die Winkel zwischen den Kurbeln $\alpha\beta\gamma\delta$ durch Gleichung 64) ein, nur mit dem Unterschiede, dass er auch

$$\cos\frac{\beta-\delta}{2} = +\zeta$$

setzt. Hierdurch werden die Formeln 62b) und 62c) unsymmetrisch für ξ, η, ζ. Aus diesem Grunde habe ich die Einführung der Winkel $\alpha\beta\gamma\delta$ bis zum Schluss verschoben.

$$\delta = 360° - (\alpha + \beta) - \gamma$$

zu eliminieren. Dies führt auf die Gleichung

64c) $$\operatorname{tg}\frac{\gamma}{2} = \frac{2\cos\frac{\alpha}{2} + \cos\left(\beta + \frac{\alpha}{2}\right)}{\sin\left(\beta + \frac{\alpha}{2}\right)}.$$

Von grosser praktischer Bedeutung ist der Spezialfall $\beta = \delta$, für den Schlick* die aus 64a) folgende Gleichung:

65) $$\cos\frac{\alpha}{2}\cos\frac{\gamma}{2} = \frac{1}{2}$$

schon vor Schubert aufgestellt hatte. Derselbe ergiebt nämlich, wie aus Figur 14 hervorgeht, eine symmetrische Anordnung der Kurbeln im Kreise und zwar zu einem Durchmesser, welcher die Winkel α und γ halbiert.

Die Bestimmung der Verhältnisse $q_2 q_3 q_4$ geschieht nunmehr nach dem Vorgange von Schlick am bequemsten, indem man in den Gleichungen 55) bis 58) zwei Glieder auf die andere Seite bringt und quadriert. Auf diese Weise ergiebt sich aus 55) und 56):

$$1 + 2q_2\cos\alpha_2 + q_2^2\cos^2\alpha_2 = q_3^2\cos^2\alpha_3 + 2q_3 q_4\cos\alpha_3\cos\alpha_4 + q_4^2\cos^2\alpha_4,$$
$$q_2^2\sin^2\alpha_2 = q_3^2\sin^2\alpha_3 + 2q_3 q_4\sin\alpha_3\sin\alpha_4 + q_4^2\sin^2\alpha_4,$$

und hieraus durch Addition:

$$1 + 2q_2\cos\alpha_2 + q_2^2 = q_3^2 + q_4^2 + 2q_3 q_4\cos(\alpha_3 - \alpha_4).$$

Ebenso folgt aus 57) und 58):

$$1 + 2q_2\cos 2\alpha_2 + q_2^2 = q_3^2 + q_4^2 + 2q_3 q_4\cos 2(\alpha_3 - \alpha_4).$$

Diese Formeln besagen lediglich, dass sich die Resultanten von je zwei Vektoren, also 1 und q_2 bezw. q_3 und q_4 aufheben. Aus ihnen geht durch Subtraktion hervor:

$$q_2(\cos\alpha_2 - \cos 2\alpha_2) = q_3 q_4[\cos(\alpha_3 - \alpha_4) - \cos 2(\alpha_3 - \alpha_4)],$$

oder auch

66) $$q_2\sin\frac{\alpha_2}{2}\sin\frac{3}{2}\alpha_2 = q_3 q_4\sin\frac{\alpha_3 - \alpha_4}{2}\sin\frac{3}{2}(\alpha_3 - \alpha_4).$$

Hätte man andere Glieder auf die andere Seite gebracht, d. h., die Vektoren q anders gruppiert, so würde man noch die Gleichungen:

67) $$q_3\sin\frac{\alpha_3}{2}\sin\frac{3}{2}\alpha_3 = q_4 q_2\sin\frac{\alpha_4 - \alpha_2}{2}\sin\frac{3}{2}(\alpha_4 - \alpha_2),$$

68) $$q_4\sin\frac{\alpha_4}{2}\sin\frac{3}{2}\alpha_4 = q_2 q_3\sin\frac{\alpha_2 - \alpha_3}{2}\sin\frac{3}{2}(\alpha_2 - \alpha_3)$$

---

* Schlicks darauf bezügliche eigene Untersuchungen waren bis vor kurzem nicht veröffentlicht, sondern nur in einer als Manuskript gedruckten Anweisung für die Maschinenfabriken, welche seine Ausgleichungsmethode anwenden, enthalten. Erst im April 1900 legte Schlick seine Methoden in einer Abhandlung „On balancing of steam engines" der Institution of Naval Architects vor, aus deren Transactions sie in die Zeitschrift „Engineering" vom 20. April 1900 übergegangen ist.

erhalten. Durch Multiplikation je zweier dieser Formeln 66) bis 68) ergeben sich nunmehr direkt die Werte von q_2^2, q_3^2 und q_4^2, und zwar in einer Form, die für ihre logarithmische Berechnung aus den Winkelfunktionen recht bequem ist.

Man erhält auf diese Weise

$$66a) \quad q_2^2 = \frac{\sin\frac{\alpha_3}{2}\sin\frac{3}{2}\alpha_3 \sin\frac{\alpha_4}{2}\sin\frac{3}{2}\alpha_4}{\sin\frac{\alpha_3-\alpha_2}{2}\sin\frac{3}{2}(\alpha_3-\alpha_2)\sin\frac{\alpha_4-\alpha_2}{2}\sin\frac{3}{2}(\alpha_4-\alpha_2)}$$

$$67a) \quad q_3^2 = \frac{\sin\frac{\alpha_4}{2}\sin\frac{3}{2}\alpha_4 \sin\frac{\alpha_2}{2}\sin\frac{3}{2}\alpha_2}{\sin\frac{\alpha_4-\alpha_3}{2}\sin\frac{3}{2}(\alpha_4-\alpha_3)\sin\frac{\alpha_2-\alpha_3}{2}\sin\frac{3}{2}(\alpha_2-\alpha_3)}$$

$$68a) \quad q_4^2 = \frac{\sin\frac{\alpha_2}{2}\sin\frac{3}{2}\alpha_2 \sin\frac{\alpha_3}{2}\sin\frac{3}{2}\alpha_3}{\sin\frac{\alpha_2-\alpha_4}{2}\sin\frac{3}{2}(\alpha_2-\alpha_4)\sin\frac{\alpha_3-\alpha_4}{2}\sin\frac{3}{2}(\alpha_2-\alpha_4)}$$

und schliesslich die Abstandsverhältnisse der Getriebe durch die letzten beiden Gleichungen der Gruppe Va

$$69) \quad k_3 = \frac{a_3}{a_2} = -\frac{q_2}{q_3}\frac{\sin(\alpha_4-\alpha_2)}{\sin(\alpha_4-\alpha_3)},$$

$$70) \quad k_4 = \frac{a_4}{a_2} = -\frac{q_2}{q_3}\frac{\sin(\alpha_3-\alpha_2)}{\sin(\alpha_3-\alpha_4)}.$$

Damit ist die Aufgabe der Ermittelung der Unbekannten q und k gelöst, wenn wir von den Winkeln im Kurbelkreise ausgehend zwei derselben als willkürlich gegeben betrachten. Weniger bequem gestaltet sich die umgekehrte Berechnung der Winkel und der Verhältnisse q aus den Abstandsverhältnissen k_3 und k_4. Da diese Aufgabe nur für den schon erwähnten Schlick'schen Spezialfall von praktischer Bedeutung ist, wollen wir denselben hier eingehender behandeln.

6. Symmetrisch angeordnete Vierkurbelmaschinen. Für diese allgemein gebräuchliche Anordnung gilt, wie wir schon gesehen haben, die einfache Gleichung 65). Setzen wir entsprechend der Symmetrie um eine die Winkel α und γ halbierende Gerade im Kurbelkreis $\beta = \delta$, so folgt wegen 63) aus 66a) bei 68a)

$$71) \quad q_2 = 1 \quad \text{und} \quad q_3 = q_4 = q.$$

Führen wir dies in eine der oben quadrierten Gleichungen ein, so erhalten wir, da $\alpha_2 = \alpha$ und $\alpha_4 - \alpha_3 = \gamma$

$$2 + 2\cos\alpha = 2q^2 + 2q^2\cos\gamma$$

oder

$$71a) \quad \cos\frac{\alpha}{2} = q\cos\frac{\gamma}{2}.$$

Durch Vereinigung mit der für denselben Fall giltigen Grundformel 65) ergiebt sich weiter

71b) $\qquad q = 2 \cos^2 \frac{\alpha}{2}$ oder $1 = 2q \cos^2 \frac{\gamma}{2}$.

Setzen wir schliesslich die hier ermittelten Spezialbeziehungen in die Gleichungen 50) und 51) für die Abstandsverhältnisse k_3 und k_4 ein und multipliziren beide, so folgt:

72) $\qquad k_3 + k_4 = 1$

oder mit Rücksicht auf 43):

72a) $\qquad a_3 + a_4 = a_2$, bezw. $a_3 = a_2 - a_4$,

d. h. die dritte Getriebe-Ebene ist von der ersten ebenso weit entfernt, wie die zweite von der vierten. Damit aber, und hierin liegt die grosse praktische Bedeutung dieser von Schlick vorgeschlagenen Anordnung, wird das ganze System insofern symmetrisch, als die beiden Getriebe mit den relativen Momenten q in der Mitte, die anderen mit den Momenten 1 in gleichen Entfernungen von diesen ausserhalb bezw. umgekehrt liegen (Fig. 15). Beachtenswert ist hierbei noch, dass die im Kurbelkreis (Fig. 14) aufeinander folgenden Getriebe nicht auch in derselben Folge sich auf der Welle aneinanderreihen, eine Thatsache, die übrigens schon aus Figur 10 für den allgemeinen Fall der Vierkurbelmaschine geschlossen werden konnte.

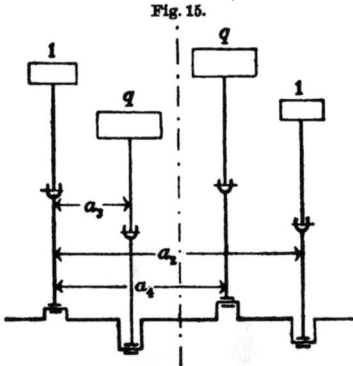

Fig. 15.

Wir haben bisher immer den Fall ins Auge gefasst, dass als Grundlage der Berechnung des ganzen ausgeglichenen Systems zwei willkürlich angenommene Winkel im Kurbelkreise dienen. In der Praxis ist es dagegen erwünscht, von den Cylinderabständen a auszugehen und aus ihnen alle anderen Werte abzuleiten. Zu diesem Zwecke nimmt Schlick in seiner schon erwähnten Abhandlung, der wir hier folgen, für symmetrisch angeordnete Maschinen das Verhältnis des Abstandes der beiden inneren Glieder $a = a_4 - a_3$ zu demjenigen der beiden äusseren Glieder $A = a_2$ als gegeben an. Dieses Verhältnis ist also nichts anderes als

43a) $\qquad \dfrac{a}{A} = \dfrac{a_4 - a_3}{a_2} = k_4 - k_3$,

oder wegen 69) und 70) mit Rücksicht auf $q_3 = q_4 = q$ und $q_2 = 1$

$$\frac{a}{A} = \frac{1}{q} \frac{\sin(\alpha_3 - \alpha_2) + \sin(\alpha_4 - \alpha_2)}{\sin(\alpha_4 - \alpha_3)}.$$

Führen wir in diese Gleichung die Winkel α, β, γ, δ ein, so wird zunächst

$$\frac{a}{A} = \frac{1}{q}\frac{\sin\beta \sin(\alpha+\delta)}{\sin\gamma} = \frac{1}{q}\frac{\cos\frac{\alpha+\beta+\delta}{2}\sin\frac{\beta-\alpha-\delta}{2}}{\sin\frac{\gamma}{2}\cdot\cos\frac{\gamma}{2}}$$

oder wegen $\alpha + \beta + \delta = 360 - \gamma$ und $\beta = \delta$

$$\frac{a}{A} = \frac{1}{q}\frac{\sin\frac{\alpha}{2}}{\sin\frac{\gamma}{2}}.$$

Eliminieren wir schliesslich noch die Grösse q mit Hilfe von 71a), so wird

73) $$\frac{a}{A} = \frac{\mathrm{tg}\frac{\alpha}{2}}{\mathrm{tg}\frac{\gamma}{2}}.$$

Statt dieser Formel, welche wir auch unmittelbar aus Figur 10 bei symmetrischer Lage des Kurbelkreises zu den Punkten 3 und 4 bezw. 1 und 2 hätten ableiten können, dürfen wir auch schreiben:

$$\mathrm{tg}^2\frac{\alpha}{2} = \frac{a}{A}\mathrm{tg}\frac{\alpha}{2}\mathrm{tg}\frac{\gamma}{2} \quad \text{und} \quad \mathrm{tg}^2\frac{\gamma}{2} = \frac{A}{a}\mathrm{tg}\frac{\alpha}{2}\mathrm{tg}\frac{\gamma}{2}$$

bezw.

73a) $$\mathrm{tg}^2\frac{\alpha}{2} + \mathrm{tg}^2\frac{\gamma}{2} = \left(\frac{a}{A} + \frac{A}{a}\right)\mathrm{tg}\frac{\alpha}{2}\mathrm{tg}\frac{\gamma}{2}.$$

Mit Hilfe der Transformation

$$\frac{1}{\cos^2\frac{\alpha}{2}} = \mathrm{tg}^2\frac{\alpha}{2} + 1$$

folgt aber aus 65)

65a) $$\mathrm{tg}^2\frac{\alpha}{2} + \mathrm{tg}^2\frac{\gamma}{2} + \mathrm{tg}^2\frac{\alpha}{2}\mathrm{tg}^2\frac{\gamma}{2} = 3$$

und durch Vereinigung dieser Gleichung mit 73a)

73b) $$\mathrm{tg}^2\frac{\alpha}{2}\cdot\mathrm{tg}^2\frac{\gamma}{2} + \left(\frac{a}{A} + \frac{A}{a}\right)\mathrm{tg}\frac{\alpha}{2}\mathrm{tg}\frac{\gamma}{2} = 3,$$

oder nach Auflösung

$$\mathrm{tg}\frac{\alpha}{2}\mathrm{tg}\frac{\gamma}{2} = -\frac{1}{2}\left(\frac{a}{A} + \frac{A}{a}\right) \pm \sqrt{\frac{1}{4}\left(\frac{a}{A} + \frac{A}{a}\right)^2 + 3}.$$

Multipliziert man diese Formel mit 65), so ergiebt sich

$$\sin\frac{\alpha}{2}\cos\frac{\gamma}{2} = -\frac{1}{4}\left(\frac{a}{A} + \frac{A}{a}\right) \pm \sqrt{\frac{1}{16}\left(\frac{a}{A} + \frac{A}{a}\right)^2 + \frac{3}{4}}$$

und hieraus durch Addition und Subtraktion von 65)

74a) $$\cos\frac{\gamma+\alpha}{2} = \frac{1}{2} + \frac{1}{4}\left(\frac{a}{A} + \frac{A}{a}\right) - \sqrt{\frac{1}{16}\left(\frac{a}{A} + \frac{A}{a}\right)^2 + \frac{3}{4}}$$

74b) $$\cos\frac{\gamma-\alpha}{2} = \frac{1}{2} - \frac{1}{4}\left(\frac{a}{A} + \frac{A}{a}\right) + \sqrt{\frac{1}{16}\left(\frac{a}{A} + \frac{A}{a}\right)^2 + \frac{3}{4}}.$$

Damit sind die Winkel α und γ eindeutig aus dem Abstandsverhältnis $a : A$ bei symmetrischer Anordnung bestimmt. Man erkennt übrigens, dass mit Werten des Verhältnisses $A : a$ von 1 bis ∞ der Winkel γ das Intervall von 90^0 bis 120^0 durchläuft, während gleichzeitig α zwischen 90^0 und 0^0 und das Verhältnis q zwischen 1 und 2 schwankt. Die Dreikurbelmaschine mit drei gleichen Schränkungswinkeln von je 120^0 erscheint hiernach als ein spezieller Fall der symmetrischen Schlickschen Vierkurbelmaschine, ebenso auch die Vierkurbelmaschine mit sogenannter Kreuzstellung (Fig. 11), bei welcher der Ausgleich allerdings praktisch an der Bedingung des Zusammenfallens γ zweier Getriebeebenen scheitert.

Von besonderer Wichtigkeit ist die Beschränkung des Winkels γ auf das Intervall zwischen 90^0 und 120^0, welche lediglich auf den Ausgleich zweiter Ordnung, d. i. auf Gleichung 65) zurückzuführen ist. Ein solcher Ausgleich ist daher bei der sogenannten Achtelstellung mit den Kurbelwinkeln $\alpha = 45^0$, $\beta = \delta = 90^0$, $\gamma = 135^0$ nicht mehr erreichbar.

Diese Stellung ist wiederum ein spezieller Fall der schon früher erwähnten in Fig. 12 dargestellten Anordnung zweier rechter Winkel im Kurbelkreis. Da diese Anordnung in der Praxis sehr beliebt ist, erscheint es nicht unwichtig darauf hinzuweisen, dass sie mit der Grundgleichung 65), der wir auch die Form

$$\cos \frac{\alpha + \gamma}{2} + \cos \frac{\alpha - \gamma}{2} = 1$$

geben können, nicht vereinbart werden kann. Mit $\beta = \delta = 90^0$ folgt nämlich $\alpha + \gamma = 180^0$, mithin müsste hiernach auch $\alpha = \gamma = 90^0$ werden, was auf eine kreuzweis rechtwinklige Kurbelstellung hindeutet. Diese aber führt nach Fig. 10 dahin, dass je zwei Getriebe in derselben Ebene arbeiten sollen, was praktisch unmöglich ist. **Mit der Beibehaltung zweier rechter Winkel im Kurbelkreise verzichtet man demnach auf die Möglichkeit des Massenausgleiches zweiter Ordnung, während das Verschwinden der Massendrücke und Momente erster Ordnung sich wohl mit derselben verträgt.**

Im übrigen bietet die Durchrechnung dieses Falles keine Schwierigkeiten, da an Stelle der Beziehung 65) die einfache Bedingung

$$\alpha + \gamma = 180^0$$

tritt. Die Formel 71a) behält ihre Giltigkeit, da sie mit dem Ausgleich zweiter Ordnung noch nichts zu thun hat. Sie hätte darum auch unmittelbar als Gleichgewichtsbedingung für Kurbelschleifengetriebe abgeleitet werden können. Aus $\alpha + \gamma = 180^0$ und 71a) folgt nunmehr, da natürlich auch hier $q_2 = 1$ und $q_3 = q_4 = q$ sein müssen

71c) $$q = \operatorname{tg} \frac{\gamma}{2} = \operatorname{cotg} \frac{\alpha}{2}$$

und schliesslich aus den Gleichungen 69) und 70), welche ebenfalls von der Bedingung 65) und damit vom Ausgleich zweiter Ordnung unabhängig sind,

72c) $\qquad k_3 = -\dfrac{1}{q}\dfrac{\cos\alpha}{\sin\gamma},\ k_4 = -\dfrac{1}{q\sin\gamma}.$

Zum praktisch vollständigen Ausgleich der symmetrischen Vierkurbelmaschine gehört natürlich auch derjenige der lediglich rotierenden Massen, welcher durch die am Schlusse von § 4 entwickelten Gleichungen 48) und 49) gegeben ist. Ausserdem ist es notwendig, noch die Bewegung aller anderen, nicht zu den eigentlichen Hauptgetrieben gehörigen Massen auf ihren störenden Einfluss hin zu untersuchen. Solche bisher nicht berücksichtigte Massen sind aber z. B. bei Schiffsmaschinen die Steuerungsschieber und ihre Gestänge, während die Excenter als lediglich rotierend auszugleichen sind. Als Nebengetriebe tritt ausserdem häufig der Antrieb der Luftpumpe der Kondensation auf, obwohl man in der Neuzeit vielfach selbständige, meist schwungradlose Pumpen mit direktem Antrieb für diesen Zweck vorzieht.

Alle diese Nebengetriebe können nun so angeordnet werden, dass die Bewegungsrichtung ihrer hin- und hergehenden Teile in die Ebene der Bewegungsrichtungen der Kolben der Hauptgetriebe fallen. Anderseits aber findet man auch nicht selten, besonders bei Maschinen, deren Cylinder aus Raummangel sehr nahe aneinander gerückt sind, ausserhalb der Hauptgetriebeebene liegende Nebengetriebe, wobei dann der Antrieb der Schieber und Pumpenkolben durch sogenannte Balanciers von der Hauptwelle aus vermittelt wird. Da wir hierauf noch zurückkommen werden, so möge hier nur der erstgenannte Fall solcher Nebengetriebe ins Auge gefasst werden, deren Axen in die Ebene der Hauptgetriebeaxen fallen.

Die rechnerische Verfolgung derselben gestaltet sich nun sehr einfach, weil das Verhältnis der Excenterkurbel r' zur Excenterstangenlänge l' hier stets so kleine Werte besitzt, dass wir von dem Einfluss der Störungsglieder zweiter Ordnung gänzlich absehen dürfen. Da nun ausserdem der Schränkungswinkel der Excenterkurbeln gegen die zugehörigen Hauptkurbeln (Voreilungswinkel) gegeben wird, so empfiehlt es sich, die Steuergetriebe unabhängig von den Hauptgetrieben für sich auszugleichen, was nach dem Vorstehenden keine Schwierigkeit mehr bietet. Dieses Verfahren erscheint um so berechtigter, als der verschwindende Einfluss der Steuergetriebe auf die Glieder zweiter Ordnung ohnehin ihre Verwendung zum Ausgleich der, wie wir sahen, nicht wegzuschaffenden Glieder zweiter Ordnung im Kippmomente (Gleichung 34) illusorisch macht.

Verzichtet man dagegen, wie es in der Praxis unter Verwendung rechter Winkel im Kurbelkreise (siehe oben) häufig geschieht, ganz auf den Ausgleich zweiter Ordnung, so darf man unbedenklich die Steuerungsteile zum Ausgleich der Massenwirkungen der hin- und her-

Die Massenwirkungen und ihr Ausgleich.

gehenden Teile der Hauptgetriebe benutzen und kann alsdann unter bestimmten Verhältnissen, z. B. innerer Einströmung des Dampfes beim Schieber, welche eine der äusseren Einströmung entgegengesetzte Lage der Excenterkurbel bedingt, nicht unerheblich an den Zusatzgewichten für die Hauptgetriebe sparen. Dass für diesen Ausgleich die Schiebergewichte mit dem Verhältnis $r':r$ der Excenterkurbel zur Hauptkurbel einzuführen sind, ist wohl ohne weiteres einleuchtend; die Durchführung der Rechnungen selbst bietet so wenig Neues, dass wir sie hier übergehen dürfen.

Dagegen erscheint es zweckmässig, die Grösse des nicht auszugleichenden Momentes zweiter Ordnung für die symmetrische Anordnung zu ermitteln, wobei wir allerdings noch die der Wirklichkeit nicht vollkommen entsprechende Annahme einer konstanten Winkelgeschwindigkeit machen müssen. Mit $d\varepsilon:dt = 0$ erhalten wir alsdann aus Gleichung 34) sofort das fragliche Kippmoment und zwar bezogen auf eine beliebige y-Axe im Raume, deren Abstand von den einzelnen

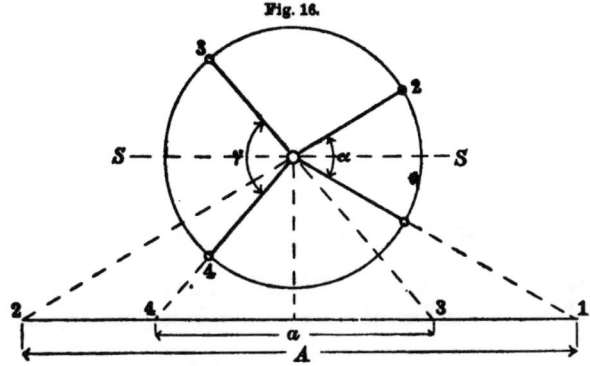

Fig. 16.

Getriebeebenen wir mit a_1, a_2, a_3, a_4 bezeichnen können.* Für unsere symmetrische Anordnung ist es bequemer, diese Axe in die Symmetrieebene der vier Gebiete selbst zu verlegen, welche von der ursprünglichen Momentenaxe um z entfernt sein möge. Alsdann ist, wenn wir wieder den Abstand der beiden inneren Getriebeebenen von einander mit a, denjenigen der äusseren mit A bezeichnen (Fig. 16)

$$a_1 = z - \frac{A}{2}, \quad a_2 = z + \frac{A}{2}$$
$$a_3 = z - \frac{a}{2}, \quad a_4 = z + \frac{a}{2}.$$

Schreiben wir nunmehr in Gleichung 34) wieder der Kürze halber

$$\left(Pr + Gr - G\frac{r}{l}s'\right)\frac{r}{l} = \frac{r}{l}Q,$$

so ist zunächst wegen der Symmetrie

---

* Früher setzten wir vom ersten Getriebe aus rechnend $a_1 = 0$.

$$Q_1 = Q_2 \quad \text{und} \quad Q_3 = Q_4$$

und wir haben aus 34) bei überall gleichem $r:l$

$$\mathfrak{M}_y = \frac{\varepsilon^2}{g}\frac{r}{l}\left\{s\Sigma Q \cos 2(\varphi+\alpha) + Q_1\frac{A}{2}[\cos 2(\varphi+\alpha_2) - \cos 2(\varphi+\alpha_1)]\right.$$
$$\left. + Q_3\frac{a}{2}[\cos 2(\varphi+\alpha_4) - \cos 2(\varphi+\alpha_3)]\right\}$$

Hierin verschwindet zunächst wegen des vorausgesetzten Massenausgleiches zweiter Ordnung das Glied $\Sigma Q \cos 2(\varphi+\alpha)$. Beziehen wir weiterhin die einzelnen Kurbelwinkel nicht wie bisher auf die erste Kurbel, sondern auf die in Fig. 16 mit SS bezeichnete Symmetrieaxe im Kurbelkreis, so wird unter Einführung unserer Winkel α und γ

$$\alpha_1 = -\frac{\alpha}{2}, \qquad \alpha_2 = +\frac{\alpha}{2},$$
$$\alpha_3 = 180 - \frac{\gamma}{2}, \quad \alpha_4 = 180 + \frac{\gamma}{2}$$

und wir erhalten für unser Kippmoment

$$\mathfrak{M}_y = -\frac{\varepsilon^2}{g}\frac{r}{l}(AQ_1 \sin\alpha + aQ_3 \sin\gamma)\sin 2\varphi,$$

oder, wenn wir wie früher das Verhältnis

$$\frac{Q_3}{Q_1} = q$$

einführen

75) $\qquad \mathfrak{M}_y = -\frac{\varepsilon^2}{g}\frac{r}{l}A\cdot Q_1\left(\sin\alpha + \frac{a}{A}q\sin\gamma\right)\sin 2\varphi.$

Eliminieren wir hieraus die Winkel α und γ mit Hilfe der Gleichung 71b) sowie das Verhältnis $a:A$ mit Hilfe von 73), so ergiebt sich

$$\mathfrak{M}_y = -\frac{\varepsilon^2}{g}\frac{r}{l}AQ_1(q+1)\sqrt{\frac{2}{q}-1}\sin 2\varphi$$

oder

75a) $\qquad \mathfrak{M}_y = -\frac{\varepsilon^2}{g}\frac{r}{l}A(Q_1+Q_3)\sqrt{2\frac{Q_1}{Q_3}-1}\sin 2\varphi.$

Der Faktor von $\sin 2\varphi$ stellt, wie man ohne weiteres erkennt, gleichzeitig das zweimal pro Umdrehung auftretende Maximum des Kippmomentes dar, welches allerdings durch das Hinzutreten von Beschleunigungsgliedern etwas vergrössert bezw. verkleinert werden kann. Bei gegebenem $r:l$ sowie vorgeschriebener Umdrehungszahl der Maschine hängt das Maximum dieses Momentes demnach hauptsächlich von dem der Baulänge der Maschine proportionalen Abstand A, der Grösse Q_1 und der Funktion

$$f(q) = (q+1)\sqrt{\frac{2}{q}-1}$$

ab. Der Verlauf des letzteren ist in dem Intervall von $q=1$ bis $q=2$, welches allein praktisch mögliche Werte liefert, durch Figur 17 verdeutlicht. Mit q ist aber auch das Verhältnis $a:A$ bezw. $A:a$ gegeben und zwar durch die aus 73) hervorgehende Formel

$$\frac{A}{a} = \sqrt{\frac{2q^2 - q}{2 - q}},$$

deren Werte ebenfalls in Figur 17 eingetragen sind. Auf den engen Zusammenhang aller dieser Grössen und die Notwendigkeit seiner Be-

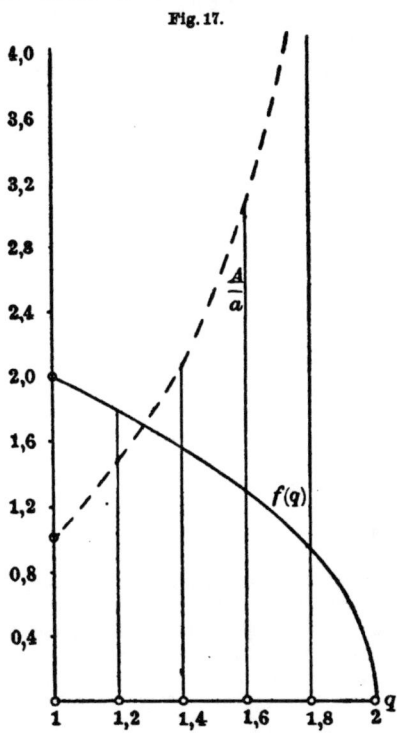

Fig. 17.

achtung bei der Dimensionierung ausgeglichener Maschinen hat zuerst Schlick, dessen Gedankengang wir in der Hauptsache oben gefolgt sind, hingewiesen (siehe a. a. O.). Es muss dies um so stärker betont werden, als in vereinzelten Fällen durch Ausserachtlassen dieser Sätze fehlerhafte Maschinen entstanden, deren Mängel man unberechtigter Weise dem System des Massenausgleiches in die Schuhe zu schieben versuchte.

Beispiel. Wir wollen als Beispiel den praktisch wichtigen Spezialfall betrachten, für welchen alle Getriebe-Ebenen gleich weit von einander entfernt sind, d. h. wir setzen (Fig. 15) voraus, dass

$$a_2 = 3a_3 = 2(a_4 - a_3) \quad \text{oder} \quad a_4 = 2a_3.$$

Da hiermit auch $k_4 = 2k_3$ wird, so geht Gleichung 51) wegen $q_3 = q_4 = q$ über in

$$\sin(\alpha_3 - \alpha_2) + 2\sin(\alpha_4 - \alpha_2) = 0.$$

Mit $\alpha_3 - \alpha_2 = \beta$ und $\alpha_4 - \alpha_1 = 360 - (\alpha + \delta) = \beta + \gamma$ können wir aber hierfür schreiben:

$$\sin\beta + 2\sin(\beta + \gamma) = 0.$$

Anderseits haben wir, da nach Schlicks Vorschlag $\beta = \delta$ sein soll, auch

$$\beta = 180 - \frac{\alpha + \nu}{2} \quad \text{und} \quad \beta + \gamma = 180 - \frac{\alpha - \gamma}{2},$$

sowie aus 64)

$$\cos\beta + \cos(\beta + \gamma) = -1.$$

Die Formeln 74) und 75) führen nun auf quadratische Gleichungen für $\cos\beta$ bezw. $\cos(\beta + \gamma)$, von deren Wurzeln nur diejenigen brauchbar sind, welche zwischen $+1$ und -1 liegen. Es sind dies die Werte

$$\cos\beta = -0{,}131 \quad \text{und} \quad \cos(\beta + \gamma) = -0{,}869,$$

woraus

$$\beta = 97°35' \quad \text{und} \quad \gamma = 112°5'$$

folgt. Wegen $\delta = \beta$ ist noch

$$\alpha = 52°45',$$

wodurch die Anordnung der Kurbeln im Kreise eindeutig bestimmt ist. Schliesslich folgt noch mit

$$\frac{\gamma}{2} = 56°2{,}5' \quad \text{und} \quad \cos^2\frac{\gamma}{2} = 0{,}311$$

aus Gleichung 71 b) $q = 1{,}61$.

Hätten wir z. B. eine vertikal stehende doppeltwirkende Schiffsmaschine mit vierfacher (d. h. auf vier Cylinder verteilter) Expansion von zusammen 3000 bis 4000 Pferdestärken zu konstruieren, deren jeder Cylinder dieselbe Arbeit leisten soll, so werden die Dimensionen der arbeitenden Teile bei gegebenem Dampfdruck (13—15 kg/qcm absolut) im Kessel um so kleiner ausfallen, je rascher die Maschine läuft, also je grösser ihr Hub und ihre Umdrehungszahl ist. Infolge der gleichen Arbeitsverteilung werden die mittleren Kolbendrücke bei demselben Hub ganz gleich ausfallen und auch die maximale Differenz der Dampfdrücke auf beiden Kolbenseiten in allen Cylindern keine erheblichen Unterschiede aufweisen. Hieraus ergeben sich weiterhin bei gleichen Schubstangenlängen aus Festigkeitsrücksichten für alle Cylinder dieselben Dimensionen der Kolbenstange, des Kreuzkopfes, der Schubstange und schliesslich der Kurbeln, während allein die Kolben um so schwerer ausfallen, je grösser die Cylinderdurchmesser sind. Für unsere Maschine betrage nun der gemeinsame Hub (d. i. der doppelte Kurbelradius) 1,4 m, die Umdrehungszahl 75 pro Minute und die Schubstangenlänge überall 3 m. Alsdann würde die Festigkeitsrechnung auf solche Dimensionen führen, dass eine Kolbenstange ca. 500 kg, ein Kreuzkopf 650 kg, die Schubstange 1650 kg und schliesslich eine Kurbel 2400 kg wiegt. Liegt der Schwerpunkt der Schubstange 2 m vom Kreuzkopfzapfen entfernt, so trägt dieselbe [siehe oben unsere Gleichung 89) und 40)] zu den hin- und hergehenden Gewichten

$$1650\left(1 - \frac{2}{3}\right) = 550 \text{ kg}$$

bei, während als rotierend der Rest von 1100 kg aufzufassen ist. Damit beträgt das Gewicht der hin- und hergehenden Teile ausser dem Kolben für alle Getriebe

$$500 + 650 + 550 = 1700 \text{ kg},$$

das der rotierenden dagegen

$$2400 + 1100 = 3500 \text{ kg}.$$

Das Moment der letzteren wird dann, wenn wir uns den Schwerpunkt der Kurbelmasse (was mit der Wirklichkeit genügend gut übereinstimmt) im Kurbelzapfen selbst denken, $0{,}7 \cdot 3500$ m/kg. Für die Dimensionierung der Kolben wollen wir nun unsere oben aus den Schlickschen Ausgleichsbedingungen erhaltenen Werte benutzen, indem wir voraussetzen, dass die Cylinder alle 2 m von einander entfernt sind. Diese Bedingungen besagen aber lediglich, dass die hin- und hergehenden Teile der beiden inneren Getriebe je 1,61 mal so schwer sein sollten als die jedes der äusseren Getriebe. Wir müssen mithin wenigstens das vollständige Gewicht eines Getriebes kennen und wählen hierzu das des ersten Mitteldruckcylinders. Für diesen würde sich aus Festigkeitsgründen ein Kolbengewicht von etwa 600 kg ergeben. Dann ist hierfür unter Wiedereinführung unserer früheren Bezeichnung Q [siehe Gleichung 39)]:

$$\frac{Q_2}{r} = 1700 + 600 = 2300 \text{ kg}$$

und wegen 69):

$$\frac{Q_1}{r} = 2300 \text{ kg},$$

$$\frac{Q_3}{r} = \frac{Q_4}{r} = 2300 \cdot 1,61 = 3700 \text{ kg},$$

so dass der sonst etwas kleinere Kolben des Hochdruckcylinders ebenfalls 600 kg, die beiden anderen aber je 2000 kg wiegen müssten. Sollten diese letzteren Gewichte wegen des grossen Durchmessers des Niederdruckcylinders etwa auf zu schwache Kolbendimensionen führen, so müsste überhaupt von diesem ausgegangen werden.

Nunmehr bleibt uns noch die Ausgleichung der Massenwirkung der lediglich als rotierend anzusehenden Teile übrig, die, wie in § 4 gezeigt wurde, getrennt von der oben für sich und zweckmässig durch zwei an den äussersten beiden Kurbeln anzubringende Gegengewichte durchzuführen ist. Wir erhalten zunächst die unausgeglichenen Momente, da alle R und r gleich sind, zu

$$\Sigma R \cos \alpha = 0,7 \cdot 3500 (1 + \cos \alpha_2 + \cos \alpha_3 + \cos \alpha_4),$$
$$\Sigma R \sin \alpha = 0,7 \cdot 3500 (\sin \alpha_2 + \sin \alpha_3 + \sin \alpha_4),$$
$$\Sigma R a \cos \alpha = 0,7 \cdot 3500 (a_2 \cos \alpha_2 + a_3 \cos \alpha_3 + a_4 \cos \alpha_4),$$
$$\Sigma R a \sin \alpha = 0,7 \cdot 3500 (a_2 \sin \alpha_2 + a_3 \sin \alpha_3 + a_4 \sin \alpha_4).$$

Hierin ist nach unseren obigen Ergebnissen:

$$\alpha_2 = \alpha = 52°45', \quad \alpha_3 = \alpha + \beta = 150°20', \quad \alpha_4 = -\delta = -97°35',$$
$$\cos \alpha_2 = 0,605, \quad \cos \alpha_3 = -0,869, \quad \cos \alpha_4 = -0,131,$$
$$\sin \alpha_2 = 0,796, \quad \sin \alpha_3 = +0,495, \quad \sin \alpha_4 = -0,991,$$
$$a_2 = 6 \text{ m}, \quad a_3 = 2 \text{ m}, \quad a_4 = 4 \text{ m},$$

und damit wird:

$$\Sigma R \cdot \cos \alpha = 0,605 \cdot 2450, \quad \Sigma R \sin \alpha = 0,300 \cdot 2450,$$
$$\Sigma R a \cos \alpha = 1,368 \cdot 2450, \quad \Sigma R a \sin \alpha = 1,802 \cdot 2450.$$

Denken wir uns nach Schlicks Vorgehen die Gegengewichte, welche diese Momente auszugleichen haben, an den beiden äussersten Kurbeln (siehe Fig. 14) angebracht, so sind ihre Abstände von der ersten Kurbel:

$$b' = 0 \quad \text{und} \quad b'' = a_2 = 6 \text{ m},$$

und wir erhalten aus unseren Gleichungen 48) und 49):

$$\text{tg } \alpha' = \frac{a_2 \Sigma R \sin \alpha - \Sigma R a \sin \alpha}{a_2 \Sigma R \cos \alpha - \Sigma R a \cos \alpha} = \frac{6 \cdot 0,3 - 1,802}{6 \cdot 0,605 - 1,368} = -0,00121,$$

$$\alpha' = 179°56';$$

$$\text{tg } \alpha'' = \frac{-\Sigma R a \sin \alpha}{-\Sigma R a \cos \alpha} = \frac{1,802}{1,368} = +1,871,$$

$$\alpha'' = 232°47';$$

$$B' = \frac{a_2 \Sigma R \sin\alpha - \Sigma R a \sin\alpha}{-a_2 \sin\alpha'} = \frac{6 \cdot 0{,}3 - 1{,}802}{-6 \cdot 0{,}00121} \cdot 2450 = 0{,}275 \cdot 2450 \text{ m/kg},$$

$$B'' = \frac{-\Sigma R a \sin\alpha}{a_2 \sin\alpha''} = \frac{1{,}802}{6 \cdot 0{,}796} = 0{,}377 \cdot 2450 \text{ m/kg}.$$

Die beiden Winkel unterscheiden sich aber nur um wenige Bogenminuten von den Werten 180^0 und $\alpha_2 + 180^0$, so dass die gesuchten Gegengewichte den beiden äussersten Kurbeln fast genau gegenüber stehen müssen. Ihre Grösse ist aus B' und B'' ebenfalls sofort mit 674 kg und 924 kg zu entnehmen, wenn man sich dieselben auf den Kurbelradius reduziert denkt. Man erkennt übrigens, dass sie nur kleine Bruchteile der auf den Kurbelradius bezogenen rotierenden Massen darstellen, so dass ihre Unterbringung keine Schwierigkeiten verursacht.

Damit ist unsere Vierkurbelmaschine soweit ausgeglichen, als dies überhaupt erreichbar ist. Unausgeglichen bleibt allein das Moment zweiter Ordnung, welches Drehungen in der gemeinsamen Ebene aller Getriebeaxen und der Welle hervorzurufen bestrebt ist.

Der Maximalwert dieses Momentes berechnet sich nach Gleichung 75a) unter Vernachlässigung der Winkelbeschleunigungen zu

$$\mathfrak{M}_y \max = \pm \frac{\varepsilon^2}{g} \frac{r}{l} A \cdot Q_1 (q+1) \sqrt{\frac{2}{q} - 1}.$$

Hierin ist aber nach unseren obigen Ermittelungen

$$Q_1 = Q_2 = 0{,}7 \cdot 2300 = 1610 \text{ m/kg},$$

$$q = 1{,}61$$

weiterhin bei einer Schubstangenlänge $l = 3$ m

$$\frac{r}{l} = \frac{0{,}7}{3{,}0} = 0{,}233, \quad \frac{r}{gl} = 0{,}0238$$

und bei einer Umdrehungszahl von 75 pro Minute

$$\varepsilon = \frac{75 \cdot \pi}{30} = 7{,}854, \quad \varepsilon^2 = 61{,}685.$$

Schliesslich haben wir noch

$$A = a_2 = 6 \text{ m}$$

und damit

$$\mathfrak{M}_y \max = \pm 18240 \text{ m/kg}.$$

Dieses Maximum tritt 4 mal während jeder Umdrehung auf und zwar bei den Ausschlagswinkeln

$$\varphi = 71{,}5^0, \quad 161{,}5^0, \quad 251{,}5^0 \text{ und } 341{,}5^0$$

der ersten Kurbel aus ihrer inneren Totlage. Da die (schon ausgeglichenen) absoluten Momente der einzelnen hin- und hergehenden Gewichte, bezogen auf die erste Kurbel,

$$M = \frac{\varepsilon^2}{g} Q a$$

sich zu

$$M_2 = 59760 \text{ m/kg}, \quad M_3 = 32040 \text{ m/kg} \quad \text{und} \quad M_4 = 64080 \text{ m/kg}$$

ergeben, so erkennt man, dass das nicht ausgeglichene Moment $\mathfrak{M}_y$ mit obigem Maximalwerte jedenfalls nicht zu vernachlässigen ist. Es hat, wie schon in § 4 erwähnt, das Bestreben, Pendelungen des ganzen Systems um eine zur Welle und den einzelnen Cylinderaxen senkrechte Axe hervorzurufen, deren Grösse ausser durch die Gesamtmasse der Maschine und des mit derselben fest verbundenen Körpers (z. B. des Schiffs- oder Lokomotivgestells) noch durch das Beharrungsvermögen (Deviationswiderstand) der als Kreisel aufzufassenden Welle und aller mit ihr rotierenden Teile bestimmt wird.

7. Graphische Behandlung der Vierkurbelmaschine.

Die unserer analytischen Behandlung des Ausgleichsproblems zu Grunde liegenden Formeln V), VI), VII) bezw. Va), VIa), VIIa) können in einfacher Weise verdeutlicht werden, wobei die Eigenschaften des Kurbelgetriebes und damit ihr Ursprung ganz aus der Betrachtung herausfällt. Fasst man nämlich die Grössen Q bezw. R als Kräfte auf und lässt sie an der Welle dort, wo die entsprechenden Kurbeln sitzen, mit den Schränkungswinkeln derselben senkrecht zur Welle angreifen (Fig. 18), so drücken unsere Gleichungen V) und VI) nur aus, dass die fraglichen Kräfte an der starren Welle sich im Gleichgewichte befinden. Die Gruppe VII) bedeutet schliesslich, dass dieses Gleichgewicht noch bestehen bleibt, wenn wir statt der Kräfte Q solche vom Betrage $Q\frac{r}{l}$ an denselben Stellen, aber mit doppelten Schränkungswinkeln angreifen lassen.

Fig. 18.

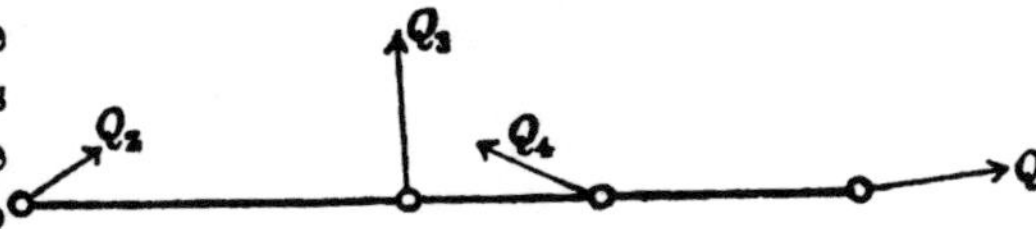

Gleichgewichtsprobleme dieser Gattung lassen sich nun verhältnismässig leicht auf rein graphischem Wege durchführen, wozu man sich zweckmässig der in der graphischen Statik üblichen Darstellung der Kräfte und Momente durch Strecken bedient. Schwierigkeiten entstehen im vorliegenden Falle lediglich dadurch, dass von vornherein nicht alle Winkel gegeben sind, die Ermittelung derselben etwa aus zwei willkürlich gewählten dagegen zu weitläufigen Konstruktionen führt. Für die Vierkurbelmaschine, mit der wir uns hier allein eingehend beschäftigen wollen, fällt diese Unbequemlichkeit, wenigstens für den Fall, dass zwei einander gegenüberliegende Winkel gegeben sind, fort, wenn wir auf die Schubertsche Fundamentalformel 64) zurückgreifen und aus dieser selbst die Konstruktion der Winkel ableiten.

In einem Kreise (Fig. 19) mit dem Radius 1 und dem Zentrum 0 sei
$$\sphericalangle AOD = \delta \text{ und } \sphericalangle BOD = \beta,$$
dann erhält man sofort
$$\sphericalangle AOJ = \delta - \beta \text{ und } \sphericalangle AOK = \frac{\delta - \beta}{2},$$
mithin
$$OH = \cos \frac{\delta - \beta}{2}.$$

Halbiert man nun den Winkel
$$AOB = 360 - (\beta + \delta) - (\gamma + \alpha),$$
so erhält man:
$$\sphericalangle AOC = \frac{\gamma + \alpha}{2} \text{ und } OF = \cos \frac{\gamma + \alpha}{2}.$$

Trägt man nun OF nach links an H an, macht also $GH = OF$, so ist:

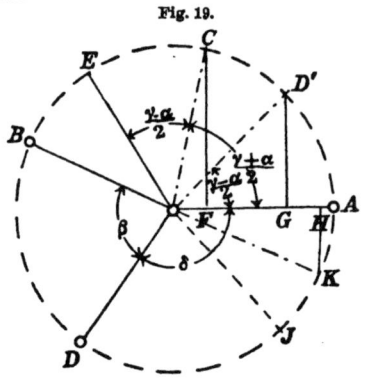

Fig. 19.

$$OG = \cos\frac{\delta - \beta}{2} - \cos\frac{\gamma + \alpha}{2},$$

oder wegen 64):

$$OG = \cos\frac{\gamma - \alpha}{2},$$

mithin $\sphericalangle AOD' = \frac{\gamma - \alpha}{2}$. Daraus folgt aber sofort

$$\sphericalangle COD' = \frac{\gamma + \alpha}{2} - \frac{\gamma - \alpha}{2} = \alpha$$

und, wenn wir noch

$$\sphericalangle COE = \frac{\gamma - \alpha}{2} = AOD'$$

an OC antragen,

$$\sphericalangle AOE = \frac{\gamma + \alpha}{2} + \frac{\gamma - \alpha}{2} = \gamma.$$

Eine Kontrolle giebt die Bedingung, dass

$$\sphericalangle EOB = 360 - (\delta + \beta + \gamma) = \alpha = \sphericalangle COD'$$

sein muss.

Die so ermittelten Winkel sind nun hinreichend, um das Polygon der Grössen qk, also der Momente zu verzeichnen, da dieses, bezogen auf eine der Kurbeln, für welche dann $k = 0$ wird, in ein Dreieck übergeht, dessen drei Seiten proportional der Grössen q_2, $q_3 \cdot k_3$ und $q_4 \cdot k_4$ sind. Die wirklichen Werte dieser Grössen lassen sich dagegen erst feststellen, wenn wenigstens eine derselben gegeben ist, so dass uns das Polygon der Momente nicht weiterbringt. Auch das Polygon der hier als Kräfte aufgefassten q lässt sich nur verzeichnen, wenn wir wenigstens zwei dieser Grössen kennen, also ausser dem immer als Einheit benutzten $q_1 = 1$ einer der anderen drei Werte oder das Verhältnis zwischen zweien derselben bestimmt ist. Ein solches Verhältnis, z. B. $q_3 : q_4$ lässt sich nun leicht graphisch ermitteln. Eliminieren wir nämlich aus unseren Gleichungen 56) und 58) q_2 durch Multiplikation der ersteren mit $2 \cos \alpha_2$ und Subtraktion, so ergiebt sich sofort

$$\frac{q_3}{q_4} = -\frac{\sin \alpha_4 (\cos \alpha_2 - \cos \alpha_4)}{\sin \alpha_3 (\cos \alpha_2 - \cos \alpha_3)}.$$

Tragen wir (Fig. 20) die oben aus Figur 19 ermittelten Kurbelwinkel in ihrer wahren Aufeinanderfolge in einem Kreise vom Radius 1 ein, so entsprechen die Punkte $ABCD$ den Kurbelzapfen von $q_1 = 1$, q_2, q_3, q_4. Projizieren wir nunmehr diese Punkte auf die erste Kurbel, so ist zunächst:

$$\cos \alpha_2 = \cos \alpha = OB', \quad \cos \alpha_3 = \cos(\alpha + \beta) = C'O,$$
$$\cos \alpha_4 = \cos \delta = \cos(\alpha + \beta + \gamma) = D'O,$$
$$\sin \alpha_3 = CC', \quad \sin \alpha_4 = DD',$$

und daraus mit Rücksicht auf die Vorzeichen von $\cos \alpha_3$ und $\cos \alpha_4$:

Die Massenwirkungen und ihr Ausgleich.

$$\cos\alpha_2 - \cos\alpha_3 = B'C',$$
$$\cos\alpha_2 - \cos\alpha_4 = B'D',$$
$$\sin\alpha_3(\cos\alpha_2 - \cos\alpha_3) = CC' \cdot B'C',$$
$$\sin\alpha_4(\cos\alpha_2 - \cos\alpha_4) = DD' \cdot B'D'.$$

Diese Produkte sind aber nichts anderes als die doppelten Flächen der in Figur 20 schraffierten Dreiecke $B'CC'$ und $B'DD'$, welche durch die zugehörigen Kurbelradien OC und OD je in zwei Teile zerlegt werden. Fällen wir nun auf diese Radien Lote von B', C' und D', so wird, wenn $C'E' \parallel OC$ und $D'H' \parallel OD$,

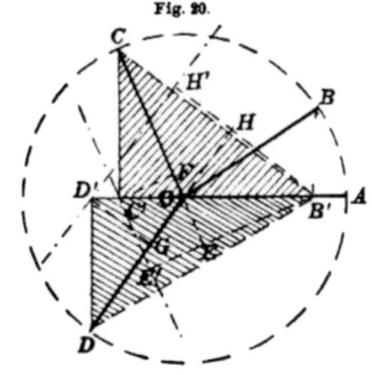

Fig. 20.

$$CC' \cdot B'C' = OC \cdot (B'E + C'F)$$
$$= OC \cdot B'E',$$
$$DD' \cdot B'D' = OD \cdot (B'H + D'G)$$
$$= OD \cdot B'H'$$

und, da $OC = OD$:

$$\frac{q_3}{q_4} = \frac{B'H'}{B'E'}.$$

Man braucht also nur durch die Fusspunkte der Lote von C und D auf OA Parallelen zu OC und OD zu ziehen, so verhalten sich die Lote von B' auf diese Parallelen umgekehrt wie die Grössen q_3 und q_4.

Nunmehr können wir an die Konstruktion des Polygons der Grössen q selbst herantreten, indem wir zunächst in Figur 21 mit $AB = q_1 = 1$ ein Viereck $ABC'D'$ zeichnen, welches ohne Rücksicht auf die anderen Werte q unsere Winkel $\alpha_2, \alpha_3, \alpha_4$ enthält. In demselben tragen wir von D' aus auf AD' und AC' die oben gefundenen Strecken $B'E' = D'E'$ sowie $B'H' = D'H'$ ab und verbinden E' mit H'. Ziehen wir nun $AC \parallel E'H'$ und $CD \parallel C'D'$, so ist ohne weiteres $ABCD$ das gesuchte Polygon mit den Seiten $AB = 1, BC = q_2$, $D = Cq_3$ und $DA = q_4$. Konstruieren wir schliesslich noch das Parallelogramm $ABCF$ und ziehen $FG \parallel CD$, so stellt AFG das Polygon der Werte q_2, k_3q_3 und k_4q_4 dar. Die Abstandsverhältnisse der Getriebe-Ebenen

$$k_3 = \frac{a_3}{a_2} \quad \text{und} \quad k_4 = \frac{a_4}{a_2}$$

sind in dieser Figur einfach durch

$$k_3 = \frac{FG}{CD} \quad \text{und} \quad k_4 = \frac{AG}{AD}$$

gegeben und damit alle für den Massenausgleich einer Vierkurbelmaschine nötigen Grössen bestimmt.

Bei ungeschickter Wahl der beiden Winkel β und δ kann auch der Fall eintreten, dass, wie in Fig. 22 dargestellt ist, die Parallele von A aus zu $E'H'$ die Linie BC' diesseits von B, also bei C schneidet, wodurch das Polygon der q die gekreuzte Form $ABCD$ annimmt und das der kq nämlich AFG ausserhalb $ABCD$ zu liegen kommt. Es bedeutet dies indessen nur, dass in diesem Falle die der Grösse q_2 entsprechende Kurbel in Fig. 20 nicht mit OB, sondern mit der über O hinausgehenden Fortsetzung zusammenfällt.

Für den Schlickschen Spezialfall symmetrischer Anordnung sind diese Konstruktionen ebenfalls sofort verwendbar, sobald nur einer der

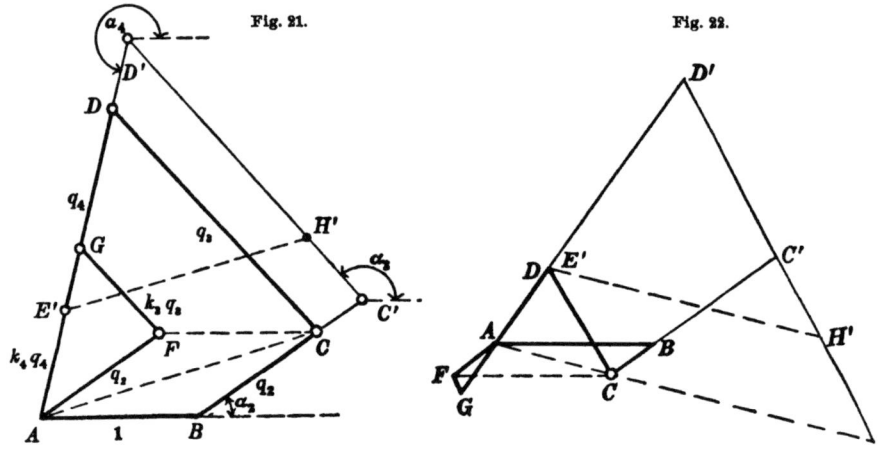

Fig. 21. Fig. 22.

Winkel im Kurbelkreise α oder γ, bezw. $\beta = \delta$ gegeben ist. Zur Bestimmung des Verhältnisses der Getriebe-Ebenen wird man sich dabei natürlich am bequemsten der Fig. 16 bedienen. Für die Praxis tritt indessen, wie schon oben bemerkt wurde, diese Aufgabe hinter derjenigen zurück, sämtliche Grössen aus dem Verhältnis $a:A$ des Abstandes der inneren und äusseren Getriebe-Ebenen abzuleiten. Um hierfür eine bequeme Konstruktion, die sich nur auf die Kurbelwinkel zu erstrecken braucht (aus denen dann alles andere folgt), zu ermitteln, greifen wir auf Gleichung 73) zurück, aus der sich durch eine einfache Umformung ergiebt

$$76) \quad \frac{\sin\frac{\gamma+\alpha}{2}}{\sin\frac{\gamma-\alpha}{2}} = \frac{1+\frac{a}{A}}{1-\frac{a}{A}}.$$

Ausserdem hat man für den Ausgleich der Massendrücke zweiter Ordnung Gleichung 65) oder

$$\cos\frac{\gamma+\alpha}{2} + \cos\frac{\gamma-\alpha}{2} = 1.$$

Die Massenwirkungen und ihr Ausgleich.

Aus diesen beiden Formeln geht hervor, dass in einem Kreise vom Radius 1 die beiden Winkel $\sphericalangle AOF = \frac{\gamma + \alpha}{2}$ und $\sphericalangle BOG = \frac{\gamma - \alpha}{2}$ an einem Durchmesser so eingetragen werden können, dass die Summe der Projektionen der anderen Schenkel auf dem erstgenannten Durch-

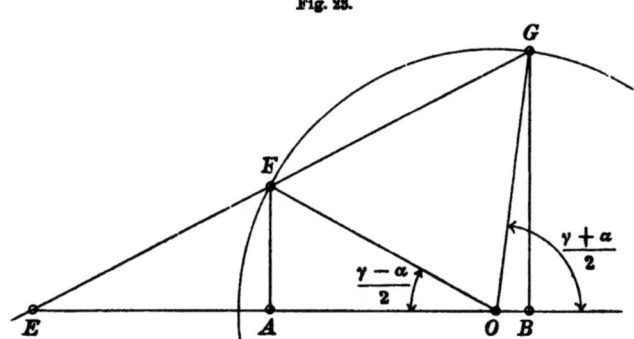

Fig. 23.

messer gleich dem Radius ist, während die Lote AF und BG zu einander in dem durch 76) gegebenen Verhältnisse stehen (siehe Fig. 23). Es gilt also zur Bestimmung der Winkel $\frac{\gamma + \alpha}{2}$ und $\frac{\gamma - \alpha}{2}$ nur, den Mittelpunkt O des Kreises auf der Linie $AB = 1$ zu finden. Am bequemsten

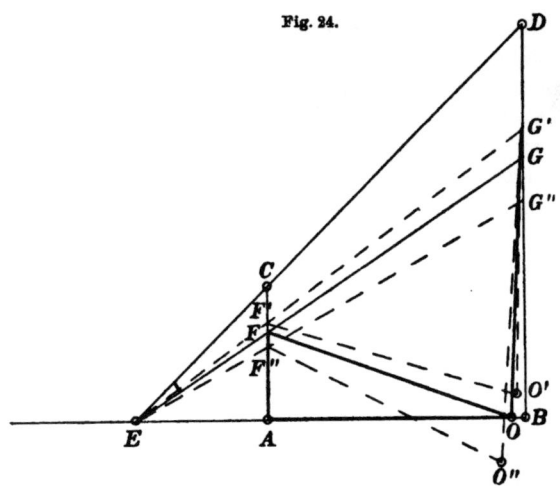

Fig. 24.

bedient man sich hierzu eines Probierverfahrens. Man errichte (Fig. 24) an den beiden Enden A und B der Strecke 1 die Lote $AC = 1 - \frac{a}{A}$ und $BD = 1 + \frac{a}{A}$; die Verbindungslinie CD schneidet die Verlängerung von AB in E. Alsdann ziehe man eine beliebige Linie durch E, welche die beiden Lote in F' und G' schneidet und konstruiere über $F'G'$ das Dreieck $F''O'G'$ mit $O'F' = O'G' = 1$. Verfährt man ebenso mit einer Geraden $EF''G''$ und fällt der Eckpunkt O'' des darauf errichteten Dreiecks über die Linie AB hinaus, so erkennt man schon, dass die gesuchte Gerade EFG zwischen den beiden erstgezeichneten und ebenso O zwischen O' und O'' liegen muss. Durch einmaliges Probieren mit dem Zirkel kann der Punkt dann gefunden werden.

Die vorstehenden Konstruktionen sind so einfach, dass es sich empfiehlt, sie jedenfalls vor der analytischen Rechnung durchzuführen, da man gerade durch das Auftreten des zuletzt erwähnten Umstandes ein Bild über die Zweckmässigkeit der anfangs gewählten Winkel gewinnt und keinerlei Vorzeichenfehlern ausgesetzt ist.

Die von uns benutzte graphische Darstellung der Ausgleichsbedingungen durch geschlossene Polygone ist auf den schon am Schlusse von § 3 erwähnten amerikanischen Ingenieur Taylor zurückzuführen. Indessen gab derselbe im Gegensatze zu Schlick kein Verfahren an, welches, von bestimmten Annahmen ausgehend, die Ermittelung aller in Betracht kommenden Grössen ermöglichte. Ebenso lag ihm die Berücksichtigung der Ausgleichbedingungen zweiter Ordnung vollständig fern. Auf der von Taylor gegebenen Grundlage hat dann der Ingeniur C. Fränzel ein Probierverfahren* ausgebildet, welches — wieder unter Vernachlässigung der Ausgleichsbedingungen zweiter Ordnung — darauf hinausläuft, an einer zunächst unausgeglichen vorliegenden Maschine durch successive Änderung einzelner Bestimmungsstücke derselben die beiden ursprünglich offenen Polygone zum Schlusse zu bringen. Dass durch solche Methoden das Wesen der Sache nicht erschöpft wird, ist ja einleuchtend, so dass es begreiflich erscheint, wenn Fränzel, der die Arbeiten von Schlick geflissentlich ignoriert,** den allgemeinen Fall der Vierkurbelmaschine überhaupt nur durch Interpolation für lösbar erklärt. Etwas weiter als Fränzel war schon

---

* C. Fränzel: „Das Taylorsche Verfahren zur Ausbalancierung von Schiffsmaschinen", Zeitschrift des Vereins deutscher Ingenieure, 1898, S. 907.

** Es hängt dies offenbar mit einem Rechtsstreite über das Schlicksche Patent zusammen, der im Juni 1898 durch Entscheidung des Reichsgerichtes erledigt wurde. Dieser Prozess, zu dem sich zahlreiche Fachleute in Deutschland und Österreich gutachtlich geäussert hatten, lief im wesentlichen auf die Frage hinaus, ob in der älteren Taylorschen Abhandlung das Schlicksche Verfahren des Massenausgleiches vorweggenommen sei oder nicht. Das Reichsgericht hat diese Frage unter Betonung der präzisen Vorschriften des Schlickschen Patentes, welche erst eine praktische Verwendung des Ausgleiches ermöglichten, verneint und daraufhin das vom deutschen Patentamt schon für nichtig erklärte Patent wieder hergestellt. Die auch für wissenschaftliche Kreise hochbedeutsame Urteilsbegründung ist in der Zeitschrift des Vereins deutscher Ingenieure, 1898, S. 1053, abgedruckt, während ebenda S. 1313 Professor Riedler einen Überblick über den Verlauf des Prozesses giebt.

vorher der österreichische Ingenieur R. Knoller* gelangt, der wenigstens die infolge der endlichen Schubstangenlänge auftretenden Kräfte und Momente (nach unserer Bezeichnung zweiter Ordnung) durch Korrektion an den Elementen der beiden Polygone berücksichtigt.

Gegenüber den von Schlick selbst ausgebildeten Methoden zur rechnerischen Durchführung des Problems der Vierkurbelmaschine, welche durch Schubert (siehe a. a. O.) noch die schöne von uns oben wiedergegebene Verallgemeinerung erfuhren, treten alle diese Versuche jedoch weit zurück. Sie sind auch in der Praxis meines Wissens bisher unbeachtet geblieben, während die grosse Bedeutung der Schlickschen Arbeit, wie der bekannte englische Ingenieur Mr. Farlane Gray gelegentlich der Diskussion über dieselbe in der Aprilsitzung 1900 der „Institution of Naval Architects" bemerkte, nicht allein in der praktischen Brauchbarkeit der Resultate, sondern auch darin beruht, dass durch dieselben die Grenzen für die Lösung des ganzen Problems der Vierkurbelmaschine endgiltig festgelegt wurden.

8. **Die Bewegungen im Balanciergetriebe.** Gegenüber dem einfachen Schubkurbelgetriebe tritt das Balanciergetriebe in seiner Bedeutung heutzutage weit zurück. Seine praktische Verwendung beschränkt sich z. Z. auf die Vermittelung des Antriebes entweder unterirdischer vertikalstehender Pumpen (sogenannter Schachtpumpen) durch obertags befindliche Dampfcylinder, wobei man das ganze System als eine oberirdische Wasserhaltung zu bezeichnen pflegt, oder von Kondensatorpumpen und Steuerungsorganen an Dampfmaschinen. Die bis in die Mitte des Jahrhunderts häufige Anwendung dieses Getriebes zur Energieübertragung vom Dampfcylinder auf die Kurbelwelle meist unter Einschaltung eines sogenannten Lenkers zur Geradführung der Kolbenstange (nach der Anordnung von James Watt) ist infolge des Überganges zu schnellgehenden Maschinen vollständig ausser Gebrauch gekommen. Während nun die Verbindung des einen Endpunktes des Balanciers mit dem Gleitstück des treibenden oder auch angetriebenen Kolbens bezw. Schiebers jetzt fast ausschliesslich durch eine Schubstange hergestellt wird, so kann doch das andere Ende mit der Kurbel ausser auf demselben Wege auch indirekt, und zwar vermittelst eines am Kreuzkopf oder sonst einem Punkte der Kolbenstange eines anderen Getriebes drehbar angebrachten Hebels verbunden werden. Alsdann haben wir es mit zwei durch den Balancier verbundenen Gleitstücken zu thun, von denen das eine z. B. zugleich einem Schubkurbelgetriebe angehört.

Daraus geht aber hervor, dass wir jedes der praktisch vorkommenden Balanciergetriebe in zwei Mechanismen auflösen können, die

---

* R. Knoller: „Die Massenwirkungen der Dampfmaschinen und ihre Balancierung". Zeitschrift des österreichischen Ingenieur- und Achitektenvereins, 1897, Nr. 18.

für sich nur Verallgemeinerungen des gewöhnlichen, schon oben betrachteten Schubkurbelgetriebes darstellen. Ersetzen wir nämlich in demselben die geradlinige Bewegung des Gleitstückes durch eine schwingende um den Punkt P, so erhalten wir das in Fig. 25 dargestellte Getriebe, welches offenbar identisch ist mit der linken Seite des in Fig. 3 skizzierten Mechanismus. Ebenso ergiebt sich durch Vergrösserung des Kurbelradius im Verhältnis zur Schubstange und Verlegung der Bewegungsrichtung des Gleitstückes aus dem Schubkurbelgetriebe die durch Fig. 26 dargestellte und mit der rechten

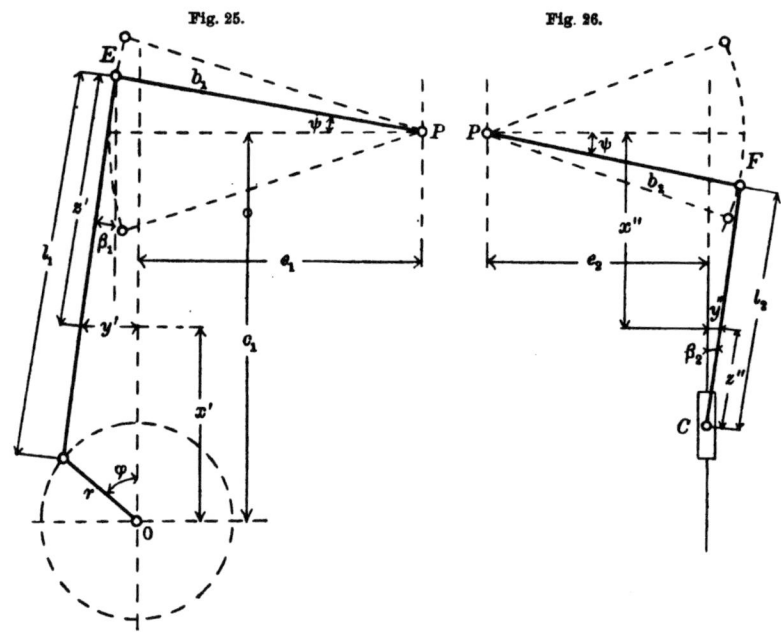

Fig. 25.   Fig. 26.

Seite von Fig. 3 identische Form. Die Verbindung beider Getriebe durch starre Verknüpfung von EP in Fig. 25 mit PF in Fig. 26 kann übrigens in einem beliebigen, dem praktischen Bedürfnisse angepassten Winkel geschehen, so dass durchaus nicht die drei Punkte E, P und F in einer Geraden zu liegen brauchen. Auf die später zu betrachtenden Komponenten der Massendrücke hat natürlich dieser Winkel einen nicht unerheblichen Einfluss.

Wir gehen zunächst über zur Ermittelung der Bewegungsgesetze der beiden Mechanismen Fig. 25 und 26 und bezeichnen den horizontalen Abstand des Balancierdrehpunktes P von der Mitte der Kurbelwelle in Fig. 25 mit e_1, von der Gleitbahn in Fig. 26 mit e_2, die Länge der beiden Hebelarme bezw. mit b_1 und b_2 sowie den Vertikalabstand des Punktes P von O bezw. der Hubmitte des Gleitstückes C mit c_1

und c_2. Die beiden Schubstangen haben die Länge l_1 und l_2, ihr gemeinsamer Ausschlagswinkel aus der Mittellage sei ψ. Der Kurbelradius sei wieder r, der Ausschlagswinkel gegen die Vertikale, welche hier indessen nicht die Totlage zu bezeichnen braucht, φ, ebenso sei in Fig. 26 positiv nach unten gerechnet die Entfernung des Gleitstückes C aus seiner Mittellage. Bezeichnen wir ferner mit β_1 und β_2 die veränderlichen Ausschlagswinkel der Schubstangen gegen die Vertikalen, so erhalten wir für das Getriebe Fig. 25 die Gleichungen

77) $\qquad b_1 \sin \psi + c_1 = r \cos \varphi + l_1 \cos \beta_1,$

78) $\qquad l_1 \sin \beta_1 = r \sin \varphi + (e_1 - b_1 \cos \psi).$

Da nun die weitere Verfolgung dieser allgemein giltigen Gleichungen auf sehr grosse analytische Schwierigkeiten stösst, welche überdies in keinem Verhältnis zur Bedeutung dieser Getriebegattung steht, so wollen wir sogleich die der Praxis entsprechenden Annahmen machen, dass einerseits sowohl der Hebelarm b, wie auch die Schubstange l sehr lang im Verhältnis zum Kurbelradius ausfallen, während anderseits der Abstand e_1 nur wenig von der Armlänge b_1 sich unterscheidet. Dies hat zur Folge, dass der vom Punkte E beschriebene Bogen ziemlich flach und die horizontale Abweichung desselben von der Vertikalen durch O, die wir der Kürze halber

79) $\qquad e_1 - b_1 \cos \psi = y$

setzen wollen, sehr klein ausfällt. Mit dieser Abkürzung folgt aus 78)

80) $\qquad \cos \beta_1 = \sqrt{1 - \left(\dfrac{r}{l_1} \sin \varphi + \dfrac{y}{l_1}\right)^2}$

oder, wenn wir den Wurzelausdruck in einer Reihe entwickeln und die höheren Potenzen der Klammer wie in § 1 vernachlässigen,

80a) $\qquad \cos \beta_1 = 1 - \dfrac{1}{2}\left(\dfrac{r}{l_1} \sin \varphi + \dfrac{y}{l_1}\right)^2.$

Eine weitere Vernachlässigung ergiebt sich hierin noch durch die Kleinheit von y gegen l_1, so dass wir genügend genau haben

80b) $\qquad \cos \beta_1 = 1 - \dfrac{1}{2}\dfrac{r^2}{l_1^2}\sin^2 \varphi - \dfrac{r y}{l_1^2}\sin \varphi.$

Die Abweichung y lässt sich weiterhin in erster Annäherung dadurch bestimmen, dass man in 77) $l_1 \cos \beta_1 = c_1$ setzt, woraus

$$b_1 \sin \psi = r \cos \varphi,$$

also

81) $\qquad \cos \psi = \sqrt{1 - \dfrac{r^2}{b_1^2}\cos^2 \varphi} = 1 - \dfrac{r^2}{2 b_1^2}\cos^2 \varphi$

folgt. Damit aber wird aus 79) angenähert

79a) $\quad y = e_1 - b_1 + \dfrac{r^2}{2 b_1}\cos^2 \varphi = e_1 - b_1 + \dfrac{r^2}{2 b_1} - \dfrac{r^2}{2 b_1}\sin^2 \varphi$

und schliesslich aus 80b)

80 c)
$$\begin{cases} \cos\beta_1 = 1 - \frac{1}{2}\frac{r^2}{l_1^2}\sin^2\varphi - \frac{r}{l_1^2}\left(e_1 - b_1 + \frac{r^2}{2b_1}\right)\sin\varphi \\ \quad + \frac{r^3}{2b_1 l_1^2}\sin^3\varphi. \end{cases}$$

Hierin verschwindet das mit $\sin\varphi$ behaftete Glied, wenn

82) $$e_1 - b_1 + \frac{r^2}{2b_1} = 0$$

wird, woraus wir zweckmässig die Länge des Hebelarmes b_1 bei gegebenem e_1 und r bestimmen. Führen wir den so vereinfachten Ausdruck 80c) in Gleichung 77) ein und setzen ferner

83) $$l_1 = c_1,$$

so erhalten wir als hinreichend genaue Näherungsgleichung für die Abhängigkeit des Ausschwingungswinkels ψ des Balanciers von Kurbelwinkel φ

84) $$\sin\psi = \frac{r}{b_1}\left(\cos\varphi - \frac{1}{2}\frac{r}{l_1}\sin^2\varphi + \frac{r^2}{2b_1 l_1}\sin^3\varphi\right).$$

Diese Formel, deren Giltigkeit, wie besonders hervorgehoben werden muss, durch die beiden die Hauptdimensionen des Getriebes bestimmenden Gleichungen 82) und 83) beschränkt ist, unterscheidet sich in ihrem Aufbau von der für das einfache Schubkurbelgetriebe aufgestellten 1c) nur durch das Hinzutreten eines mit $\sin^3\varphi$ behafteten Gliedes; um die Bewegung eines beliebigen Punktes des Balanciers durch dieselbe auszudrücken, hat man sie nur beidseitig mit dem Abstande z_0 zu derselben vom Drehpunkte P zu multiplizieren.

Die Geschwindigkeit eines solchen Punktes in vertikaler, bezw. horizontaler Richtung ergiebt sich demnach unter Einführung der Winkelgeschwindigkeit $\frac{d\varphi}{dt} = \varepsilon$ einfach aus

85) $$w_x = z_0\,\varepsilon\cos\psi \cdot \frac{d\psi}{d\varphi} \quad \text{und} \quad w_y = -z_0\,\varepsilon\sin\psi\,\frac{d\psi}{d\varphi}.$$

Die erste dieser beiden Formeln ergiebt mit 84)

86) $$w_x = -z_0\frac{r}{b_1}\varepsilon\sin\varphi\left(1 + \frac{r}{l_1}\cos\varphi - \frac{3r^2}{4b_1 l_1}\sin 2\varphi\right).$$

Für die Auswertung der zweiten Formel 85) wollen wir uns, da die Horizontalbewegungen der einzelnen Balancierpunkte nicht nur sehr klein, sondern auch von sehr untergeordneter Bedeutung für unsere weiteren Untersuchungen sind, mit der Differentiation der (allerdings sehr rohen) Annäherung 81) begnügen und erhalten somit

87) $$w_y = \frac{z_0 r^2}{2b_1^2}\varepsilon\sin 2\varphi$$

einen Betrag von derselben Ordnung, wie das dritte Glied der Klammer in Gleichung 86).

Durch weitere Differentiation folgen hieraus die **Beschleunigungen** und zwar zunächst

88) $\begin{cases} \dfrac{dw_x}{dt} = -z_0 \dfrac{r}{b_1} \varepsilon^2 \left\{ \cos\varphi + \dfrac{r}{l_1} \cos 2\varphi + \dfrac{3}{8} \dfrac{r^2}{b_1 l_1} \left(\sin\varphi - 3\sin 3\varphi \right) \right\} \\ \quad - z_0 \dfrac{r}{b_1} \sin\varphi \left(1 + \dfrac{r}{l_1} \cos\varphi - \dfrac{3}{4} \dfrac{r^2}{b_1 l_1} \sin 2\varphi \right) \dfrac{d\varepsilon}{dt}. \end{cases}$

Aus 87) erhalten wir dagegen die andere Beschleunigungskomponente zu

89) $\qquad \dfrac{dw_y}{dt} = \dfrac{z_0 r^2}{b_1{}^2} \left(\varepsilon^2 \cos 2\varphi + \dfrac{1}{2} \sin 2\varphi \dfrac{d\varepsilon}{dt} \right).$

Das Bewegungsgesetz der einzelnen Punkte der Schubstange im Abstande z' vom Balancierende E ergiebt sich, wenn wir die momentane Auslenkung eines solchen Punktes aus der Vertikalen durch O mit y' und die zugehörige, ebenfalls auf O bezogene Abscisse mit x' bezeichnen, aus den Gleichungen

90) $\qquad x' = r \cos\varphi + (l_1 - z') \cos\beta_1$

91) $\qquad y' = z' \sin\beta_1 - (e_1 - b_1 \cos\psi).$

Ersetzen wir in diesen Formeln $\cos\beta_1$ durch den Annäherungswert 80c) unter Berücksichtigung von 82) und 83), sowie $\sin\beta_1$ mit Hilfe von Gleichung 78), so haben wir

90a) $\qquad x' = r\cos\varphi + (l_1 - z')\left(1 - \dfrac{1}{2}\dfrac{r^2}{l_1{}^2}\sin^2\varphi + \dfrac{r^3}{2 b_1 l_1{}^2}\sin^3\varphi\right),$

91a) $\qquad y' = \dfrac{z' r}{l_1} \sin\varphi - \dfrac{l_1 - z'}{l_1}(e_1 - b_1 \cos\psi).$

Man erkennt, dass auch diese Formeln sich von 6) bezw. 6a) und 7), welche für die Stangenbewegung des gewöhnlichen Schubkurbelgetriebes galten, nur durch je ein hinzutretendes Glied unterscheiden. Gleichung 91a) kann überdies, der Kleinheit der hierdurch ausgedrückten Bewegungen entsprechend, noch durch die schon benützte Annäherungsformel 81) vereinfacht werden. Wir erhalten alsdann, indem wir noch 82) berücksichtigen,

91b) $\qquad y' = \dfrac{z' r}{l_1} \sin\varphi + \dfrac{l_1 - z'}{2 l_1} \dfrac{r^2}{b_1} \sin^2\varphi.$

Die Geschwindigkeitskomponenten der einzelnen Schubstangenpunkte sind dann

92) $\qquad \dfrac{dx'}{dt} = -r\varepsilon \sin\varphi \left\{ 1 + \dfrac{l_1 - z'}{l_1} \dfrac{r}{l_1} \left(\cos\varphi - \dfrac{3}{4} \dfrac{r}{b_1} \sin 2\varphi \right) \right\}$

93) $\qquad \dfrac{dy'}{dt} = r\varepsilon \left(\dfrac{z'}{l_1} \cos\varphi + \dfrac{l_1 - z'}{2 l_1} \dfrac{r}{b_1} \sin 2\varphi \right).$

Für $z' = 0$ stimmen diese Formeln mit den entsprechenden für den Balancierendpunkt E, welche sich aus 86) bezw. 87) mit $z_0 = b_1$ ergeben, naturgemäss überein. Dasselbe gilt natürlich auch von den entsprechenden Beschleunigungskomponenten, welche für die Schubstangenpunkte aus 92) und 93) sich ergeben.

$$94) \begin{cases} \dfrac{d^2x'}{dt^2} = -r\varepsilon^2\left\{\cos\varphi + \dfrac{l_1-z'}{l_1}\dfrac{r}{l_1}\cos 2\varphi + \dfrac{3}{8}\dfrac{l_1-z'}{l_1^2}\dfrac{r^2}{b_1}(\sin\varphi - 3\sin 3\varphi)\right\} \\ \qquad - r\sin\varphi\left\{1 + \dfrac{l_1-z'}{l_1}\dfrac{r}{l_1}\left(\cos\varphi - \dfrac{3}{4}\dfrac{r}{b_1}\sin 2\varphi\right)\right\}\dfrac{d\varepsilon}{dt} \end{cases}$$

$$95)\quad \dfrac{d^2y'}{dt^2} = -r\varepsilon^2\left(\dfrac{z'}{l_1}\sin\varphi - \dfrac{l_1-z'}{l_1}\dfrac{r}{b_1}\cos 2\varphi\right) + r\left(\dfrac{z'}{l_1}\cos\varphi + \dfrac{l_1-z'}{2l_1}\dfrac{r}{b_1}\sin 2\varphi\right)\dfrac{d\varepsilon}{dt}.$$

Aus der ganzen vorstehenden Entwickelung ergeben sich mithin Formeln für das Balanciergetriebe Fig. 25, welche sich von denjenigen des einfachen Schubkurbelgetriebes nur durch je ein Zusatzglied mit dem Hebelarm b_1 im Nenner unterscheiden. Ist dieser Hebelarm ebenso wie die Schubstangenlänge l_1 gross gegen den Kurbelradius, so wird man auch dieses Zusatzglied unbedenklich vernachlässigen können. Dies trifft u. a. zu für die Balanciers der Wasserhaltungsmaschinen, nicht aber für die zum Antrieb von Kondensationsluftpumpen an stationären oder Schiffsdampfmaschinen gebräuchlichen Doppelhebel.

Wir gehen nunmehr über zu dem in Fig. 26 dargestellten Getriebe, welches die Verbindung des Balanciers mit einer Geradführung durch eine Schubstange l_2 darstellt, und wollen sogleich die Bewegung der einzelnen Schubstangenpunkte untersuchen, aus der sich dann diejenige des Gleitstückes C ohne weiteres ergeben muss. Zu diesem Zwecke bezeichnen wir mit x'' die momentane Entfernung eines Schubstangenpunktes (mit dem Abstande z'' von C) von der Mittellage des Hebels b_2 und mit y'' seinen Abstand von der Bewegungsrichtung des Gleitstückes. Alsdann ergiebt sich mit Hilfe unserer schon oben erklärten Bezeichnungen

$$96)\qquad x'' = b_2\sin\psi + (l_2 - z'')\cos\beta_2$$

$$97)\qquad y'' = b_2\cos\psi - e_2 - (l_2 - z'')\sin\beta_2 - z''\sin\beta_2.$$

Für $z'' = 0$ wird auch $y'' = 0$, also ist

$$98)\qquad l_2\sin\beta_2 = b_2\cos\psi - e_2$$

und daraus angenähert

$$99)\qquad \cos\beta_2 = 1 - \dfrac{1}{2l_2^2}(b_2\cos\psi - e_2)^2.$$

Setzen wir nunmehr voraus, dass unser Getriebe mit dem vorhin betrachteten durch den Balancier fest verbunden ist, so ist der Winkel ψ beiden gemeinsam und die oben ermittelte Abhängigkeit desselben vom Kurbelwinkel φ in unsere neuen Formeln einzuführen. Wir können darum auch hier wieder von der Annäherung 81) Gebrauch machen und haben somit

99a) $$\begin{cases} \cos\beta_2 = 1 - \frac{1}{2l_2{}^2}\left(b_2 - e_2 - \frac{b_2 r^2}{2b_1{}^2}\cos^2\varphi\right)^2 \\ = 1 - \frac{1}{2l_2{}^2}\left(b_2 - e_2 - \frac{b_2 r^2}{2b_1{}^2} + \frac{b_2 r^2}{2b_1{}^2}\sin^2\varphi\right)^2. \end{cases}$$

Wählen wir analog 82) den Abstand e_2 der Bewegungsrichtung des Gleitstückes vom Balancierdrehpunkte so, dass

100) $$b_2\left(1 - \frac{r^2}{2b_1{}^2}\right) = e_2$$

wird, so vereinfacht sich unsere Gleichung 99a) in

99b) $$\cos\beta_2 = 1 - \frac{1}{8}\frac{b_2{}^2}{l_2{}^2}\frac{r^4}{b_1{}^4}\sin^4\varphi.$$

Mit dieser Annäherung, die übrigens in den meisten praktischen Fällen unmittelbar durch $\cos\beta_2 = 1$ ersetzt werden kann, sowie durch Elimination des Winkels ψ mit Hilfe der Gleichung 84) bezw. 81) gehen dann unsere Formeln 96) und 97) über in

96a) $$\begin{cases} x'' = r\frac{b_2}{b_1}\left(\cos\varphi + \frac{1}{2}\frac{r}{l_1}\sin^2\varphi + \frac{r^2}{2b_1 l_1}\sin^3\varphi\right) \\ + (l_2 - s'')\left(1 - \frac{1}{8}\frac{b_2{}^2}{l_2{}^2}\frac{r^4}{b_1{}^4}\sin^4\varphi\right) \end{cases}$$

97a) $$y'' = \frac{s''}{l_2}\frac{b_2 r^2}{2b_1{}^2}\sin^2\varphi.$$

Die Giltigkeit dieser Formeln ist übrigens, wie ausdrücklich noch betont werden muss, an die beiden Bedingungen 82) und 100) für die Abstände e_1 und e_2 geknüpft; indessen lassen sich dieselben stets allen praktischen Anforderungen anpassen. Für $s'' = 0$ folgt aus 96a) die Bewegung des Gleitstückes C, für welches naturgemäss in allen Lagen y'' verschwinden muss.

Die Geschwindigkeitskomponenten der einzelnen Schubstangenpunkte sind nunmehr, wenn wir die mit $r^4 : b_1{}^4$ behafteten Glieder vernachlässigen:

101) $$\frac{dx''}{dt} = -r\varepsilon\frac{b_2}{b_1}\sin\varphi \cdot 1 + \left(\frac{r}{l_1}\cos\varphi - \frac{3}{4}\frac{r^2}{b_1 l_1}\sin 2\varphi\right),$$

102) $$\frac{dy''}{dt} = \frac{s''}{l_2}\frac{b_2 r^2}{2b_1{}^2}\varepsilon\sin 2\varphi$$

und die Beschleunigungskomponenten

103) $$\begin{cases} \frac{d^2 x''}{dt^2} = -r\varepsilon^2\frac{b_2}{b_1}\left\{\cos\varphi + \frac{r}{l_1}\cos 2\varphi + \frac{3}{8}\frac{r^2}{b_1 l_1}(\sin\varphi - 3\sin 2\varphi\right\} \\ \phantom{\frac{d^2 x''}{dt^2}=} - r\frac{b_2}{b_1}\sin\varphi\left(1 + \frac{r}{l_1}\cos\varphi - \frac{3}{4}\frac{r^2}{b_1 l_1}\sin 2\varphi\right)\frac{d\varepsilon}{dt}, \end{cases}$$

104) $$\frac{d^2 y''}{dt^2} = \frac{s''}{l_2}\frac{b_2 r^2}{b_1{}^2}\left(\varepsilon^2\cos 2\varphi + \frac{1}{2}\sin 2\varphi\frac{d\varepsilon}{dt}\right).$$

Neben dem vorstehend untersuchten Getriebe wird, wie schon im Eingang zu diesem Paragraph erwähnt, insbesondere zum Antriebe der Kondensatorluftpumpen von Schiffsmaschinen noch eine Anordnung häufig getroffen, welche in Fig. 27 skizziert ist. Hier ist der Balancier, um eine besondere Kurbel zu ersparen, durch eine kurze Schubstange l_1 unmittelbar mit dem Kreuzkopf (Gleitstück) eines der Dampfmaschinengetriebe verknüpft, während der Rest ebenso angeordnet ist wie in Fig. 26. Die Bewegungsrichtung des zweiten Gleitstückes (des Luftpumpenkolbens) ist hierbei stets parallel und entgegengesetzt derjenigen des erwähnten Kreuzkopfes. Da dessen Bewegungsgesetz schon

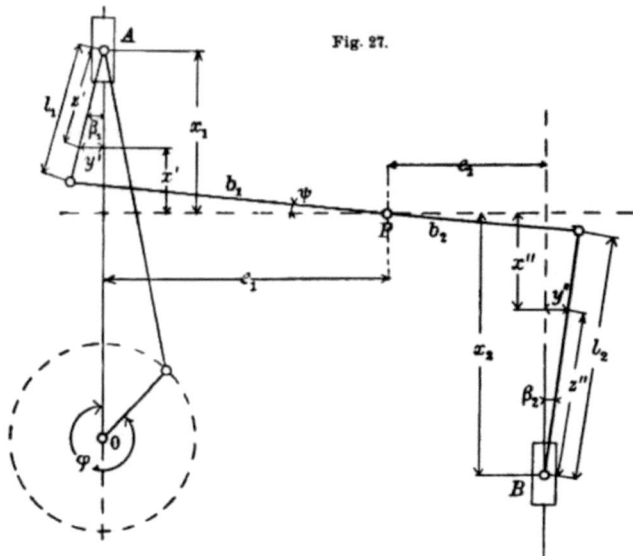

Fig. 27.

im § 1 festgelegt worden ist, so haben wir zunächst die Abhängigkeit der Bewegung des andern Gleitstückes von derjenigen des Kreuzkopfes zu ermitteln: Es sei x_1 der momentane Abstand des treibenden Gleitstückes A von der Mittellage des Balanciers, x_2 derjenige des getriebenen Gleitstückes B; die entsprechenden Schubstangenlängen seien l_1 und l_2, die momentanen Ausschlagswinkel derselben gegen die Bewegungsrichtungen der Gleitstücke β_1 und β_2; die Hebelarme des Balanciers wieder b_1 und b_2 und schliesslich ψ der Ausschlagswinkel desselben aus seiner Mittellage. Dann haben wir sofort

105) $\qquad \dfrac{x_1}{b_1} = \sin\psi + \dfrac{l_1}{b_1}\cos\beta_1,$

106) $\qquad \dfrac{x_2}{b_2} = \sin\psi + \dfrac{l_2}{b_2}\cos\beta_2,$

und daraus

107) $\qquad \dfrac{x_1}{b_1} - \dfrac{x_2}{b_2} = \dfrac{l_1}{b_1}\cos\beta_1 - \dfrac{l_2}{b_2}\cos\beta_2.$

Bei der Kleinheit der Winkel β_1 und β_2 dürfen wir wieder setzen

$$\cos\beta = 1 - \frac{1}{2}\sin^2\beta$$

und da anderseits

108) $\qquad l\sin\beta = b\cos\psi - e,$

so folgt

$$\cos\beta = 1 - \frac{1}{2}\left(\frac{b}{l}\cos\psi - \frac{e}{l}\right)^2 = 1 - \frac{1}{2}\left(\frac{b^2}{l^2}\cos^2\psi - \frac{2be}{l^2}\cos\psi + \frac{e^2}{l^2}\right)$$

oder mit der Annäherung

$$\cos\psi = 1 - \frac{1}{2}\sin^2\psi,$$

109) $\qquad \cos\beta = 1 - \frac{1}{2}\left\{\frac{(b-e)^2}{l^2} - \frac{b(b-e)}{l^2}\sin^2\psi\right\}.$

Führen wir diese Näherungsformel in 107) ein, so geht diese Gleichung über in

110) $\qquad \begin{cases} \dfrac{x_1}{b_1} - \dfrac{x_2}{b_2} = \dfrac{l_1}{b_1} - \dfrac{l_2}{b_2} - \dfrac{1}{2}\left(\dfrac{(b_1-e_1)^2}{l_1 b_1} - \dfrac{(b_2-e_2)^2}{l_2 b_2}\right) \\ \quad + \dfrac{1}{2}\left(\dfrac{b_1-e_1}{l_1} - \dfrac{b_2-e_2}{l_2}\right)\sin^2\psi. \end{cases}$

Nunmehr können wir die Entfernungen e der beiden Bewegungsrichtungen der Gleitstücke vom Drehpunkte P des Balanciers so dimensionieren, dass

111) $\qquad \dfrac{b_1-e_1}{l_1} = \dfrac{b_2-e_2}{l_2}$

wird und damit verschwindet in Gleichung 110) das mit $\sin^2\psi$ behaftete Glied. Mit dieser Bedingung haben wir demnach

110a) $\qquad \dfrac{x_1}{b_1} - \dfrac{x_2}{b_2} = \dfrac{l_1}{b_1} - \dfrac{l_2}{b_2} - \dfrac{1}{2}\left(\dfrac{(b_1-e_1)^2}{l_1 b_1} - \dfrac{(b_2-e_2)^2}{l_2 b_2}\right)$

d. h. also: **Es ist praktisch möglich, das Balanciergetriebe Fig. 27 so anzuordnen, dass die Wege der beiden Gleitstücke zu einander in einer linearen Beziehung stehen. Dass hierzu die Bedingung 111) erfüllt werden muss, wurde anscheinend bisher übersehen.**

Aus 110a) folgt aber unmittelbar

112) $\qquad \dfrac{dx_2}{dt} = \dfrac{b_2}{b_1}\dfrac{dx_1}{dt} \quad \text{und} \quad \dfrac{d^2x_2}{dt^2} = \dfrac{b_2}{b_1}\dfrac{d^2x_1}{dt^2},$

womit die Bewegung des Gleitstückes B auf diejenige von A zurückgeführt ist.

In ähnlicher Weise können wir diese Zurückführung auch auf die einzelnen Punkte der Schubstangen l_1 und l_2 übertragen, wobei wir die Abscissen und Ordinaten derselben für l_1 mit x' und y', für l_2 dagegen mit x'' und y'', ihre Abstände von den Gleitstücken dagegen mit s' und s'' bezeichnen wollen (Fig. 27). Alsdann haben wir

113) $\quad x' = x_1 - z'\cos\beta_1, \quad x'' = x_2 - z''\cos\beta_2$

114) $\quad y' = z'\sin\beta_1, \quad y'' = z''\sin\beta_2$

worin $\cos\beta_1$ und $\cos\beta_2$ angenähert durch 109) ersetzt werden können, während für $\sin\beta_1$ und $\sin\beta_2$ die Gleichung 108) maßgebend ist. Wir können somit statt der Formeln 113) und 114) auch angenähert schreiben

113a) $\quad x' = x_1 - z'\left\{1 - \frac{1}{2}\frac{b_1-e_1}{l_1}\left(\frac{b_1-e_1}{l_1} - \frac{b_1}{l_1}\sin^2\psi\right)\right\}$

114a) $\quad y' = z'\left(\frac{b_1-e_1}{l_1} - \frac{1}{2}\frac{b_1}{l_1}\sin^2\psi\right)$

und entsprechend für x'' und y''. Setzen wir hier in weiterer Annäherung (das ist unter Voraussetzung nur geringer Ausschläge der Schubstangen l_1 und l_2) nach 105)

105a) $\quad \sin\psi = \frac{x_1 - l_1}{b_1},$

so erhalten wir

113b) $\quad x' = x_1 - z'\left\{1 - \frac{1}{2}\frac{b_1-e_1}{l_1}\left(\frac{b_1-e_1}{l_1} - \frac{x_1^2}{l_1 b_1} + 2\frac{x_1}{b_1} - \frac{l_1}{b_1}\right)\right\}$

114b) $\quad y' = z'\left(\frac{b_1-e_1}{l_1} - \frac{1}{2}\frac{x_1^2}{l_1 b_1} + \frac{x_1}{b_1} - \frac{1}{2}\frac{l_1}{b_1}\right)$

sowie

113c) $\quad x'' = x_1 - z'\left\{1 - \frac{1}{2}\frac{b_2-e_2}{l_2}\left(\frac{b_2-e_2}{l_2} - \frac{x_2^2}{l_2 b_2} + 2\frac{x_2}{b_2} - \frac{l_2}{b_2}\right)\right\}$

114c) $\quad y'' = z''\left(\frac{b_2-e_2}{l_2} - \frac{1}{2}\frac{x_2^2}{l_2 b_2} + \frac{x_2}{b_2} - \frac{1}{2}\frac{l_2}{b_2}\right).$

Für die **Geschwindigkeitskomponenten** der **Schubstangenpunkte** folgt hieraus

115) $\quad \frac{dx'}{dt} = \left(1 - z'\frac{b_1-e_1}{l_1^2 b_1}x_1 + z'\frac{b_1-e_1}{l_1 b_1}\right)\frac{dx_1}{dt}$

116) $\quad \frac{dy'}{dt} = -\frac{z'}{b_1}\left(\frac{x_1}{l_1} - 1\right)\frac{dx_1}{dt}$

sowie mit Rücksicht auf 111)

115a) $\quad \frac{dx''}{dt} = \frac{b_2}{b_1}\left(1 - z''\frac{b_2-e_2}{l_2^2 b_2}x_2 + z''\frac{b_2-e_2}{l_2 b_2}\right)\frac{dx_1}{dt}$

116a) $\quad \frac{dy''}{dt} = -\frac{z' b_2}{b_1^2}\left(\frac{x_2}{l_2} - 1\right)\frac{dx_1}{dt}.$

Schliesslich werden die **Beschleunigungskomponenten**

117) $\quad \frac{d^2x'}{dt^2} = \left(1 - z'\frac{b_1-e_1}{l_1^2 b_1}x_1 + z'\frac{b_1-e_1}{l_1 b_1}\right)\frac{d^2x_1}{dt^2} - z'\frac{b_1-e_1}{l_1^2 b_1}\left(\frac{dx_1}{dt}\right)^2$

118) $\quad \frac{d^2y'}{dt^2} = -\frac{z'}{b_1}\left(\frac{x_1}{l_1} - 1\right)\frac{d^2x_1}{dt^2} - \frac{z'}{l_1 b_1}\left(\frac{dx_1}{dt}\right)^2$

117a) $\quad \frac{d^2x''}{dt^2} = \frac{b_2}{b_1}\left(1 - z''\frac{b_2-e_2}{l_2^2 b_2}x_2 + z''\frac{b_2-e_2}{l_2 b_2}\right)\frac{d^2x_1}{dt^2} - z''\frac{b_2(b_2-e_2)}{l_2^2 b_1^2}\left(\frac{dx_1}{dt}\right)^2$

118a) $\quad \frac{d^2y''}{dt^2} = -\frac{z' b_2}{b_1^2}\left(\frac{x_2}{l_2} - 1\right)\frac{d^2x_1}{dt^2} - \frac{z' b_2^2}{b_1^2 l_2}\left(\frac{dx_1}{dt}\right)^2.$

Zur vollständigen Reduktion auf die Bewegung von x_1 hätte man noch in den beiden letzten Formeln x_2 mit Hilfe von 110a) zu eliminieren, wodurch indessen der Gesamtaufbau derselben keine Änderung erleidet.

Wenn im Vorstehenden die Bewegungsgesetze der Balanciergetriebe nahezu ebenso eingehend behandelt worden sind wie früher diejenigen des einfachen Schubkurbelgetriebes, so geschah dies, weil einerseits das Balanciergetriebe in den Schriften über Mechanik entweder gar nicht erwähnt, oder doch nur flüchtig gestreift wird, anderseits aber in der Praxis angenäherte Formeln von geringerer Genauigkeit als die für die Schubkurbel angewendeten im Gebrauche sind. Von den mir zugänglichen Schriften geht lediglich die bekannte „Ingenieur- und Maschinen-Mechanik" von J. Weissbach, neu bearbeitet von G. Herrmann im III. Bande, 1. Abt. (Die Mechanik der Zwischen- und Arbeitsmaschinen) S. 738 etwas näher auf die Verbindung der Kurbel mit dem Balancier ein, jedoch in anderer Weise und vor allem mit anderen Zielen, als sie in unserer Darstellung verfolgt wurden. Ich habe insbesondere darauf verzichtet, von vornherein zwischen den

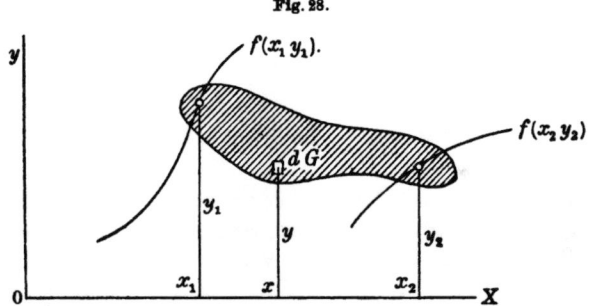

Fig. 28.

Grössen e, b, l und r spezielle Beziehungen einzuführen, wie es a. a. O. z. B. dadurch geschehen ist, dass die Sehne zwischen den beiden Endlagen des Balanciers in Fig. 25 senkrecht zur Mittellage steht und ausserdem durch das Wellenmittel O laufen soll.

9. Die Massendrücke in Balanciergetrieben ergeben sich aus den im vorigen Paragraph entwickelten Beschleunigungskomponenten sofort durch Multiplikation mit den entsprechenden Massen bezw. Massenelementen und darauf folgender Integration. Diese Integration, welche übrigens nur für die Schubstangen wegen der Verschiedenheit der Bewegungen ihrer Elemente untereinander in Betracht kommt, kann indessen auch durch Anwendung des Schwerpunktsatzes umgangen und dadurch das ganze Verfahren wesentlich vereinfacht werden. Denken wir uns nämlich einen beliebig gestalteten Körper (Fig. 28) an zwei Punkten auf ebenen Kurven (Leitkurven) geführt, deren Koordinaten mit $x_1 y_1$ bezw. $x_2 y_2$ bezeichnet werden mögen, so ver-

teilt sich das Gewicht jedes Elementes dG des Körpers mit den momentanen Koordinaten x, y nach dem Schwerpunktssatze auf die beiden Stützpunkte und zwar mit Beträgen dG' und dG'' nach den Formeln

119) $$\begin{cases} x\,dG = x_1\,dG' + x_2\,dG'' \\ y\,dG = y_1\,dG' + y_2\,dG'', \end{cases}$$

120) $$dG = dG' + dG''.$$

Hieraus folgt aber sofort

121) $$\begin{cases} \frac{dx}{dt}\,dG = \frac{dx_1}{dt}\,dG' + \frac{dx_2}{dt}\,dG'' \\ \frac{dy}{dt}\,dG = \frac{dy_1}{dt}\,dG' + \frac{dy_2}{dt}\,dG'' \end{cases}$$

und

122) $$\begin{cases} \frac{d^2x}{dt^2}\,dG = \frac{d^2x_1}{dt^2}\,dG' + \frac{d^2x_2}{dt^2}\,dG'' \\ \frac{d^2y}{dt^2}\,dG = \frac{d^2y_1}{dt^2}\,dG' + \frac{d^2y_2}{dt^2}\,dG''. \end{cases}$$

Durch Integration dieser Gleichungen über den ganzen Körper erhalten wir somit, wenn mit G' und G'' die auf die beiden Stützpunkte entfallenden Gewichtsteile des ganzen Körpers, deren Summe

120a) $$G = G' + G''$$

ist,

123) $$\begin{cases} \int \frac{d^2x}{dt^2}\,dG = G'\frac{d^2x_1}{dt^2} + G''\frac{d^2x_2}{dt^2} \\ \int \frac{d^2y}{dt^2}\,dG = G'\frac{d^2y_1}{dt^2} + G''\frac{d^2y_2}{dt^2}; \end{cases}$$

d. h. **der totale Massendruck eines an zwei Leitkurven geführten Körpers ist gleich der Summe der beiden Massendrücke, welche von den durch Verteilung der Gesamtmasse auf die beiden Stützpunkte entstehenden Einzelmassen herrühren.*** Bezeichnen wir also allgemein den Schwerpunktsabstand einer Schubstange vom Gewichte G und der Länge l vom Kreuzkopf gerechnet mit s, so brauchen wir nur noch die Beschleunigungen der beiden auf ihre Stützpunkte (z. B. Kreuzkopf und Kurbelzapfen) entfallenden Gewichte

124) $$G' = G\left(1 - \frac{s}{l}\right) \quad \text{und} \quad G'' = G\frac{s}{l}$$

in unsere Rechnung einzuführen. Auf dieses allgemein giltige Resultat wurden wir übrigens schon am Schlusse des § 3 für den speziellen Fall des Schubkurbelgetriebes geführt.

---

* Diese für praktische Zwecke überaus fruchtbare Fassung des allgemeinen Schwerpunktssatzes, die sich naturgemäss sofort auf drei Dimensionen, d. h. auf drei Leitkurven eines in drei Punkten gestützten Körpers erweitern lässt, habe ich zu meiner Verwunderung in keinem der Lehrbücher über analytische oder technische Mechanik gefunden und möchte darum nicht verfehlen, ausdrücklich darauf hinzuweisen.

Die Massenwirkungen und ihr Ausgleich.

Nach dieser allgemeinen Vorbemerkung können wir sofort zur Ermittelung der Massendrücke an dem durch Vereinigung von Fig. 25 und 26 entstehenden Balanciergetriebe übergehen. In demselben sei G_0 das Gewicht des Balanciers und s_0 sein Schwerpunktsabstand vom Drehpunkte P. Alsdann erhalten wir die Massendruckskomponenten des Balanciers allein, indem wir das Gewicht mit den Ausdrücken 88) und 89) multiplizieren, nachdem in denselben die Grösse z_0 durch s_0 ersetzt wurde. Dabei wollen wir s_0 positiv rechnen, wenn der Schwerpunkt vom P nach links, also nach der Kurbel zu liegt.

Den Einfluss der Schubstangen G_1 und G_2 berücksichtigen wir nach den obigen allgemeinen Sätzen einfach dadurch, dass wir zu dem Moment der Balanciermasse den Betrag von $G_1\left(1-\frac{s_1}{l_1}\right)b_1$ hinzufügen und $G_2\frac{s_2}{l_2}b_2$ abziehen, wobei s_1 und s_2 die von E bezw. C aus gerechneten Schwerpunktsabstände der Schubstangen bedeuten. Somit werden die vom Balancier und den als mitschwingend zu betrachtenden Schubstangenanteilen herrührenden Massendruckskomponenten:

125) $\begin{cases} X_0 = -\frac{r\varepsilon^2}{b_1 g}\left\{ G_0 s_0 + G_1\left(1-\frac{s_1}{l_1}\right)b_1 - G_2\frac{s_2}{l_2}b_2 \right\} \\ \quad \times \left\{ \cos\varphi + \frac{r}{l_1}\cos 2\varphi + \frac{3}{8}\frac{r^2}{b_1 l_1}(\sin\varphi - 3\sin 3\varphi) \right\} \\ -\frac{r}{b_1 g}\left\{ G_0 s_0 + G_1\left(1-\frac{s_1}{l_1}\right)b_1 - G_2\frac{s_2}{l_2}b_2 \right\} \\ \quad \times \left(1 + \frac{r}{l_1}\cos\varphi - \frac{3}{4}\frac{r^2}{b_1 l_1}\sin 2\varphi\right)\frac{d\varepsilon}{dt}\sin\varphi \end{cases}$

126) $\begin{cases} Y_0 = +\frac{r}{b_1 g}\left\{ G_0 s_0 + G_1\left(1-\frac{s_1}{l_1}\right)b_1 - G_2\frac{s_2}{l_2}b_2 \right\} \\ \quad \times \left(\varepsilon^2 \cos 2\varphi + \frac{1}{2}\sin 2\varphi\frac{d\varepsilon}{dt}\right). \end{cases}$

Zur ersten dieser beiden Komponenten tritt noch ein von dem lediglich hin- und hergehenden Gewichte P am Gleitstück C und dem nach obigem dazu zu rechnenden Betrage $G_2\left(1-\frac{s_2}{l_2}\right)$ herrührender Massendruck, welcher sich durch Multiplikation der Summe

$$\frac{1}{g}\left\{ P + G_2\left(1-\frac{s_2}{l_2}\right) \right\}$$

mit der Beschleunigung 103) ergiebt, nachdem dort $\varepsilon = 0$ gesetzt worden ist. Bezüglich des Vorzeichens ist zu bemerken, dass dieser Massendruck, da die Bewegung derjenigen der Kurbelseite entgegengesetzt gerichtet ist, auch das entgegengesetzte Vorzeichen von X_0 haben muss. Wir haben somit für diesen Zusatz

127) $\begin{cases} X_2 = + \frac{r\varepsilon^2}{g} \frac{b_2}{b_1} \left\{ P + G_2 \left(1 - \frac{s_2}{l_2}\right) \right\} \left\{ \cos \varphi + \frac{r}{l_1} \cos 2\varphi + \frac{3}{8} \frac{r^2}{b_1 l_1} (\sin \varphi - 3 \sin 3\varphi) \right\} \\ + \frac{r}{g} \frac{b_2}{b_1} \left\{ P + G_2 \left(1 - \frac{s_2}{l_2}\right) \right\} \left\{ \left(1 + \frac{r}{l_1} \cos \varphi - \frac{3}{4} \frac{r^2}{b_1 l_1} \sin 2\varphi\right) \frac{d\varepsilon}{dt} \sin \varphi \right. \end{cases}$

Als lediglich rotierender Teil ist schliesslich ausser der Kurbel K mit dem Schwerpunktsabstand s vom Wellenmittel noch der Betrag $G \frac{s_1}{l_1}$ der Schubstange und zwar am Kurbelzapfen angreifend zu betrachten. Die hiervon herrührenden Massendrücke sind, entsprechend Gleichung 24)

128) $\qquad X = -\frac{1}{g}\left(Ks + G_1 \frac{s_1}{l_1} r\right)\left(\varepsilon^2 \cos \varphi + \sin \varphi \frac{d\varepsilon}{dt}\right)$

129) $\qquad Y = -\frac{1}{g}\left(Ks + G_1 \frac{s_1}{l} r\right)\left(\varepsilon^2 \sin \varphi - \cos \varphi \frac{d\varepsilon}{dt}\right).$

Während nun diese letzteren Drücke am einzelnen Getriebe nicht ausgeglichen werden können (siehe oben § 2), ist dies für die oben ermittelten Werte von X_0, Y_0 und X_2 möglich, und zwar, wenn gleichzeitig

130) $\qquad G_0 s_0 + G_1 \left(1 - \frac{s_1}{l_1}\right) b_1 - G_2 \frac{s_2}{l_2} b_2 = 0$

131) $\qquad P + G_2 \left(1 - \frac{s_2}{l_2}\right) = 0$

wird. Die letztere Gleichung enthält aber die Bedingung, dass

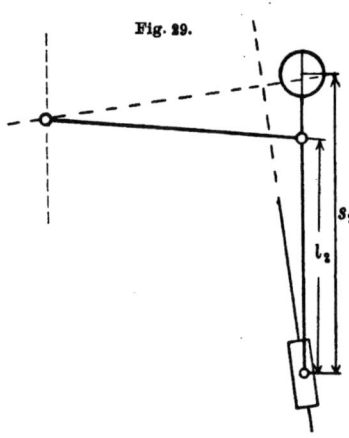

Fig. 29.

131a) $\qquad s_2 = \frac{P + G_2}{G_2} l_2 > l_2$

d. h. dass der Schwerpunkt der Schubstange l_2 nicht zwischen ihren beiden Zapfen, sondern jenseits von G liegen soll (siehe Fig. 29). Weiter folgt aber aus 130) und 131)

132) $\qquad G_2 = G_0 \frac{s_0}{b_2} + G_1 \left(1 - \frac{s_1}{l_1}\right) \frac{b_1}{b_2} - P,$

eine Gleichung, die wiederum nur erfüllt werden kann, wenn

132a) $\qquad G_0 \frac{s_0}{b_2} + G_1 \left(1 - \frac{s_1}{l_1}\right) \frac{b_1}{b_2} > P$

wird.

Beispiel: Inwiefern sich der hier entwickelte Massenausgleich in der Praxis verwirklichen lässt, dürfte am ehesten aus einem Zahlenbeispiele hervorgehen. Wir nehmen für dasselbe an, dass der Balancier, dessen Anordnung um seinen Drehpunkt eine vollkommen symmetrische, also $b_1 = b_2$ und $s_0 = 0$ sein möge, die Bewegung eines auf der Welle O sitzenden Excenters (d. i. eines die Welle selbst umfassenden Kurbelzapfens) auf einen der Dampfverteilung dienenden Steuerschieber zu übertragen habe. Der Schieber habe das Gewicht $P = 100$ kg;

die Schubstange eine Länge $l_1 = 2$ m, ihr Schwerpunktsabstand sei $s_1 = 1,5$ m, ihr Gewicht (einschliesslich des sogenannten Excenterbügels) sei $G_1 = 250$ kg; alsdann kann die Bedingung 132a) nur erfüllt werden, wenn am Endpunkt E des Balanciers ein Gegengewicht Q angebracht wird, so zwar, dass

$$Q + G_1\left(1 - \frac{s_1}{l_1}\right) > P$$

oder

$$Q > 100 - 250 \cdot 0,25 = 37,5 \text{ kg}.$$

Wählen wir z. B. $Q = 100$ kg, so wird nach 132)

$$G_2 = Q + G_1\left(1 - \frac{s_1}{l_1}\right) - P = 62,5 \text{ kg}$$

und aus 131a)

$$s_2 = \frac{P + G_2}{G_2} l_2 = 2,6\, l_2.$$

Dies letztere ist aber nur ausführbar bei sehr kurzen Schubstangen l_2 des Schiebers. Jedenfalls erkennt man, dass der Ausgleich einzelner Balanciergetriebe im allgemeinen eine beträchtliche Vermehrung der bewegten Massen mit sich bringt.

Bei Schiffsmaschinen wird die Sache noch dadurch verwickelt, dass jeder Steuerschieber hier mit einem Vorwärts- und Rückwärts-Excenter verbunden sein muss. Das Studium der hierdurch bedingten, überaus mannigfaltigen und von der Einwirkung des Maschinisten abhängigen Bewegungen* und Massendrücke würde uns an dieser Stelle zu weit führen.

Die Massendrücke des vorwiegend für den Antrieb von Kondensatorluftpumpen verwendeten Balanciergetriebes Fig. 27, welche noch zu untersuchen sind, ergeben sich in derselben Weise wie oben durch Zerlegung der beiden Schubstangen in einen Bestandteil, welcher am Balancierende und einen zweiten, der am Gleitstück angebracht zu denken ist. Bezeichnen wir die dem Balancierschwerpunkt entsprechenden Koordinaten mit x_0 und y_0, diejenigen der Gleitstücke mit $x_1 y_1$ bezw. $x_2 y_2$, so ist der Massendruck der lediglich als hin- und hergehend zu betrachtenden Gewichte unseres Getriebes

133) $$X = \frac{G_1}{g}\left(1 - \frac{s_1}{l_1}\right)\frac{d^2 x_1}{dt^2} - \frac{G_2}{g}\left(1 - \frac{s_2}{l_2}\right)\frac{d^2 x_2}{dt^2}$$

bei Dampfmaschinen, in denen unser Getriebe als Hilfsmechanismus mit einer normalen Schubkurbel in skizzierter Weise verbunden ist, einfach dem Massendrucke der im Schubkurbelmechanismus hin- und hergehenden Gewichte hinzuzuzählen. Sind mehrere Hauptmechanismen vorhanden, welche nach Schlickscher Methode ausgeglichen werden sollen, so hat man zu beachten, dass in dieser Ausgleichung auch der Massendruck 133) als Bestandteil derjenigen eines Hauptgetriebes berücksichtigt werden muss. Der Ausgleich erfordert dann die Über-

---

* Diese Bewegungen sind eingehend dargestellt in dem sehr verbreiteten Werke von G. Zeuner: Die Schiebersteuerungen. 5. Aufl. Leipzig, 1888.

einstimmung der Bewegungsgesetze der beiden Gleitstücke A und B. Dieser aber ist, wie wir im vorigen Paragraph gesehen haben, an eine bestimmte Beziehung zwischen den Konstruktionslängen Gleichung 111) gebunden, mit deren Erfüllung wir nach Gleichung 112) statt 133) schreiben können

133a) $$X = \frac{1}{g}\left\{G_1\left(1-\frac{s_1}{l_1}\right) - G_2\left(1-\frac{s_2}{l_2}\right)\frac{b_2}{b_1}\right\}\frac{d^2x_1}{dt^2}.$$

Die Massendrücke des Balanciers G_0 dagegen und der an seinen Enden hinzutretenden Schubstangenbestandteile ergeben sich, wenn s_0 wieder den Schwerpunktsabstand vom Drehpunkte P bedeutet, zu

134) $$X = \frac{1}{g}\left\{G_1\frac{s_1}{l_1}\cdot\frac{b_1}{s_0} + G_0 - G_2\frac{s_2}{l_2}\frac{b_2}{s_0}\right\}\frac{d^2x_0}{dt^2},$$

135) $$Y = \frac{1}{g}\left\{G_1\frac{s_1}{l_1}\frac{b_1}{s_0} + G_0 - G_2\frac{s_2}{l_2}\frac{b_2}{s_0}\right\}\frac{d^2y_0}{dt^2},$$

worin die Beschleunigungen aus den Formeln 117) bezw. 118) sofort dadurch ermittelt werden können, dass man $z' = l_1$ setzt und die Werte mit den Quotienten $s_0 : b_1$ multipliziert. Alsdann aber bleiben die Beschleunigungen $\frac{d^2x_0}{dt^2}$ und $\frac{d^2y_0}{dt^2}$ nicht nur abhängig von $\frac{d^2x_1}{dt^2}$ und $\frac{d^2y_1}{dt^2}$, sondern auch von der augenblicklichen durch x_1 gegebenen Lage des Gleitstückes und weiter vom Quadrate seiner Geschwindigkeit. Unter diesen Umständen ist es unzulässig, die Wirkung des Balanciers und der erwähnten Schubstangenbeträge durch Hinzufügung von Gliedern, welche mit 134) bezw. 133) proportional sind, in den Ausgleichsbedingungen der Hauptgetriebe zu berücksichtigen, und es bleibt nur übrig, den Balancier für sich auszugleichen. Dies aber erfordert lediglich das Verschwinden des Klammerausdruckes in unseren letzten Formeln, also die Erfüllung von

136) $$G_1\frac{s_1}{l_1}b_1 + G_0s_0 - G_2\frac{s_2}{l_2}b_2 = 0.$$

Beispiel: An einer stehenden Schiffsmaschine, deren Hub $2r = 1,4$ m beträgt, werde die Luftpumpe von einem Balancier angetrieben. Bei halbem Hube der Pumpe habe der eine Arm des Balanciers eine Länge von $b_1 = 2$ m, der andere eine solche von $b_2 = 1$ m; das Gewicht des Balanciers sei $G_0 = 1000$ kg, sein Schwerpunktsabstand vom Drehpunkte $s_0 = 0,3$ m. Die als Verbindungsglied zwischen dem einen Balancierende und dem Kreuzkopf A des treibenden Cylinders (Fig. 27) dienende Schubstange von der Länge $l_1 = 0,5$ m und einem Gewichte von $G_1 = 100$ kg sei ganz symmetrisch angeordnet, so dass ihr Schwerpunkt in der Mitte liegt; dann ist $s_1 = 0,25$ m. Die Länge der Luftpumpenschubstange sei $l_2 = 1$ m, ihr Gewicht und Schwerpunktsabstand sollen bestimmt werden.

Zunächst allerdings müssen wir die Entfernungen e_1 und e_2 der Bewegungsrichtungen der Gleitstücke A und B vom Drehpunkte P so bestimmen, dass die Beziehung 111) zwischen ihnen und den gegebenen Grössen $b_1 b_2$, sowie $l_1 l_2$ erfüllt ist. Eine der beiden Entfernungen ist natürlich willkürlich, wir wollen deshalb e_1 so bestimmen, dass die grössten Ausschläge der Schubstange l_1 so klein wie möglich und dabei einander gleich werden. Dies erreichen wir, indem wir durch die Bewegungsrichtung von A in Fig. 30 den Pfeil des ganzen vom Balancierende beschriebenen Bogens $2\psi_0$ halbieren. Alsdann ist angenähert

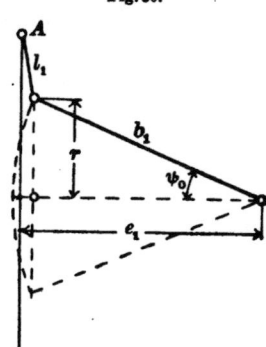

Fig. 30.

$$\sin \psi_0 = \frac{r}{b_1} = \frac{0,7}{2} = 0,35,$$

mithin

$$e_1 = b_1 \left(1 - \frac{1 - \cos \psi}{2}\right) = 1,937 \text{ m}$$

und nach 111)

$$\frac{e_2}{l_2} = \frac{e_1}{l_1} - \frac{b_1}{l_1} + \frac{b_2}{l_2} = 0,874 \text{ m}.$$

Aus 136) ergiebt sich schliesslich für die Schubstange der Pumpe

$$G_2 s_2 = 100 \cdot \frac{0,25 \cdot 2}{0,5} + 1000 \cdot 0,3 = 400 \text{ mkg}.$$

Auch dieser Bedingung wird man in der Praxis nur dadurch Genüge leisten können, dass man den Schwerpunkt der Stange nach Fig. 29 durch Aufsetzen eines Zusatzgewichtes über den Balancierzapfen hinaus verlegt. Wie weit man damit gehen kann, um das Gewicht G_2 zu reduzieren, ist naturgemäss Sache des Konstrukteurs.

Das Verschwinden dieser Massendrücke wäre übrigens für den erschütterungsfreien Betrieb der Balanciermaschinen noch nicht genügend, da die Bewegungsrichtungen der wesentlichen Teile hier nicht durch den Drehpunkt P des Balanciers hindurchgehen und somit Momente hervorrufen müssen. Die Herleitung der Ausdrücke für diese Momente bietet natürlich ebensowenig Schwierigkeiten wie am einfachen Kurbelgetriebe; bei der geringeren Bedeutung dieser Momente für die Praxis wollen wir indessen davon absehen. Es ist ausserdem ersichtlich, dass bei einem Einzelgetriebe von einem Ausgleich dieser Momente nicht die Rede sein kann; und dies dürfte einer der Hauptgründe dafür sein, dass man z. B. neuerdings bei grossen Schiffsmaschinen die Luftpumpen nicht mehr durch Balanciers von der Hauptmaschine aus bethätigt, sondern sie durch selbständige Dampfcylinder (schwungradlose Hubpumpen) in Bewegung setzt.

Kapitel II.

Der Energieaustausch.

10. Die kinetische Energie im Kurbelgetriebe. Die absolute Bestimmung der Massendrücke setzt, wie wir schon früher hervorgehoben haben, die Kenntnis der Winkelgeschwindigkeit der Kurbel und damit der Geschwindigkeit aller anderen Teile des Systems in jeder Lage desselben voraus. Diese Geschwindigkeiten werden nun ihrerseits bedingt durch den gesamten Energieaustausch, welchen das Kurbelgetriebe vermittelt. Tritt die in einem Zeitelement in das System eingeleitete Energie nicht sofort durch Überwindung von äusseren Widerständen wieder aus demselben heraus, so ruft der Rest einerseits eine Veränderung der potentiellen Energie (d. i. Veränderung der Höhenlage des Gesamtschwerpunktes), anderseits eine Änderung der totalen kinetischen Energie hervor. Ist endlich die Maschine nach Schlickscher Methode ausgeglichen, so fällt die Änderung der potentiellen Energie fast vollständig hinweg und es bleibt nur diejenige der kinetischen Energie zu berücksichtigen.

Diese kinetische Energie wollen wir zunächst als Funktion des Kurbelwinkels bestimmen. Für das einfache Schubkurbelgetriebe kommen wieder die drei Bestandteile, das Gleitstück, die Schubstange und die Kurbel mit allen lediglich rotierenden Massen in Betracht. Ist ε die momentane Winkelgeschwindigkeit, dK ein Gewichtselement der Kurbel im Abstande ϱ von der Drehaxe, so haben wir die kinetische Energie dieses Elementes

$$dJ'' = \frac{dK}{2g} \varrho^2 \varepsilon^2,$$

mithin, wenn k'' den Trägheitsradius der gesamten rotierenden Masse bezogen auf die Drehaxe bedeutet, die kinetische Energie derselben

$$137) \qquad J'' = \frac{K \cdot k''^2}{2g} \varepsilon^2.$$

Ebenso einfach gestaltet sich die Berechnung der kinetischen Energie des Gleitstückes, dessen Gewicht wir wie früher mit P bezeichnen wollen. Wir erhalten mit Rücksicht auf Gleichung 3b)

$$138) \qquad J_0 = \frac{P}{2g} \left(\frac{dx}{dt}\right)^2 = \frac{P}{2g} r^2 \varepsilon^2 \left(\sin\varphi + \frac{r}{2l}\sin 2\varphi\right)^2,$$

oder, wenn wir das mit $r^2 : l^2$ behaftete Glied vernachlässigen dürfen (s. § 1)

$$138\text{a}) \qquad J_0 = \frac{P}{2g} r^2 \varepsilon^2 \sin^2\varphi \left(1 + \frac{2r}{l}\cos\varphi\right).$$

Etwas verwickelter gestaltet sich schon die Herleitung der kinetischen Energie der Schubstange, zu der wir gelangen, indem wir die Quadrate der beiden Geschwindigkeitskomponenten, Gleichung 8) und 9), für jedes Element dG addieren und schliesslich integrieren. Wir wollen indessen hier einen etwas andern Weg einschlagen und betrachten wie in § 9 die ebene Bewegung eines Körpers, der in zwei Punkten A und B auf Leitkurven geführt wird (Fig. 31). Die Entfernung der beiden Punkte sei l, ihre momentanen Koordinaten $x_1 y_1$ bezw. $x_2 y_2$, diejenigen eines beliebigen Punktes xy. Wir wollen nun die Lage dieser beliebigen Punkte P auf einen der beiden geführten z. B. A beziehen und wählen dazu die Linie AB als Abscissenaxe. Dann seien ξ und η die relativen Koordinaten, welche mit der Entfernung $AP = \varrho$ ein rechtwinkliges Dreieck bilden. Nennen wir schliesslich die momentane Neigung der Linie AB gegen die x-Axe ψ, so bestehen die beiden Gleichungen

139) $\quad \begin{cases} x - x_1 = \xi \cos \psi - \eta \sin \psi \\ y - y_1 = \xi \sin \psi + \eta \cos \psi. \end{cases}$

Die Geschwindigkeitskomponenten des Punktes P sind dann

140) $\quad \begin{cases} \dfrac{dx}{dt} = \dfrac{dx_1}{dt} - (\xi \sin \psi + \eta \cos \psi)\dfrac{d\psi}{dt} = \dfrac{dx_1}{dt} - (y - y_1)\dfrac{d\psi}{dt}, \\ \dfrac{dy}{dt} = \dfrac{dy_1}{dt} + (\xi \sin \psi - \eta \sin \psi)\dfrac{d\psi}{dt} = \dfrac{dy_1}{dt} + (x - x_1)\dfrac{d\psi}{dt}. \end{cases}$

Man erkennt, dass infolge der Einführung des Winkels ψ die Koordinaten $x_2 y_2$ überhaupt nicht in den Formeln erscheinen, was nichts anderes besagt, als dass die Bewegung des Körpers auf

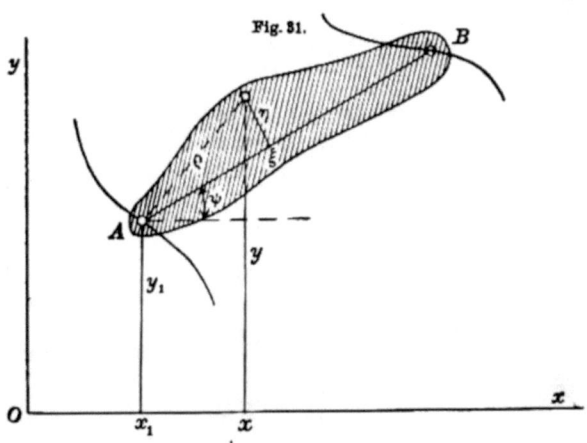

Fig. 31.

eine Translation des Punktes A und eine gleichzeitige Drehung (gegeben durch den Winkel ψ) in der Bewegungsebene reduziert werden kann. Durch Addition der Quadrate der beiden Geschwindigkeitskomponenten erhalten wir weiter

$$\left(\frac{dx}{dt}\right)^2 + \left(\frac{dy}{dt}\right)^2 = \left(\frac{dx_1}{dt}\right)^2 + \left(\frac{dy_1}{dt}\right)^2 - 2\frac{d\psi}{dt}\left\{(y - y_1)\frac{dx_1}{dt} - (x - x_1)\frac{dy_1}{dt}\right\}$$
$$+ \left(\frac{d\psi}{dt}\right)^2 \{(x - x_1)^2 + (y - y_2)^2\},$$

oder, indem wir das Wegelement des Punktes P mit ds, dasjenige von A mit ds_1 bezeichnen und die Entfernung $AP = \varrho$ einführen

141) $\quad \begin{cases} \left(\dfrac{ds}{dt}\right)^2 = \left(\dfrac{ds_1}{dt}\right)^2 - 2\dfrac{d\psi}{dt}\left\{(y - y_1)\dfrac{dx_1}{dt} - (x - x_1)\dfrac{dy_1}{dt}\right\} \\ \qquad + \varrho^2 \left(\dfrac{d\psi}{dt}\right)^2. \end{cases}$

Kapitel II.

Daraus aber folgt für die kinetische Energie des ganzen Körpers, wenn wir mit k' dessen Trägheitsradius bezogen auf den Punkt A bezeichnen,

$$J' = \frac{G}{2g}\left(\frac{ds_1}{dt}\right)^2 + \frac{Gk'^2}{2g}\left(\frac{d\psi}{dt}\right)^2$$

$$-\frac{1}{g}\frac{d\psi}{dt}\frac{dx_1}{dt}\int(y-y_1)dG + \frac{1}{g}\frac{d\psi}{dt}\frac{dy_1}{dt}\int(x-x_1)dG$$

oder wegen Gleichung 139):

142)
$$\begin{cases} J' = \frac{G}{2g}\left(\frac{ds_1}{dt}\right)^2 + \frac{Gk'^2}{2g}\left(\frac{d\psi}{dt}\right)^2 \\ -\frac{1}{g}\frac{d\psi}{dt}\frac{dx_1}{dt}\left(\sin\psi\int\xi\,dG + \cos\psi\int\eta\,dG\right) \\ +\frac{1}{g}\frac{d\psi}{dt}\frac{dy_1}{dt}\left(\cos\psi\int\xi\,dG - \sin\psi\int\eta\,dG\right). \end{cases}$$

Ist der ins Auge gefasste Körper symmetrisch in Bezug auf die Linie AB, so verschwinden die Integrale von $\eta\,dG$ und wir können, wenn wir seinen Schwerpunktsabstand von A mit s' bezeichnen, schreiben

143)
$$\begin{cases} J' = \frac{G}{2g}\left(\frac{ds_1}{dt}\right)^2 + \frac{Gk'^2}{2g}\left(\frac{d\psi}{dt}\right)^2 \\ -\frac{Gs'}{g}\frac{d\psi}{dt}\left(\frac{dx_1}{dt}\sin\psi - \frac{dy_1}{dt}\cos\psi\right). \end{cases}$$

Hierin verschwindet das dritte Glied der rechten Seite nur, wenn

$$\frac{dy_1}{dx_1} = \text{tg}\,\psi,$$

d. h. wenn die Bewegung des symmetrischen Körpers so erfolgt, dass die Axe desselben im Punkte A die Leitkurve berührt. Wir werden sogleich sehen, dass das für den Fall des Kurbelgetriebes nicht zutrifft.

Kehren wir nun zu unserer Schubstange zurück, deren Kreuzkopfzapfen mit A zusammenfallen möge. Da dieser Punkt sich nur geradlinig in der x-Richtung bewegt, so ist für denselben

$$\frac{ds_1}{dt} = \frac{dx_1}{dt} \quad \text{und} \quad \frac{dy_1}{dt} = 0.$$

Weiter aber ist der Winkel ψ identisch mit dem früher mit β bezeichneten Ausschlagwinkel der Stange gegen deren Mittellage, mithin haben wir, wenn φ den Kurbelwinkel und r den Kurbelradius bedeutet

$$l\sin\psi = r\sin\varphi,$$

$$\frac{d\psi}{dt} = \frac{r}{l}\frac{\cos\varphi}{\cos\psi}\frac{d\varphi}{dt} = \frac{r\varepsilon}{l}\frac{\cos\varphi}{\cos\psi}.$$

Infolge der Kleinheit des Ausschlagwinkels ψ dürfen wir statt dessen auch schreiben:

$$\frac{d\psi}{dt} = \frac{r\varepsilon}{l}\cos\varphi\left(1 + \frac{1}{2}\frac{r^2}{l^2}\sin^2\varphi\right),$$

$$\left(\frac{d\psi}{dt}\right)^2 = \frac{r^2\varepsilon^2}{l^2}\cos^2\varphi\left(1 + \frac{r^2}{l^2}\sin^2\varphi\right)$$

und erhalten nach Einführung dieser Werte in Gleichung 143):

144) $\quad\begin{cases} J' = \dfrac{G}{2g}\left(\dfrac{dx_1}{dt}\right)^2 + \dfrac{Gk'^2}{2g}\dfrac{r^2\varepsilon^2}{l^2}\cos^2\varphi\left(1 + \dfrac{r^2}{l^2}\sin^2\varphi\right) \\ \quad - \dfrac{Gs'}{2g}\dfrac{r^2s}{l^2}\sin 2\varphi\left(1 + \dfrac{1}{2}\dfrac{r^2}{l^2}\sin^2\varphi\right)\dfrac{dx_1}{dt}. \end{cases}$

Dieser Ausdruck ist mit demjenigen identisch, den man durch Addition der Quadrate von 8) und 9) sowie darauffolgende Integration erhalten würde, wenn man einerseits im letzten Gliede die kleine Grösse

$$\frac{1}{2}\frac{r^2}{l^2}\sin^2\varphi$$

vernachlässigt und weiterhin beachtet, dass das Vorzeichen von dx_1 hier notwendig das entgegengesetzte von dx' in 8) infolge der umgekehrten Richtung der Strecken x_1 und x' in den Figuren 31 und 4 sein muss. Da man mit demselben Rechte auch die Grösse

$$\frac{r^2}{l^2}\sin^2\varphi$$

im zweiten Gliede ohne erheblichen Fehler vernachlässigen darf, so kann die kinetische Energie der Schubstange hinreichend genau durch

144a) $\quad J' = \dfrac{G}{2g}\left\{\left(\dfrac{dx_1}{dt}\right)^2 + \dfrac{k'^2}{l^2}r^2\varepsilon^2\cos^2\varphi - \dfrac{s'}{l^2}r^2\varepsilon\sin 2\varphi\,\dfrac{dx_1}{dt}\right\}$

ausgedrückt werden. Daraus folgt aber, dass für die kinetische Energie die Möglichkeit einer Teilung der Schubstangenmasse in einen lediglich rotierenden und einen geradlinig bewegten Betrag, wie wir sie für die Massendrücke als richtig erkannten, nicht existiert. Da trotzdem eine solche Massenverteilung für die Berechnung der kinetischen Energie nicht nur häufig in der Praxis vorgenommen wird und sogar in die Vorlesungen über Mechanik und Maschinenlehre übergegangen ist, so möchte ich nicht unterlassen, den dabei üblichen Gedankengang zu skizzieren. Derselbe beruht zunächst auf der richtigen aus 8) hervorgehenden Thatsache, dass die Vertikalgeschwindigkeit der einzelnen Schubstangenpunkte proportional ihrem Kreuzkopfabstande z ist. Weiterhin aber wird die im allgemeinen unzulässige Annahme gemacht, dass die Verschiedenheiten der Horizontalgeschwindigkeit der einzelnen Stangenpunkte vernachlässigt und dieselbe durchgehends

$$\frac{dx}{dt} = -r\varepsilon \sin\varphi$$

gesetzt werden dürfe, wobei man wohl übersehen hat, dass damit der Einfluss der Stangenlänge auf das Bewegungsgesetz des ganzen Systems überhaupt eliminiert wird. Jedenfalls verschwinden infolge dieser Annäherung alle mit $\sin 2\varphi$ belasteten Glieder und unsere letzte Formel geht über in

$$J' = G\frac{r^2\varepsilon^2}{2g}\left(\sin^2\varphi + \frac{k'^2}{l^2}\cos^2\varphi\right) - \frac{Gr^2\varepsilon^2}{2g}\left(1 - \frac{k'^2}{l^2}\right)\sin^2\varphi + G\frac{r^2\varepsilon^2}{2g}\frac{k'^2}{l^2}.$$

Hierin* bezeichnete man den Betrag

$$G\left(1 - \frac{k'^2}{l^2}\right)$$

als den hin- und hergehenden, $G\frac{k'^2}{l^2}$ dagegen als den rotierenden Teil der ganzen Schubstange. Noch bedenklicher wird dieses Verfahren dadurch, dass man mit den so erhaltenen ungenauen Werten auch noch die damit in gar keinem Zusammenhang stehenden Massendrücke berechnete.

Wir kehren nunmehr zu unserer Aufgabe zurück und erhalten aus den einzelnen Bestandteilen J_0, J' und J'' die gesamte kinetische Energie des einfachen Schubkurbelgetriebes unter Benutzung von Gleichung 3b) zu

144b)
$$\begin{cases} J = \frac{r^2\varepsilon^2}{2g}\Big\{K\frac{k''^2}{r^2} + (P+G)\left(\sin\varphi + \frac{r}{2l}\sin 2\varphi\right)^2 \\ \qquad + G\frac{k'^2}{l^2}\cos^2\varphi \\ \qquad - G\frac{s'r}{l^2}\sin 2\varphi\left(\sin\varphi + \frac{r}{2l}\sin 2\varphi\right)\Big\}, \end{cases}$$

oder, da wir wieder nach erfolgter Quadrierung die mit $\frac{r^2}{l^2}$ behafteten Glieder innerhalb der Klammer vernachlässigen dürfen,

144c)
$$\begin{cases} J = \frac{r^2\varepsilon^2}{2g}\Big\{K\frac{k''^2}{r^2} + (P+G)\sin^2\varphi\left(1 + \frac{2r}{l}\cos\varphi\right) \\ \qquad + G\frac{k'^2}{l^2}\cos^2\varphi - G\frac{s'r}{l^2}\sin\varphi\sin 2\varphi\Big\}, \\ \text{oder} \\ J = \frac{r^2\varepsilon^2}{2g}\Big\{K\frac{k''^2}{r^2} + G\frac{k'^2}{l^2} + \left(P + G - G\frac{k'^2}{l^2}\right)\sin^2\varphi \\ \qquad + 2\frac{r}{l}\left(P + G - G\frac{s'}{l}\right)\sin^2\varphi\cos\varphi\Big\}. \end{cases}$$

---

* Man erkennt, dass die obige Näherungsformel aus 144a) auch mit Vernachlässigung der Differenz $k'^2 : l^2 - s' : l$ abgeleitet werden kann. Die Grösse dieser Differenz bildet mithin ein Kriterium für die Zulässigkeit des oben genannten Näherungsverfahrens.

Für das Kurbelschleifengetriebe wird $r:l = 0$, ausserdem verschwindet G und es bleibt nur

144d) $$J = \frac{r^2 \varepsilon^2}{2g}\left(K \frac{k''^2}{r^2} + P \sin^2\varphi\right).$$

Aus diesen Formeln geht deutlich der Anteil der einzelnen bewegten Teile an der gesamten kinetischen Energie hervor. Auch bietet es keine Schwierigkeit, sie auf mehrkurblige Maschinen auszudehnen, worauf wir später zurückkommen werden. Dagegen dürften an dieser Stelle einige Bemerkungen über den Einfluss ausserhalb der Maschine befindlicher, aber mit ihr rotierender oder in anderweitig zwangläufigem Verband mit dem betrachteten Getriebe bewegter Massen angebracht sein. Am einfachsten liegt der Fall zweifellos bei einer Maschine, aus der überhaupt keine kinetische Energie heraustritt, z. B. einer direkt mit einen Dynamoanker, einem Ventilator oder einer Centrifugalpumpe gekuppelten Dampfmaschine. Ein solcher Körper ist lediglich als fest mit der Maschinenwelle verbundener Bestandteil des ganzen Systems aufzufassen und mit seinem Trägheitsradius in unsere Formel einzuführen. Ähnlich einfach gestalten sich die Verhältnisse bei Kolbenpumpen und Kompressoren, welche mit der Antriebsmaschine entweder durch eine gemeinsame Welle oder auch durch eine gemeinsame Kolbenstange verbunden sind. Hier bilden Welle mit Kurbeln und Schwungrad das rotierende System.

Verwickelter liegen die Verhältnisse indessen schon bei den sogenannten Transmissionsdampfmaschinen für Fabrikbetriebe. Könnte man die zur Energieübertragung benutzten, selbst in meist rascher Bewegung befindlichen Seile oder Riemen als unausdehnbar betrachten und von einem Gleiten derselben auf den Seil- und Riemenscheiben absehen, so wäre auch hier die Rechnung eine sehr einfache, da die Winkelgeschwindigkeit jeder einzelnen Welle in jedem Momente derjenigen der Antriebsmaschine proportional wäre. Wäre also W das Gewicht einer solchen Welle mit allen auf ihr festsitzenden Teilen (Riemscheiben, Kupplungen), k der Trägheitsradius der gesamten Masse und ε' ihre momentane Winkelgeschwindigkeit, so hätte man hierfür nur den Betrag $\frac{W}{2g}k^2\varepsilon'^2$ und für eine Reihe solcher Wellen die Summe $\frac{1}{2g}\Sigma W k^2 \varepsilon'^2$ dem ersten Gliede unserer Energiegleichung hinzuzufügen. Jede solche Winkelgeschwindigkeit ε' wird dann zu derjenigen ε der Antriebsmaschine in einem festen, durch die Durchmesser der beiderseitigen und etwa zwischengeschalteten Riemen- oder Seilscheiben gegebenen Verhältnisse stehen, welches wir mit η bezeichnen wollen. Damit kennen wir aber auch die Geschwindigkeiten u der Seile und Riemen vom Einzelgewichte S, so dass der von diesen herrührende Beitrag zur kinetischen Energie sich zu $\frac{1}{2g}\Sigma S u^2$ berechnet. Im ganzen tritt mithin zu unserer obigen Formel die Summe

$$J_t = \frac{1}{2g}(\Sigma W k^2 \eta^2 \varepsilon^2 + \Sigma S u^2)$$

hinzu. Infolge des Gleitens und der Elastizität der Seile und Riemen wird natürlich dieser Wert ziemlich ungenau, so dass uns kaum etwas anderes als die Einführung eines Koeffizienten $\zeta < 1$ übrig bleiben dürfte, der angiebt, welcher Anteil der kinetischen Energie der Transmission als mit derjenigen der Antriebsmaschine schwankend anzusehen ist. Damit erhalten wir endlich als Zusatz zu unserer Formel:

145) $$J_t = \frac{\zeta}{2g}(\Sigma W k^2 \eta^2 \varepsilon^2 + \Sigma S u^2).$$

Ganz besonders klar tritt der Einfluss anderweitiger Massen in der Bewegung eines Eisenbahnzuges durch die Lokomotive hervor, wenn wir auch hier von der Elastizität der Kupplungen und der Puffer zwischen den einzelnen Fahrzeugen sowie von dem geringfügigen Gleiten der Lokomotivtreibräder absehen. Die kinetische Energie des ganzen Zuges (abgesehen von der Dampfmaschine auf der Lokomotive) besteht hier aus zwei Teilen, von denen einer auf die fortschreitende Geschwindigkeit des Zuges in der Bahn, der andere von der Rotation der Räder herrührt. Die Berechnung bietet ebenso wenig Schwierigkeiten, wie beim vorigen Beispiele und führt in diesem Fall auf einen so grossen Zusatzbetrag, dass dagegen die Bewegungsenergie der eigentlichen Dampfmaschine ganz zurücktritt. Ob damit noch die Möglichkeit grösserer Schwankungen in der Winkelgeschwindigkeit der Treibräder bestehen bleibt, hängt allerdings von deren Belastung, welche das Gleiten verhindert, ab und dürfte bei leicht gebauten Lokomotiven, sowie bei feuchten Schienen noch immer zu befürchten sein.

Eine praktische Probe dieser Überlegung ergiebt die Betrachtung eines eine leicht geneigte Strecke unter abgestelltem Dampf und zunächst noch nicht anliegenden Bremsklötzen fahrenden Eisenbahnzuges. Man erkennt sofort, dass die Treibräder der Lokomotive sich hierbei mit der Zuggeschwindigkeit selbst drehen, ebenso wie auch alle Räder der einzelnen Wagen. Daraus ergiebt sich, dass der Vorgang der Energieübertragung von der Lokomotivmaschine auf den ganzen Zug ein nahezu vollkommen umkehrbarer ist und dass jedenfalls, wenn wir auch für diesen Fall die Gleichung 145) (worin nunmehr W das Gewicht einer Radaxe, k sein Trägheitshalbmesser, S das Wagengewicht und u die fortschreitende Geschwindigkeit bedeuten) benutzen, der Koeffizient ζ sehr nahe $= 1$ sein dürfte. Dann wird aber bei der grossen Masse insbesondere der ΣS die Winkelgeschwindigkeit ε während einer Umdrehung nur sehr geringe Schwankungen erleiden und dürfte praktisch in diesem Falle als konstant anzusehen sein.

Dieselbe Überlegung giebt uns auch Aufschluss über die Wirkung der Schiffskörper auf die Winkelgeschwindigkeit der Antriebsmaschine. Hier ist der Zusammenhang zwischen dem Wasser und Propeller —

sei derselbe nun ein Schaufelrad oder eine Schraube — bei weitem nicht so innig, wie der durch das Fahrzeuggewicht vermehrte zwischen Rad und Schiene auf der Eisenbahn. Schleppt man daher ein Schiff, so wird erst nach Überschreiten einer bestimmten Geschwindigkeit der Propeller und mit ihm die Maschine sich zu drehen beginnen, niemals aber eine der Schiffsgeschwindigkeit entsprechende Umdrehungszahl erreichen. Bekanntlich tritt dieser Umstand bei dem von der eigenen Maschine getriebenen Schiff in einer Geschwindigkeitsdifferenz zwischen Propellerumfang und Schiff, dem sog. Slip zu Tage. Der Energieaustausch zwischen der Maschine und dem Schiff kann darum nicht als ein umkehrbarer bezeichnet, also auch nicht erwartet werden, dass die Veränderungen in der Winkelgeschwindigkeit sich auf das ganze Schiff übertragen, bezw. dass die kinetische Energie des letzteren diese Schwankungen merklich vermindert. Dieselben dürften darum auch lediglich Veränderungen der treibenden Kraft und mit diesen z. B. bei Schraubenschiffen Longitudinal- und Transversalschwingungen des ganzen Schiffskörpers zur Folge haben.

Nach diesen Bemerkungen wollen wir noch die kinetische Energie für ein System von n parallelen Getrieben berechnen, deren Kurbeln gegen die erste um die Winkel $\alpha_2 \alpha_3 \ldots \alpha_n$ geschränkt sind. Zu diesem Zwecke wollen wir zunächst unsere letzte Gleichung 144c) dadurch umformen, dass wir

$$\sin^2\varphi = \frac{1}{2} - \frac{1}{2}\cos 2\varphi,$$

$$2\sin^2\varphi \cos\varphi = \frac{1}{2}\cos\varphi - \frac{1}{2}\cos 3\varphi$$

setzen und erhalten

144e)
$$\begin{cases} J = \frac{r^2 \varepsilon^2}{2g} \Big\{ K \frac{k''^2}{r^2} + \frac{1}{2}\Big(P + G + G\frac{k'^2}{l^2}\Big) \\ \qquad - \frac{1}{2}\Big(P + G - G\frac{k'^2}{l^2}\Big)\cos 2\varphi \\ \qquad + \frac{1}{2}\frac{r}{l}\Big(P + G - G\frac{s'}{l}\Big)(\cos\varphi - \cos 3\varphi)\Big\}. \end{cases}$$

Der Einfachheit halber sei hierin

146) $\qquad \dfrac{K}{g}\dfrac{k''^2}{r^2} = M_0,$

147) $\qquad \dfrac{1}{2g}\Big(P + G + G\dfrac{k'^2}{l^2}\Big) = m,$

148) $\qquad \dfrac{1}{2g}\Big(P + G - G\dfrac{k'^2}{l^2}\Big) = m',$

149) $\qquad \dfrac{1}{2g}\dfrac{r}{l}\Big(P + G - G\dfrac{s'}{l}\Big) = m'',$

womit die obige Formel übergeht in

150) $\quad J = \dfrac{r^2\varepsilon^2}{2}\big\{M_0 + m - m'\cos 2\varphi + m''(\cos\varphi - \cos 3\varphi)\big\}.$

Setzen wir hierin überall $\varphi + \alpha$ statt φ, und summieren, so erhalten wir für die kinetische Energie eines Systems von n Getrieben mit demselben Kurbelradius r

150a) $\quad \Sigma J = \frac{r^2 \varepsilon^2}{2} \{ M_0 + \Sigma m - \Sigma m' \cos 2(\varphi + \alpha)$
$\qquad + \Sigma m'' [\cos(\varphi + \alpha) - \cos 3(\varphi + \alpha)] \},$

oder nach Auflösung der Winkelfunktionen

151) $\quad \begin{cases} \Sigma J = \frac{r^2 \varepsilon^2}{2} \{ M_0 + \Sigma m - \cos 2\varphi \, \Sigma m' \cos 2\alpha \\ \qquad + \sin 2\varphi \, \Sigma m' \sin 2\alpha \\ \qquad + \cos \varphi \, \Sigma m'' \cos \alpha - \sin \varphi \, \Sigma m'' \sin \alpha \\ \qquad - \cos 3\varphi \, \Sigma m'' \cos 3\alpha + \sin 3\varphi \, \Sigma m'' \sin 3\alpha \}. \end{cases}$

Ist unser System nach Schlickscher Methode ausgeglichen, so verschwinden zunächst wegen Gleichung 29a) die Summen

$\Sigma m'' \cos \alpha \quad$ und $\quad \Sigma m'' \sin \alpha.$

Weiter aber haben wir

152) $\quad m' = \frac{l}{r} m'' + \frac{G}{2g} \left(\frac{s'}{l} - \frac{k'^2}{l^2} \right) = \frac{l}{r} m'' + m''',$

also

$\Sigma m' \cos 2\alpha = \frac{l}{r} \Sigma m'' \cos 2\alpha + \Sigma m''' \cos 2\alpha;$

$\Sigma m' \sin 2\alpha = \frac{l}{r} \Sigma m'' \sin 2\alpha + \Sigma m''' \sin 2\alpha.$

Erstreckt sich nun der Ausgleich auch auf die Wirkung der Schubstange, so fallen nach Gleichung 30a) noch die Summen

$\Sigma m'' \cos 2\alpha \quad$ und $\quad \Sigma m'' \sin 2\alpha$

fort und so bleibt

153) $\quad \begin{cases} \Sigma m' \cos 2\alpha = \Sigma m''' \cos 2\alpha, \\ \Sigma m' \sin 2\alpha = \Sigma m''' \sin 2\alpha, \end{cases}$

worin wegen 152)

$m''' = \frac{G}{2g} \left(\frac{s}{l} - \frac{k'^2}{l^2} \right).$

Wir können demnach für ein ausgeglichenes System statt 151) schreiben

154) $\begin{cases} \Sigma J = \frac{r^2 \varepsilon^2}{2} \{ M_0 + \Sigma m - \cos 2\varphi \, \Sigma m''' \cos 2\alpha + \sin 2\varphi \, \Sigma m''' \sin 2\alpha \\ \qquad - \cos 3\varphi \, \Sigma m'' \cos 3\alpha + \sin 3\varphi \, \Sigma m'' \sin 3\alpha \} \end{cases}$

und, wenn noch alle Schubstangen gleich dimensioniert sind,

154a) $\begin{cases} \Sigma J = \frac{r^2 \varepsilon^2}{2} \{ M_0 + \Sigma m - m''' \cos 2\varphi \, \Sigma \cos 2\alpha + m''' \sin 2\varphi \, \Sigma \sin 2\alpha \\ \qquad - \cos 3\varphi \, \Sigma m'' \cos 3\alpha + \sin 3\varphi \, \Sigma m'' \sin 3\alpha \}. \end{cases}$

Hierin würden, wenn die oben erwähnte Vernachlässigung der Differenz

$s : l - k'^2 : l^2$

zulässig erscheint, die mit $\cos 2\varphi$ und $\sin 2\varphi$ behafteten Glieder verschwinden und nur die mit $\cos 3\varphi$ und $\sin 3\varphi$ behafteten Veränderungen der kinetischen Energie bedingen. Jedenfalls ergiebt sich aus den obigen Entwickelungen deutlich der Einfluss der hin- und hergehenden Massen auf diese Energiegrösse, welcher bisher nicht immer richtig beurteilt worden ist.

Die vorstehenden Ausdrücke können unmittelbar in die Energiegleichung eintreten, wenn der am Kurbelzapfen zu überwindende Widerstand lediglich von der Kurbelstellung abhängt, nicht aber eine Funktion der Geschwindigkeit ist. Alsdann darf die Energiegleichung, wie wir sehen werden, sofort in endlicher Form hingeschrieben werden. So häufig dies nun eintritt, so müssen wir doch auch solche Fälle berücksichtigen, in denen die Widerstandsarbeit nicht als Kräftefunktion angesehen werden kann, so dass man sich genötigt sieht, die Kräfte selbst in die Gleichung einzuführen. Für die kinetische Energie tritt alsdann ihr Zuwachs bei der Drehung der Welle um einen kleinen Winkel $d\varphi$, der sich für das Einzelgetriebe aus 150) durch Differentiation nach φ ergiebt zu

$$150\,\text{a}) \begin{cases} \dfrac{dJ}{d\varphi} = \dfrac{r^2}{2}\dfrac{d\varepsilon^2}{d\varphi}\left\{M_0 + m - m'\cos 2\varphi + m''(\cos\varphi - \cos 3\varphi)\right\} \\ + \dfrac{r^2\varepsilon^2}{2}\left\{2m'\sin 2\varphi - m''(\sin\varphi - 3\sin 3\varphi)\right\}. \end{cases}$$

Ebenso erhalten wir für ein System von n parallelen Getrieben aus 151)

$$151\,\text{a}) \begin{cases} \dfrac{d\Sigma J}{d\varphi} = \dfrac{r^2}{2}\dfrac{d\varepsilon^2}{d\varphi}\Big\{M_0 + \Sigma m - \cos 2\varphi\Sigma m'\cos 2\alpha + \sin 2\varphi\Sigma m'\sin 2\alpha \\ \qquad + \cos\varphi\Sigma m''\cos\alpha - \sin\varphi\Sigma m''\sin\alpha \\ \qquad - \cos 3\varphi\Sigma m''\cos 3\alpha + \sin 3\varphi\Sigma m''\sin 3\alpha\Big\} \\ + \dfrac{r^2\varepsilon^2}{2}\Big\{2\sin 2\varphi\Sigma m'\cos 2\alpha + 2\cos 2\varphi\Sigma m'\sin 2\alpha \\ \qquad - \sin\varphi\Sigma m''\cos\alpha - \cos\varphi\Sigma m''\sin\alpha \\ \qquad + 3\sin 3\varphi\Sigma m''\cos 3\alpha + 3\cos 3\varphi\Sigma m''\sin 3\alpha\Big\}, \end{cases}$$

und schliesslich, wenn dieses System nach Schlick ausgeglichen und alle Schubstangen gleich bemessen sind, aus 154a)

$$154\,\text{b}) \begin{cases} \dfrac{d\Sigma J}{d\varphi} = \dfrac{r^2}{2}\dfrac{d\varepsilon^2}{d\varphi}\Big\{M_0 + \Sigma m - m'''\cos 2\varphi\Sigma\cos 2\alpha + m'''\sin 2\varphi\Sigma\sin 2\alpha \\ \qquad - \cos 3\varphi\Sigma m''\cos 3\alpha + \sin 3\varphi\Sigma m''\sin 3\alpha\Big\} \\ + \dfrac{r^2\varepsilon^2}{2}\Big\{2m'''\sin 2\varphi\Sigma\cos 2\alpha + 2m'''\cos 2\varphi\Sigma\sin 2\alpha \\ \qquad + 3\sin 3\varphi\Sigma m''\cos 3\alpha + 3\cos 3\varphi\Sigma m''\sin 3\alpha\Big\}. \end{cases}$$

Die Verwendung dieser Formeln an Beispielen werden wir später im Verein mit den Gesetzen der treibenden Kraft und des Widerstandes kennen lernen.

11. Die potentielle Energie im Kurbelgetriebe. Die Bewegungen im Kurbelgetriebe haben naturgemäss Veränderungen in der Höhenlage der Schwerpunkte der einzelnen Getriebeteile sowie des Gesamtschwerpunktes zur Folge, die sich in der Aufnahme bezw. Abgabe von Energie durch das Getriebe geltend machen. Um diese Thatsache in unseren Berechnungen zum Ausdruck zu bringen, benötigen wir nur die Kenntnis der potentiellen Energie des Systems in ihrer Abhängigkeit von der Kurbelstellung. Wir bezeichnen die-

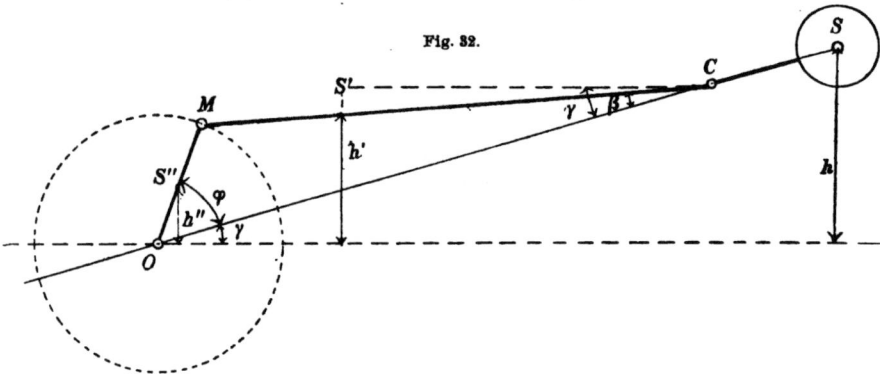

Fig. 32.

selbe in irgend einer Lage mit V und können ihren Wert sofort ermitteln, indem wir das Gewicht jedes Einzelteiles mit seiner Schwerpunktshöhe über einem beliebigen, aber festen Horizont multiplizieren und alle diese Produkte addieren. Durch Hinzutreten einer Konstante C werden wir alsdann der Willkürlichkeit des gewählten Horizontes gerecht.

Wir betrachten zunächst wie in § 3 ein Getriebe, dessen Bewegungsebene vertikal stehen möge, während die Bewegungsrichtung des Gleitstückes mit dem Horizont den Winkel γ bildet (Fig. 32). Benutzen wir ferner die früher gebrauchten Bezeichnungen, d. i. h für die augenblickliche Höhe des Schwerpunktes des Gleitstückes (Kreuzkopfes) mit Kolbenstange und Kolben, zusammen vom Gewichte P über dem Horizont durch die Drehaxe, h' für die entsprechende der Schubstange G und h'' für die der Kurbel K, weiter mit s, s', s'' die Schwerpunktsabstände dieser Teile vom Gleitstück bezw. der Drehaxe, so haben wir

155) $\quad \begin{cases} h = (s + r\cos\varphi + l\cos\beta)\sin\gamma, \\ h' = (r\cos\varphi + l\cos\beta)\sin\gamma - s'\sin(\gamma - \beta) \\ h'' = s''\sin(\varphi + \gamma) \end{cases}$

und damit die potentielle Energie des ganzen Systems:

Der Energieaustausch.

$$V = C + P(s + r\cos\varphi + l\cos\beta)\sin\gamma + Ks''\sin(\varphi + \gamma)$$
$$+ G(r\cos\varphi + l\cos\beta)\sin\gamma - Gs'\sin(\gamma - \beta).$$

Setzen wir hierin, wie früher, $\sin\beta = \frac{r}{l}\sin\varphi$ und angenähert

$$\cos\beta = 1 - \frac{1}{2}\frac{r^2}{l^2}\sin^2\varphi$$
$$= 1 - \frac{1}{4}\frac{r^2}{l^2} + \frac{1}{4}\frac{r^2}{l^2}\cos 2\varphi,$$

so wird

$$V = C + Ps\sin\gamma + (Pl + Gl - Gs')\left(1 - \frac{1}{4}\frac{r^2}{l^2}\right)\sin\gamma$$
$$+ (Pr + Gr + Ks'')\cos\varphi\sin\gamma + \left(Ks'' + Gs'\frac{r}{l}\right)\sin\varphi\cos\gamma$$
$$+ \frac{1}{4}\left(Pr + Gr - G\frac{s'r}{l}\right)\frac{r}{l}\cos 2\varphi\sin\gamma$$

und schliesslich bleibt, wenn wir die Konstante C so bestimmen, dass

$$C + Ps\sin\gamma + (Pl + Gl + Gs')\left(1 - \frac{1}{4}\frac{r^2}{l^2}\right)\sin\gamma = 0,$$

156) $\begin{cases} V = (Pr + Gr + Ks'')\cos\varphi\cdot\sin\gamma + \left(Ks'' + Gs'\frac{r}{l}\right)\sin\varphi\cdot\cos\gamma \\ + \frac{1}{4}\left(Pr + Gr - G\frac{s'r}{l}\right)\frac{r}{l}\cos 2\varphi\cdot\sin\gamma. \end{cases}$

Für ein System von n an derselben Welle angreifenden Getrieben mit den Schränkungswinkeln $\alpha_2\alpha_3\ldots\alpha_n$ gegen die erste Kurbel haben wir zu berücksichtigen, dass dem Wege von 0 bis φ der ersten Kurbel ein Weg von α_i bei $\varphi + \alpha_i$ der i^{ten} Kurbel entspricht. Setzen wir nach der Summierung der so gebildeten Ausdrücke wieder die Summe aller konstanten Glieder $= 0$, so bleibt als Ausdruck für die potentielle Energie unseres Systems

157) $\begin{cases} \Sigma V = \cos\varphi\cdot\sin\gamma\, \Sigma(Pr + Gr + Ks'')\cos\alpha \\ + \sin\varphi\cdot\sin\gamma\, \Sigma(Pr + Gr + Ks'')\sin\alpha \\ + \sin\varphi\cos\gamma\, \Sigma\left(Ks'' + Gs'\frac{r}{l}\right)\cos\alpha \\ + \cos\varphi\sin\gamma\, \Sigma\left(Ks'' + Gs'\frac{r}{l}\right)\sin\alpha \\ + \frac{1}{4}\cos 2\varphi\sin\gamma\, \Sigma\left(Pr + Gr - G\frac{s'r}{l}\right)\frac{r}{l}\cos 2\alpha \\ + \frac{1}{4}\sin 2\varphi\sin\gamma\, \Sigma\left(Pr + Gr - G\frac{s'r}{l}\right)\frac{r}{l}\sin 2\alpha. \end{cases}$

Wäre die Maschine nach Schlick ausgeglichen, so würden alle die einzelnen Σ verschwinden, d. h. die potentielle Energie erleidet alsdann keine Veränderungen und tritt in die Energiegleichung überhaupt nicht ein. Es liegt auf der Hand, dass wir auch auf diese Weise, d. h. aus der Unveränderlichkeit der potentiellen Energie die Schlickschen Bedingungsgleichungen hätten ableiten können.

86   Kapitel II.

Aus der allgemeinen Formel für das einzelne Getriebe können wir nunmehr sofort die potentielle Energie für zwei wichtige Spezialfälle gewinnen. Für horizontale oder liegende Maschinen wird nämlich $\gamma = 0$ und 156) geht über in

156a) $$V = \left(Ks'' + Gs'\frac{r}{l}\right)\sin\varphi.$$

Für vertikale oder stehende Maschinen, wie sie auf Schiffen vorwiegend verwendet werden, haben wir dagegen mit $\gamma = 90^0$

156b) $$\begin{cases} V = (Pr + Gr + Ks'')\cos\varphi \\ \quad + \frac{1}{4}\left(Pr + Gr - G\frac{s'r}{l}\right)\frac{r}{l}\cos 2\varphi. \end{cases}$$

Erscheint es infolge der Abhängigkeit des Widerstandes von der Geschwindigkeit unzulässig, die Energiegleichung in endlicher Form anzuschreiben, so ist es auch für die potentielle Energie, ebenso wie für die kinetische notwendig, ihren Differentialquotienten nach φ einzuführen und alsdann die erhaltene Differentialgleichung zu integrieren. Da die vorstehenden Ausdrücke lediglich Funktionen des Winkels φ darstellen, so können wir auf die Ausführung dieser einfachen Operation hier verzichten.

Beispiel I. Es sei eine liegende Eincylindermaschine mit Kondensation gegeben, welche mit $n = 75$ Umdrehungen in der Minute ca. 150 PS$_0$ leistet. Bei einem Hube von $2r = 1$ m entspricht dies einem mittleren Tangentialdruck (siehe den folgenden Paragraph) am Kurbelzapfen von etwa $T_m = 2860$ kg. Das auf den Kurbelzapfen reducirte Gewicht der nicht ausbalancierten Kurbel sei $K\frac{s''}{r} = 120$ kg, dasjenige der Schubstange von der Länge $l = 2,5$ m und dem Schwerpunktsabstand $s' = 1,5$ m vom Kreuzkopf dagegen $G = 250$ kg; wovon auf den Kreuzkopf demnach $G\frac{l-s'}{l} = 100$ kg, auf den Kurbelzapfen

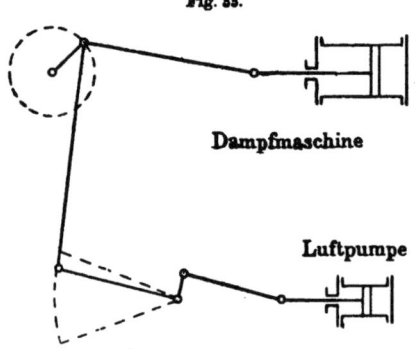

Fig. 33.

Dampfmaschine

Luftpumpe

dagegen $G\frac{s'}{l} = 150$ kg kommen. Mit diesen Werten ergiebt sich aus 156a) ein Gegendruck der Gewichte beim Heben derselben im Drehkraftdiagramm von

$$\frac{1}{r}\frac{dV}{d\varphi} = 270 \text{ kg} \cos\varphi,$$

also schon bis zu 10 % des mittleren wirksamen Tangentialdruckes. Noch verstärkt wird dieser Einfluss durch die Getriebeteile der in Fig. 33 angedeuteten Kondensation, deren Balancier so lang sein möge, dass wir den von seinem äusseren Ende beschriebenen Bogen als nahezu geradlinig auffassen dürfen, während die Vertikalbewegungen der leichten am anderen Hebelarm angreifenden Schubstange der Luftpumpe ausser acht gelassen werden können. Belastet der Balancier das erstgenannte Ende mit $P' = 50$ kg, wozu noch etwa die Hälfte der nach oben

Der Energieaustausch. 87

arbeitenden Treibstange vom Gewichte $G_0 = 100$ kg tritt, während die andere Hälfte auf dem Kurbelzapfen ruhend zu denken ist, so haben wir bei einer Länge dieser Stange von $l' = 3$ m, also $r : l' = 1 : 6$ nach Gleichung 156b) mit $\gamma = -90°$ und Einsetzen von $\varphi + 90°$ statt φ

$$\frac{1}{r}\frac{dV'}{d\varphi} = 100\left(\sin(\varphi + 90) + \frac{1}{12}\sin(2\varphi + 180)\right) + 50 \sin(\varphi + 90)$$

oder unter gleichzeitiger Vernachlässigung des hier sehr geringen Einflusses der Stangenlänge

$$\frac{1}{r}\frac{dV'}{d\varphi} = 150 \text{ kg } \cos\varphi,$$

so dass wir eine Gesamtwirkung von

$$\frac{1}{r}\left(\frac{dV}{d\varphi} + \frac{dV'}{d\varphi}\right) = (270 + 150) \cos\varphi = 420 \text{ kg } \cos\varphi$$

erhalten, deren Vernachlässigung keinesfalls zulässig sein dürfte, wenn auch eine zeichnerische Darstellung angesichts der einfachen Form dieser Grösse hier unterbleiben kann.

Beispiel II. Noch stärker tritt naturgemäss der Einfluss der Gewichte bei stehenden Maschinen hervor. Wir wollen als Beispiel ein Getriebe einer mehrcylindrigen Schiffsmaschine (siehe Fig. 84) betrachten, welches mit 75 Umdrehungen in der Minute 1000 PS_e auf die Welle überträgt. Bei einem Hube von $2r = 1,2$ m entspricht dies einer mittleren Drehkraft von ca. $T_m = 15900$ kg am Kurbelzapfen. Das Gesamtgewicht von Kolben, Kolbenstange und Kreuzkopf betrage $P_1 = 2000$ kg, dasjenige der Schubstange von der Länge $l = 2,4$ m (also $r : l = 1 : 4$) ca. $G = 1500$ kg und schliesslich das der nicht ausbalancierten Kurbel ebensoviel, also $K = 1500$ kg. Der Schwerpunkt der Schubstange sei um $s' = 1,6$ m vom Kreuzkopfzapfen, derjenige der Kurbel um $s'' = 0,4$ vom Wellenmittel entfernt. Mit diesen Werten ergiebt unsere Formel 156b) für die tangentiale hier den Dampfdruck zunächst unterstützende Gewichtswirkung

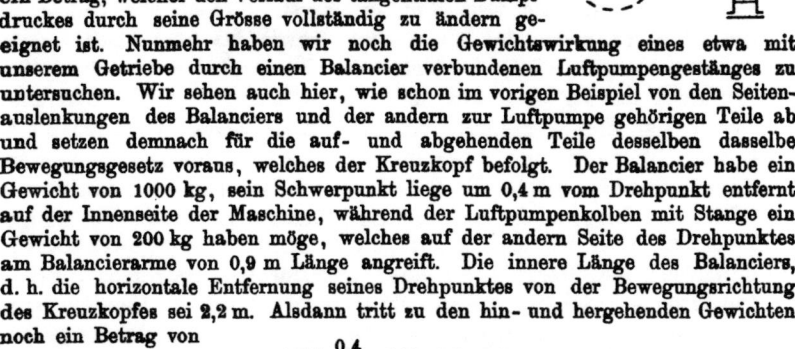

Fig. 84.

$$\frac{1}{r}\frac{dV}{d\varphi} = -4500 \text{ kg } \sin\varphi - 312 \text{ kg } \sin 2\varphi,$$

ein Betrag, welcher den Verlauf des tangentialen Dampfdruckes durch seine Grösse vollständig zu ändern geeignet ist. Nunmehr haben wir noch die Gewichtswirkung eines etwa mit unserem Getriebe durch einen Balancier verbundenen Luftpumpengestänges zu untersuchen. Wir sehen auch hier, wie schon im vorigen Beispiel von den Seitenauslenkungen des Balanciers und der andern zur Luftpumpe gehörigen Teile ab und setzen demnach für die auf- und abgehenden Teile desselben dasselbe Bewegungsgesetz voraus, welches der Kreuzkopf befolgt. Der Balancier habe ein Gewicht von 1000 kg, sein Schwerpunkt liege um 0,4 m vom Drehpunkt entfernt auf der Innenseite der Maschine, während der Luftpumpenkolben mit Stange ein Gewicht von 200 kg haben möge, welches auf der andern Seite des Drehpunktes am Balancierarme von 0,9 m Länge angreift. Die innere Länge des Balanciers, d. h. die horizontale Entfernung seines Drehpunktes von der Bewegungsrichtung des Kreuzkopfes sei 2,2 m. Alsdann tritt zu den hin- und hergehenden Gewichten noch ein Betrag von

$$1000 \cdot \frac{0,4}{2,2} - 200 \cdot 0,9 \sim 0,$$

so dass wir in diesem Falle, in dem wir noch stillschweigend annehmen, dass die Verbindungsschnallen des Balanciers mit dem Kreuzkopf sich mit der Luftpumpenschubstange ausgleichen, vom Luftpumpengestänge überhaupt absehen dürfen.

Jedenfalls aber ist die oben berechnete Gewichtswirkung des Hauptgetriebes in hohem Grade der Beachtung wert, und es kann nur gebilligt werden, wenn man in englischen Fabriken sich daran gewöhnt hat, dieses Diagramm sogleich mit demjenigen des wirksamen Dampfdruckes zu vereinigen.

12. Die Arbeit der treibenden Kraft. Während wir die bisher gewonnenen Ausdrücke für die kinetische und potentielle Energie eines oder mehrer Kurbelgetriebe unmittelbar und mit beliebiger Genauigkeit aus der augenblicklichen Konfiguration des Systems ableiten konnten, ist dieses Verfahren auf die Arbeit der treibenden Kraft wenigstens im allgemeinen nicht mehr anwendbar. Es liegt dies einfach daran, dass diese Kräfte auch im Beharrungszustande sich nach Gesetzen ändern, welche mathematisch nicht definiert, sondern nur graphisch darstellbar sind. Beispielsweise in der Dampfmaschine bleibt der Druck während der sogenannten Admissionsperiode nahezu konstant und nimmt in der darauffolgenden Expansionsperiode nach einem Gesetze ab, welches fast genau mit dem nach Mariotte benannten, für vollkommene Gase streng giltigen übereinstimmt. Kurz vor Beendigung eines Hubes wird das Auslassorgan geöffnet und der Druck sinkt bis zum Hubende des Kolbens bis auf die Austrittsspannung, die bei Auspuffmaschinen wenig über dem Atmosphärendrucke, bei Kondensationsmaschinen etwas über der im Kondensator herrschenden meist niedrigen Spannung liegt. Während des Kolbenrückganges bleibt diese Austrittsspannung unverändert, bis das Auslassorgan wieder geschlossen und der noch im Cylinder befindliche Dampf im sog. schädlichen Raum komprimiert wird. Auch diese Zustandsänderung befolgt angenähert das Mariottesche Gesetz; nach ihrer Vollendung wird schliesslich durch Öffnen des Einlassorgans die Verbindung des Cylinderinnern mit der Dampfzuflussleitung wieder hergestellt und damit der anfängliche Druck wieder erreicht. Kennt man nun diesen sogenannten Admissionsdruck sowie die Ausschubspannung, sind weiterhin diejenigen Stellen des Hubes genau festgelegt, an denen das Einlassorgan sowie das Auslassorgan geöffnet und geschlossen wird, so bietet die Konstruktion des theoretischen Verlaufes des Druckes mit der Kolbenstellung keine Schwierigkeiten. Leider hat dies Verfahren für die Praxis wenig Wert, da die fraglichen Öffnungen und Abschlüsse naturgemäss niemals momentan erfolgen können, mithin die Schnittpunkte der einzelnen Linien des so erhaltenen Diagramms nicht scharf, sondern als sanfte Übergänge erscheinen. Man ist darum auf solche Diagramme angewiesen, welche durch ein am Maschinencylinder angebrachtes Instrument, den sog. Indikator selbstthätig aufgezeichnet werden und ein ziemlich genaues Bild von den Änderungen des Druckes mit dem Kolbenwege geben. Da die Ordinaten in diesen Indikatordiagrammen den Pressungen im Cylinder, die Abscissen dagegen den Kolbenwegen proportional sind, so ergiebt die von der Druckkurve umschlossene Fläche ein Maß für die geleistete Arbeit.

Handelt es sich, wie normal, um doppelt wirkende Maschinen, so steht dem besprochenen Diagramme ein meist gleichgestaltetes, aber in umgekehrter Lage befindliches, der anderen Cylinderseite entnommenes Diagramm gegenüber, dessen Ausschub- und Kompressionslinie zugleich den Gegendruck während der Admission und Expansion im ersten Diagramme darstellen. Dementsprechend müssen wir, um das wirkliche Kräftespiel in der Maschine zu verfolgen, diesen Gegendruck auch mit der eben erwähnten Drucklinie vereinigen und erhalten so aus zwei Indikatordiagrammen (Figur 35) das Kolbendruckdiagramm (Figur 36), welches wie ersichtlich einen positiven und einen negativen Arbeitsbetrag für den Gesamthub enthält. Bezeichnet man nun den momentanen Kolbendruck pro 1 qcm der

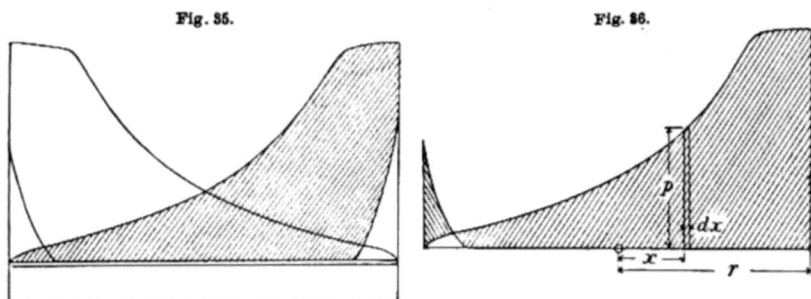

Fig. 35. Fig. 36.

Fläche F mit p, so ist die auf dem Wege $-dx$ geleistete Arbeit $-Fpdx$, mithin die vom Totpunkte bis zur Kolbenstellung x, welche, wie früher, von der Mittellage aus gerechnet werden mag, geleistete Arbeit

$$L_x = -F\int_r^x p\,dx.$$

Hierin könnte man den Wert des Integrales durch Planimetrieren für jede Kolbenstellung bestimmen und hätte nur für den Kolbenrückgang zu beachten, dass dort sich die Richtung der Kraft Fp umkehrt, also p das Vorzeichen wechselt. Gerade dieser Umstand erschwert nun die weitere Behandlung des Energieaustausches, da er uns zwingt, jeden Einzelhub für sich zu untersuchen. Ganz besonders lästig wird dies Verfahren bei mehrcylindrigen Maschinen, so dass wir, um der mit dem Vorzeichenwechsel verbundenen Unstetigkeit enthoben zu sein, statt der Kolbenkraft den durch dieselbe hervorgerufenen sogenannten Tangentialdruck T am Kurbelzapfen einführen wollen. Da die vom Tangentialdruck auf dem Wege $rd\varphi$ geleistete Elementararbeit mit der von der Kolbenkraft geleisteten Arbeit übereinstimmen muss, so haben wir in Figur 37:

$$Tr\, d\varphi = -Fp \cdot dx$$

oder, da laut Gleichung 1):

$$\frac{dx}{d\varphi} = -r\sin\varphi - l\sin\beta \frac{d\beta}{d\varphi}$$

und wegen 2)

$$\frac{d\beta}{d\varphi} = \frac{r}{l}\frac{\cos\varphi}{\cos\beta}$$

158) $$T = F \cdot p \frac{\sin(\varphi + \beta)}{\cos\beta}.$$

Verlängert man nun die Axe der Schubstange über den Kurbelzapfen hinaus, bis sie die Normale auf der Bewegungsrichtung OC in A

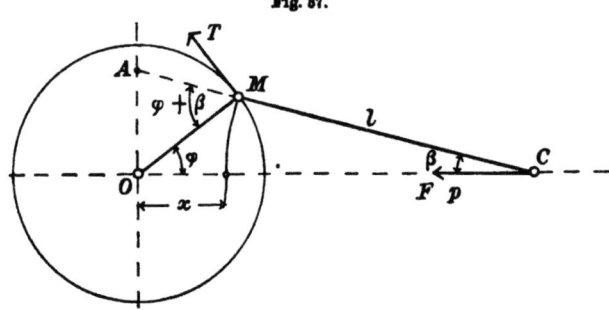

Fig. 87.

schneidet, so ist in dem rechtwinkligen Dreieck OAC der Winkel $\angle OAC = 90 - \beta$, also

$$\cos\beta = \sin O\widehat{A}C = \sin O\widehat{A}M$$

und weiter $\angle O\widehat{M}A = \varphi + \beta$, also

$$\sin(\varphi + \beta) = \sin O\widehat{M}A.$$

Dies führt aber in $\triangle OAM$ auf die Beziehung:

158a) $$\frac{T}{Fp} = \frac{\sin OMA}{\sin OAM} = \frac{\overline{OA}}{\overline{OM}} = \frac{\overline{OA}}{r};$$

d. h. der Tangentialdruck verhält sich zum Kolbendruck wie das von der Schubstange abgeschnittene Stück des Lotes durch das Wellenmittel zum Kurbelradius.

Dieser übrigens schon längst bekannte und in der Technik benutzte Satz erlaubt uns nun eine äusserst bequeme Konstruktion des Tangentialdruckdiagramms aus dem Kolbenkraftdiagramme (Fig. 36), wobei naturgemäss als Abscisse die Kurbelwege $r\varphi$ und für den Kolbenrückgang das der Fig. 36 entsprechende Gegendiagramm benutzt werden müssen.

Es erscheint übrigens zweckmässig, vor Ausführung dieser Konstruktion das Verhältnis Gleichung 158a) zunächst als Funktion der

Kurbelstellung zu verzeichnen, was in Fig. 38 geschehen ist, und zwar für einen Wert $r : l = 1 : 4$. Man erkennt aus diesem Diagramm, dass sich der Verlauf des Verhältnisses $T : F \cdot p$ auch mit grosser Annäherung durch

158 b) $\qquad \dfrac{T}{Fp} = \sin\varphi + \dfrac{1}{2}\dfrac{r}{l}\sin 2\varphi$

in Übereinstimmung mit unserer früheren Näherungsgleichung 3b) darstellen lässt. Aus diesem Grunde habe ich auch die beiden Kurven

$$\sin\varphi \quad \text{und} \quad \dfrac{1}{2}\dfrac{r}{l}\sin 2\varphi$$

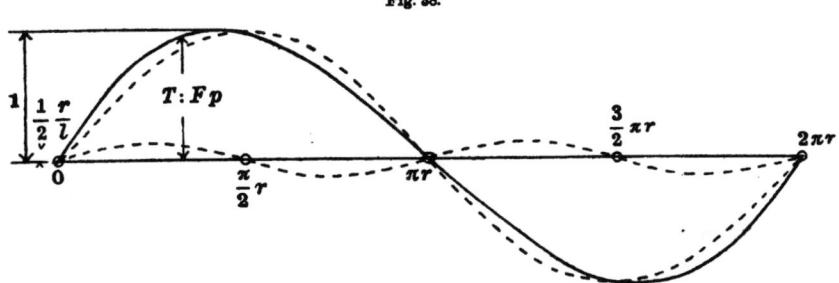

Fig. 38.

in das Diagramm (Fig. 38) eingetragen. Wäre der Kolbendruck Fp konstant, wie es einer sog. Volldruckdampfmaschine ohne Kompression oder auch einer Wasserpumpe entspricht, so würde unsere Figur 38,

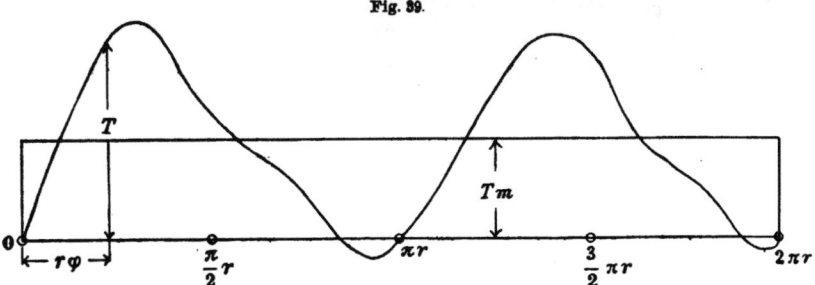

Fig. 39.

nachdem wir nach den dem Kolbenrückgang (von πr bis $2\pi r$) entsprechenden Teil umgekehrt hätten, sofort deren Tangentialdruckdiagramm darstellen. Diese Umkehrung vollzieht sich in Wirklichkeit durch den Vorzeichenwechsel von $F \cdot p$, so dass wir für unser Kolbendruckdiagramm (Figur 36) ein Tangentialdruckdiagramm nach Figur 39 erhalten würden. Dasselbe ist, wie ohne weiteres ersichtlich, infolge der Wirkung der endlichen Schubstangenlänge, für die beiden Hälften der Umdrehung nicht gleich gestaltet.

Im Beharrungszustande der Maschine wiederholt sich alsdann der durch Fig. 38 dargestellte Verlauf des Tangentialdruckes mit jeder Umdrehung, so dass wir es offenbar mit einer periodischen Funktion vom Kurbelwinkel φ zu thun haben. Als solche können wir aber den Tangentialdruck T durch eine Reihe von der Form

159) $$\begin{cases} T = A_0 + A_1\cos\varphi + A_2\cos 2\varphi + A_3\cos 3\varphi + \cdots \\ \quad + B_1\sin\varphi + B_2\sin 2\varphi + B_3\sin 3\varphi + \cdots \end{cases}$$

ganz allgemein darstellen, worin die Koeffizienten A und B bekanntlich* als Integrale von der Form

160) $$\begin{cases} \quad A_i = \frac{1}{\pi}\int_0^{2\pi} T\cos i\varphi\, d\varphi \\ \text{und} \\ \quad B_i = \frac{1}{\pi}\int_0^{2\pi} T\sin i\varphi\, d\varphi \end{cases}$$

erscheinen. Das konstante Glied A_0 ergiebt sich ebenfalls sofort durch Integration von F über die ganze Periode zu

---

* Für diejenigen Leser, welche mit der Theorie periodischer Reihen nicht vertraut sind, sei bemerkt, dass man zu den Gleichungen 160) bezw. 160a) durch Multiplikation von 159) mit $\cos i\varphi$ bez. $\sin i\varphi$ und darauffolgende Integration gelangt. Zerlegt man auf bekannte Weise die Produkte $\cos k\varphi \cos i\varphi$, u. s. w., so erhält man rechts Glieder von der Form

$$A_k\int_0^{2\pi}\cos k\varphi \cdot \cos i\varphi\, d\varphi = \frac{A_k}{2}\int_0^{2\pi}[\cos(k-i)\varphi + \cos(k+i)\varphi]\, d\varphi$$

$$B_k\int_0^{2\pi}\sin k\varphi \cdot \sin i\varphi\, d\varphi = \frac{B_k}{2}\int_0^{2\pi}[\cos(k-i)\varphi - \cos(k+i)\varphi]\, d\varphi$$

$$A_k\int_0^{2\pi}\cos k\varphi \cdot \sin i\varphi\, d\varphi = \frac{A_k}{2}\int_0^{2\pi}[\sin(k+i)\varphi + \sin(k-i)\varphi]\, d\varphi$$

$$B_k\int_0^{2\pi}\sin k\varphi \cdot \cos i\varphi\, d\varphi = \frac{B_k}{2}\int_0^{2\pi}[\sin(k+i)\varphi - \sin(k-i)\varphi]\, d\varphi,$$

von denen die letzten beiden für alle Werte von i, die ersteren dagegen solange verschwinden, als i von k verschieden ist. Für $i = k$ folgen aus diesen ersteren Formeln unmittelbar die Ausdrücke 160).

Konvergenzuntersuchungen, wie sie bei rein mathematischer Behandlung periodischer Reihen notwendig sind, erscheinen hier überflüssig, da die Gleichung 159) nur den analytischen Ausdruck einer durchweg endlichen und durch eine Kurve nach Fig. 39 gegebenen Funktion darstellt.

160a) $$A_0 = \frac{1}{2\pi} \int_0^{2\pi} T d\varphi = T_m,$$

d. h. als **mittlerer Tangentialdruck**. Da das Indikatordiagramm in seiner praktischen Gestalt nicht mathematisch exakt definiert ist, so gilt dies laut Gleichung 158) auch vom Tangentialdruckdiagramm. Deshalb ist es notwendig, die für die Bestimmung der Koeffizienten A und B notwendigen Integrationen graphisch auszuführen, was im allgemeinen keine Schwierigkeiten bietet, sondern nur etwas Sorgfalt und einen nicht unerheblichen Zeitaufwand erfordert.

Beispiel. Wie weit man im einzelnen Falle mit der graphischen Ermittelung der Koeffizienten A und B gehen muss, lässt sich ohne weiteres nicht sagen. Ich habe daher dieses Verfahren für das durch Fig. 39 vorgelegte Diagramm bis zu den Koeffizienten von $\cos 4\varphi$ und $\sin 4\varphi$ durchgeführt und zwar einfach durch die jeweils zu einer Figur vereinigten Kurven der $T \sin \varphi$ und $T \cos \varphi$, $T \sin 2\varphi$ und $\cos 2\varphi$ u. s. w. und darauffolgender Planimetrierung* derselben (siehe umstehede Fig. 40 bis 43). Das Ergebnis ist die periodische Reihe

$$\frac{T}{T_m} = 1 + 0,12 \cos\varphi - 0,80 \cos 2\varphi - 0,10 \cos 3\varphi - 0,17 \cos 4\varphi$$
$$- 0,14 \sin\varphi + 0,66 \sin 2\varphi + 0,16 \sin 3\varphi + 0,02 \sin 4\varphi.$$

Eine Probe auf die Zulänglichkeit dieser Entwickelung ergiebt die Berechnung der Werte von T für die Totlagen und die Mittellagen

$$\left(\varphi = \frac{\pi}{2} \text{ und } \frac{3}{2}\pi\right).$$

Man erhält für $\varphi = 0$: $T_0 = 0,05\ T_m$ statt 0,

für $\varphi = \pi$: $T_\pi = 0,01\ T_m$ „ 0,

für $\varphi = \frac{\pi}{2}$: $T_{\frac{\pi}{2}} = 1,33\ T_m$ „ $1,25\ T_m$,

für $\varphi = \frac{3}{2}\pi$: $T_{\frac{3}{2}\pi} = 1,93\ T_m$ „ $1,85\ T_m$.

Der grösste Fehler beträgt also rund 6%, was bei der nur auf zwei Stellen durchgeführten Berechnung der Koeffizienten und der in der Kleinheit der Figuren begründeten Ungenauigkeit um so eher als befriedigend angesehen werden kann, als wir bei unseren sämtlichen Rechnungen bisher die mit $r^2 : l^2$ behafteten Glieder vernachlässigt haben, dieses Verhältnis aber für $r : l = 1 : 4$ ebenfalls ca. $0,06$ beträgt.

---

* Eine davon etwas abweichende Methode der Koeffizientenbestimmung schlägt Prof. Finsterwalder in der Zeitschrift für Mathematik und Physik 1898 unter dem Titel „Harmonische Analyse mittels des Polarplanimeters" vor. Dieselbe läuft darauf hinaus, die Kurve T auf Cylinder mit den Radien $1, \frac{1}{2}$, $\frac{1}{3}$ u. s. w. aufzuwickeln und die Projektionen dieser geschlossenen Kurven auf zwei zu einander senkrechte Meridianebenen zu planimetrieren. Die Flächeninhalte ergeben sofort die gesuchten Koeffizienten. Noch bequemer gestaltet sich natürlich das Arbeiten mit dem harmonischen Analysator von Henrici, doch hat derselbe meines Wissens bisher noch keinen Eingang in technische Bureaus gefunden.

Fig. 40.

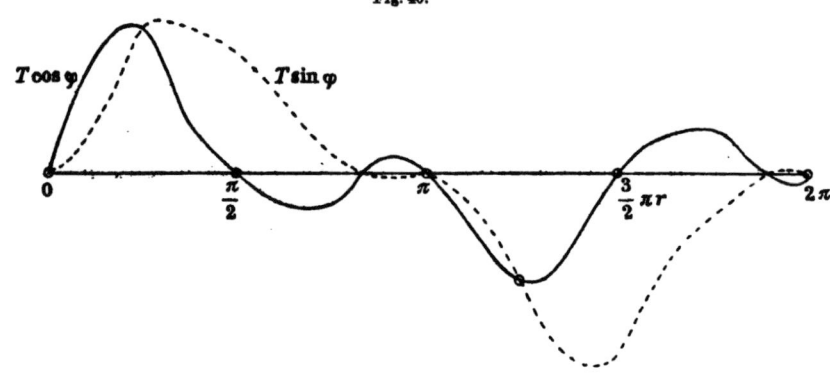

Fig. 41.

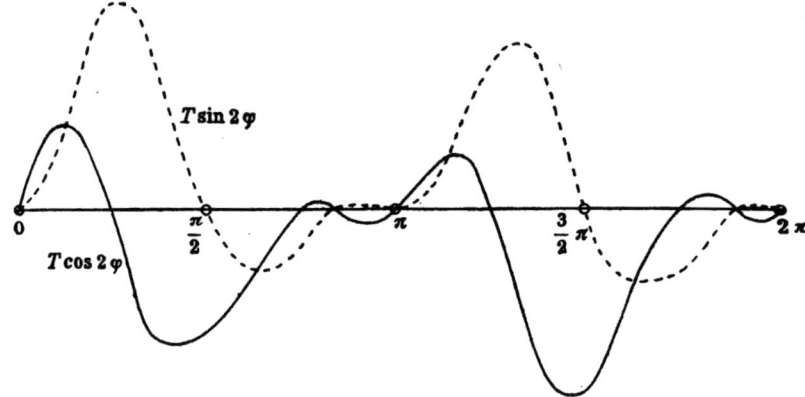

Fig. 42.

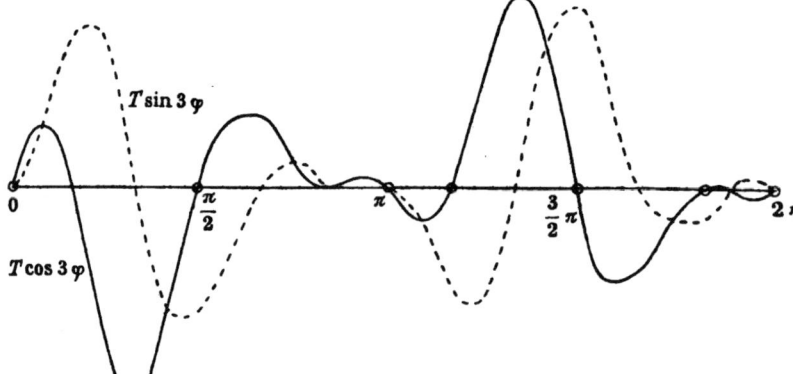

In unsere Energiegleichungen tritt indessen nicht der Tangentialdruck, sondern die auf dem Kurbelwege vom Totpunkte bis zum Winkel φ geleistete Arbeit ein, welche wir durch Integration von Gleichung 159) mit Rücksicht auf 160a) erhalten zu:

161)
$$\begin{cases} L = r\int_0^\varphi T d\varphi = T_m r\varphi + r\left(B_1 + \frac{B_2}{2} + \frac{B_3}{3}\right) + \cdots \\ \qquad + r\left(A_1 \sin\varphi + \frac{A_2}{2}\sin 2\varphi\right) + \cdots \\ \qquad - r\left(B_1 \cos\varphi + \frac{B_2}{2}\cos 2\varphi\right) + \cdots \end{cases}$$

Greift ausser dem betrachteten Kurbelgetriebe noch ein anderes an derselben Welle an, so zwar, dass seine Kurbel der ersten um den Winkel α voraneilt, so hat diese während des Weges der ersteren von 0 bis φ den Weg α bis $\varphi + \alpha$ durchlaufen.

Fig. 43.

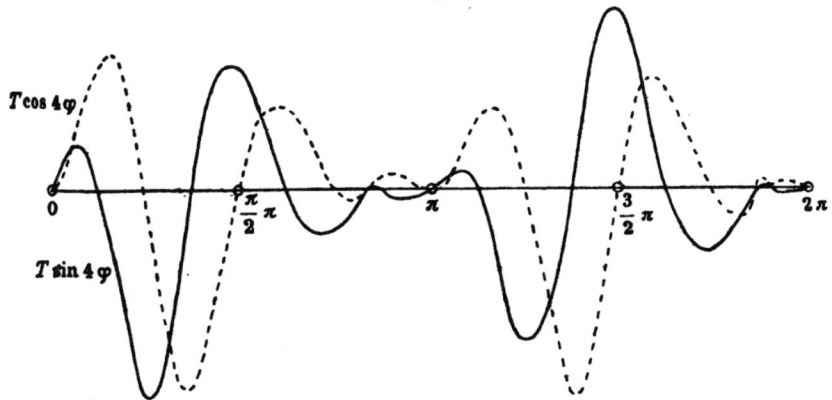

Befolgt weiterhin der Tangentialdruck dieses neuen Kurbelmechanismus ebenfalls ein periodisches Gesetz, also:

159a)
$$\begin{cases} T_\alpha = A_0' + A_1'\cos(\varphi + \alpha) + A_2'\cos 2(\varphi + \alpha) + \cdots \\ \qquad + B_1'\sin(\varphi + \alpha) + B_2'\sin 2(\varphi + \alpha) + \cdots \end{cases}$$

so ist auch hier die Integration von 0 bis φ zu erstrecken.

Für n solcher Getriebe erhält man alsdann einen resultierenden Tangentialausdruck von

161)
$$\begin{cases} \Sigma T = \Sigma A_0 + \cos\varphi \, \Sigma(A_1 \cos\alpha + B_1 \sin\alpha) \\ \qquad\qquad - \sin\varphi \, \Sigma(A_1 \sin\alpha - B_1 \cos\alpha) \\ \qquad + \cos 2\varphi \, \Sigma(A_2 \cos 2\alpha + B_2 \sin 2\alpha) \\ \qquad\qquad - \sin 2\varphi \, \Sigma(A_2 \sin 2\alpha - B_2 \cos 2\alpha) \\ \qquad + \cdots \cdots \cdots \cdots \cdots \end{cases}$$

und damit, wenn wir mit $\Sigma T_m = \Sigma A_0$ den resultierenden Mitteldruck bezeichnen, die Gesamtarbeit dieser Getriebe

162) $\begin{cases} \Sigma L = r\int_0^\varphi \Sigma T\, d\varphi = r\varphi \Sigma T_m + (\cos\varphi - 1)\Sigma(A_1\sin\alpha - B_1\cos\alpha) \\ \qquad\qquad\qquad\quad + \sin\varphi\, \Sigma(A_1\cos\alpha + B_1\sin\alpha) \\ \qquad\qquad\qquad\quad + (\cos 2\varphi - 1)\tfrac{1}{2}\Sigma(A_2\sin 2\alpha - B_2\cos 2\alpha) \\ \qquad\qquad\qquad\quad + \cdots \cdots \cdots \cdots \cdots \end{cases}$

oder kürzer

162a) $\begin{cases} \Sigma L = \varphi\Sigma T_m r - (D_1 + D_2 + D_3) + \cdots \\ \qquad\quad - D_1\cos\varphi + D_2\cos 2\varphi + D_3\cos 3\varphi + \cdots \\ \qquad\quad + E_1\sin\varphi + E_2\sin 2\varphi + E_3\sin 3\varphi + \cdots, \end{cases}$

wobei die Bedeutung der Abkürzungen D und E sich aus dem Vergleich mit 162) ohne weiteres ergiebt. Die graphische Darstellung dieser Funktion ergiebt eine aufsteigende Kurve mit Schwankungen um eine Gerade, welche den gleichmässigen Zuwachs der Arbeit charakterisiert, also mit dem konstanten Mitteldruck als Grundlage zu zeichnen ist.

Bei Kurbelschleifengetrieben würde übrigens das Tangentialdruckdiagramm für beide Hälften der Umdrehung denselben Verlauf annehmen, wenn auch die Indikatordiagramme auf beiden Kolbenseiten gleich gestaltet sind.

Dies führt aber auf die Bedingung, dass

$$T_\varphi = T_{\varphi+\pi}$$

oder auch, da die entsprechenden Glieder der Reihe 159) für beide Werte identisch sein müssen, auf

und
$$\cos k\varphi = \cos k(\varphi + \pi)$$
$$\sin k\varphi = \sin k(\varphi + \pi),$$

was nur möglich ist, wenn
$$\cos k\pi = +1$$

d. h. k eine ganze gerade Zahl ist. Mithin vereinfacht sich für diesen Fall die Reihe für den Tangentialdruck in

$$T = A_0 + A_2\cos 2\varphi + A_4\cos 4\varphi + \cdots$$
$$\quad + B_2\sin 2\varphi + B_4\sin 4\varphi + \cdots$$

Daraus geht aber hervor, dass die Glieder mit ungeraden Vielfachen in der Formel 159) des Winkels φ lediglich vom Einflusse der Schubstange herrühren, und ihre Koeffizienten deshalb im Vergleich zu denjenigen mit geraden Vielfachen kleinere Werte annehmen dürften. Unser obiges Zahlenbeispiel bestätigt auch diese Folgerung hinreichend.

13. **Der Ausgleich der Schwankungen im Drehmoment mehrkurbliger Maschinen** tritt nun dann ein, wenn es gelingt, die Koeffizienten D und E in 162) einzeln zum Verschwinden zu bringen, bezw. die Bedingungen

163) $\quad\begin{cases} \Sigma(A_1\cos\alpha + B_1\sin\alpha) = 0, & \Sigma(A_1\sin\alpha - B_1\cos\alpha) = 0, \\ \Sigma(A_2\cos 2\alpha + B_2\sin 2\alpha) = 0, & \Sigma(A_2\sin 2\alpha - B_1\cos 2\alpha) = 0, \\ \Sigma(A_3\cos 3\alpha + B_3\sin 3\alpha) = 0, & \Sigma(A_3\sin 3\alpha - B_3\cos 3\alpha) = 0 \\ \quad\vdots & \quad\vdots \end{cases}$

zu erfüllen. Dies führt, wenn die einzelnen Tangentialdruckdiagramme insofern einander ähnlich angesehen werden dürfen, dass die ihnen zugehörigen Koeffizienten A und B sämtlich den entsprechenden Mitteldrücken T_m proportional sind, auf die Bedingungen

163a) $\quad\begin{cases} \Sigma T_m\cos\alpha = 0, & \Sigma T_m\sin\alpha = 0, \\ \Sigma T_m\cos 2\alpha = 0, & \Sigma T_m\sin 2\alpha = 0, \\ \Sigma T_m\cos 3\alpha = 0, & \Sigma T_m\sin 3\alpha = 0, \\ \quad\vdots & \quad\vdots \end{cases}$

womit nur gesagt ist, dass die **Arbeiten auf die einzelnen Cylinder der Maschine zu einander in demselben Verhältnis stehen müssen, wie die hin- und hergehenden Gewichte für den Fall des Ausgleichs der Massendrücke.**

Dieser Satz ist übrigens als Vermutung bereits einmal ausgesprochen worden und zwar von dem schon genannten Ingenieur Fränzel am Schlusse einer Arbeit,[*] welche Versuche über die Schwankungen der Winkelgeschwindigkeit von Schiffsmaschinen behandelte. Es entsteht nun die Frage, ob der Satz praktisch verwendbar ist. Bei der Beantwortung derselben dürfen wir nicht den Umstand aus den Augen verlieren, dass von den Bedingungsgleichungen 163a) nur eine beschränkte Zahl verwendbar ist, während die übrigen unberücksichtigt bleiben müssen. Man wird darum niemals ein vollkommen gleichförmig, d. h. geradlinig verlaufendes resultierendes Tangentialdruckdiagramm erwarten dürfen, sondern gewisse Schwankungen desselben in den Kauf nehmen müssen. Würden z. B. alle Einzeldiagramme den Verlauf von Fig. 39 haben, so lehrt unser Beispiel, dass nach der Beseitigung aller Glieder, welche mit Funktionen von φ, 2φ und 3φ behaftet sind und schon die Erfüllung von sechs Bedingungsgleichungen erfordern, immer noch erhebliche Schwankungen durch die Funktionen mit 4φ unausgeglichen bleiben. Ausserdem darf nicht vergessen werden, dass für den Massenausgleich auch

---

[*] Umdrehungsgeschwindigkeiten der Schiffsmaschinen, Marine-Rundschau November 1897.

die Bedingungen für das Verschwinden der Momente der Massendrücke eine Rolle spielen, während entsprechende Gleichungen für den Tangentialdruck nicht bestehen.

Dies zeigt sich besonders deutlich bei der Dreikurbelmaschine, welche gewöhnlich mit den Winkeln $\alpha_2 = 120^0$, $\alpha_3 = 240^0$ ausgeführt wird. Sind die hin- und hergehenden Massen aller drei Getriebe einander gleich, so verschwinden hierbei bis einschliesslich der Glieder von zweiter Ordnung die Massendrücke, aber die Massendruckmomente bleiben sogar in der ersten Ordnung noch unausgeglichen.

Bei gleicher Verteilung der Arbeiten auf alle drei Getriebe verschwinden ebenfalls die Schwankungen im Drehkraftdiagramm, soweit sie von Funktionen von φ und 2φ abhängen, dagegen verschwindet nicht, wie es Gleichung 163a) fordert,

$$\Sigma T_m \cos 3\alpha = 3T_m,$$

obwohl

$$\Sigma T_m \sin 3\alpha = 0$$

wird. Trotzdem darf man unter diesen Verhältnissen einen sehr gleichförmigen Verlauf des resultierenden Drehkraftdiagramms erwarten, wogegen nicht zu übersehen ist, dass man bei der praktischen Unmöglichkeit, die hin- und hergehenden Massen der Getriebe einander gleich zu machen, auf den Massenausgleich bei diesen Maschinen verzichten muss.

Für die Vierkurbelmaschine bildet naturgemäss der Ausgleich der Momente der Massendrücke, auch wenn derselbe, wie wir sahen, nur in Bezug auf diejenigen erster Ordnung erreichbar ist, eine weitere Einschränkung. Ausserdem erscheint es fraglich, ob die beiden Gleichungen

$$\Sigma T_m \cos 3\alpha = 0, \quad \Sigma T_m \sin 3\alpha = 0$$

oder, was nach der Folgerung aus 163a) auf dasselbe hinausläuft,

$$\Sigma q \cos 3\alpha = 0, \quad \Sigma q \cos 3\alpha = 0,$$

worin q das Verhältnis irgend einer der hin- und hergehenden Gewichte zu demjenigen des ersten Getriebes bedeutet, mit den beiden andern Gleichungen

$$\Sigma q \cos \alpha = 0, \quad \Sigma q \sin \alpha = 0,$$

$$\Sigma q \cos 2\alpha = 0, \quad \Sigma q \sin 2\alpha = 0$$

überhaupt verträglich sind, ganz abgesehen von den Gliedern mit höheren Vielfachen der Winkel, die wir gar nicht erst berücksichtigen wollen.

Zur Untersuchung dieser Frage wollen wir zunächst einmal die Grössen q aus den Gleichungen

$$1 + q_2\cos\alpha_2 + q_3\cos\alpha_3 + q_4\cos\alpha_4 = 0,$$
$$q_2\sin\alpha_2 + q_3\sin\alpha_3 + q_4\sin\alpha_4 = 0,$$
$$1 + q_2\cos 3\alpha_2 + q_3\cos 3\alpha_3 + q_4\cos 3\alpha_4 = 0,$$
$$q_2\sin 3\alpha_2 + q_3\sin 3\alpha_3 + q_4\sin 3\alpha_4 = 0$$

in derselben Weise eliminieren, wie früher aus den Gleichungen 55) bis 58).

Wir erhalten alsdann entsprechend Gleichung 62)

$$\left.\begin{array}{l}\sin\alpha_2\sin 3(\alpha_3-\alpha_4) + \sin 3\alpha_2\sin(\alpha_3-\alpha_4)\\+\sin\alpha_3\sin 3(\alpha_4-\alpha_2) + \sin 3\alpha_3\sin(\alpha_4-\alpha_2)\\+\sin\alpha_4\sin 3(\alpha_2-\alpha_3) + \sin 3\alpha_4\sin(\alpha_2-\alpha_3)\end{array}\right\} = 0.$$

Zerlegen wir nunmehr die Produkte mit Hilfe der Transformation

$$\sin u \cdot \sin v = \tfrac{1}{2}\cos(u-v) - \tfrac{1}{2}\cos(u+v),$$

so wird z. B. aus der ersten Reihe unserer Eliminationsformel:

$$\cos 2(\alpha_2 - \alpha_3 + \alpha_4)\cos(\alpha_2 + \alpha_3 - \alpha_4)$$
$$- \cos 2(\alpha_2 + \alpha_3 - \alpha_4)\cos(\alpha_2 - \alpha_3 + \alpha_4)$$

oder

$$2\cos^2(\alpha_2 - \alpha_3 + \alpha_4)\cos(\alpha_2 + \alpha_3 - \alpha_4) - \cos(\alpha_2 + \alpha_3 - \alpha_4)$$
$$- 2\cos^2(\alpha_2 + \alpha_3 - \alpha_4)\cos(\alpha_2 - \alpha_3 + \alpha_4) + \cos(\alpha_2 - \alpha_3 + \alpha_4).$$

Verfahren wir ebenso mit den beiden letzten Reihen und setzen noch wie früher Gleichung 63):

$$\cos(\alpha_2 - \alpha_3 + \alpha_4) = 2\cos^2\tfrac{\alpha_2 - \alpha_3 + \alpha_4}{2} - 1 = 2\xi^2 - 1,$$
$$\cos(\alpha_2 + \alpha_3 - \alpha_4) = 2\cos^2\tfrac{\alpha_2 + \alpha_3 - \alpha_4}{2} - 1 = 2\eta^2 - 1,$$
$$\cos(-\alpha_2 + \alpha_3 + \alpha_4) = 2\cos^2\tfrac{\alpha_2 - \alpha_3 - \alpha_4}{2} - 1 = 2\zeta^2 - 1,$$

so geht unsere Gleichung über in

$$\xi^2\eta^2(\xi^2 - \eta^2) + \eta^2\zeta^2(\eta^2 - \zeta^2) + \zeta^2\xi^2(\zeta^2 - \xi^2) = 0,$$

oder auch

$$(\xi^2 - \eta^2)(\eta^2 - \zeta^2)(\zeta^2 - \xi^2) = 0.$$

Diese Gleichung kann aber nur bestehen, wenn entweder

$$\xi = \pm\eta \quad\text{oder}\quad \eta = \pm\zeta \quad\text{bezw.}\quad \zeta = \pm\xi$$

wird, d. h. also, wenn wir uns der Bedeutung der Grössen ξ, η, ζ nach Gleichung 63) erinnern, dass

$$\cos\tfrac{\alpha+\gamma}{2} = \pm\cos\tfrac{\alpha-\gamma}{2},$$

oder

$$\cos\tfrac{\alpha-\gamma}{2} = \mp\cos\tfrac{\beta-\delta}{2} \quad\text{bezw.}\quad \cos\tfrac{\beta-\delta}{2} = \mp\cos\tfrac{\alpha+\gamma}{2}$$

wird. Da alle diese Ergebnisse mit Gleichung 64), welche auch aus der Vereinigung der ersten vier Formeln 163a) hergeleitet werden konnte,

unvereinbar sind, so erkennen wir, dass die Berücksichtigung der Bedingungen
$$\Sigma T_m \cos 3\alpha = 0, \quad \Sigma T_m \sin 3\alpha = 0$$
für die Vierkurbelmaschine unzulässig ist. Damit fällt aber, wenigstens für diese Maschinengattung wie für die Dreikurbelmaschine der oben abgeleitete Satz überhaupt, da, wie unser Beispiel (Fig. 39) lehrte, die Koeffizienten der Glieder mit 3φ ungefähr von demselben Gewichte sind wie diejenigen von φ, und es unzulässig erscheint, unter solchen Gliedern willkürlich einzelne auszugleichen, während die Wirkung der andern bestehen bleibt.

Alle diese Schwierigkeiten fallen dagegen fort, wenn man sich angesichts der überwiegenden Bedeutung der mit Funktionen von 2φ behafteten Glieder im Tangentialdruckdiagramm damit begnügt, nur diese im resultierenden Diagramm zum Verschwinden zu bringen, d. h.

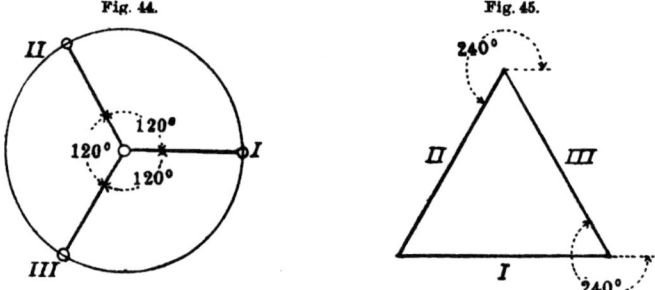

also ohne Rücksicht auf den nebenhergehenden Massenausgleich und die beiden Bedingungen

164) $\quad \Sigma T_m \cos 2\alpha = 0, \quad \Sigma T_m \sin 2\alpha = 0$

zu erfüllen. Im Grunde genommen heisst dies nichts anderes, als dass man im resultierenden Drehkraftdiagramm auf die Beseitigung der Wirkung der endlichen Schubstangenlänge und der untergeordneten Verschiedenheiten in der Form der Einzeldiagramme verzichtet.

Die Bedingungen 164) besagen dann, dass man einen möglichst gleichförmigen Verlauf des resultierenden Drehkraftdiagramms dann erwarten darf, wenn die auf die einzelnen Kurbeln entfallenden Arbeiten (oder bei gleichen Kurbelradien die mittleren Tangentialdrucke) sich durch Aneinanderreihen mit den doppelten Kurbelwinkeln zu einem geschlossenen Polygon (Vieleck) vereinigen lassen.*

---

* Diesen Satz mit seinen praktischen Konsequenzen habe ich zuerst durch einen Vortrag: „On the uniformity of turning moments of marine engines" vor der Institution of Naval Architects im April 1900 veröffentlicht. Der Vortrag ist in den Transactions dieser Gesellschaft für das Jahr 1900 abgedruckt und auch in die englischen Zeitschriften „Engineering" und „Engineer" übergegangen.

Die Konstruktion dieses Polygons der mittleren Tangentialdrucke bezw. Arbeiten ist nun für alle praktischen Fälle sehr einfach und lässt, unbeschadet des Massenausgleichs, dem Konstrukteur einen weiten Spielraum für die Wahl einer passenden Arbeitsverteilung auf die einzelnen Getriebe und für die Kurbelwinkel. Es dürfte zweckmässig sein, die Anwendung des Polygons sogleich an einigen Beispielen zu erläutern. Für die Zweikurbelmaschine giebt es nur eine Lösung, nämlich die gleiche Verteilung der Arbeiten auf beide Kurbeln, welche miteinander einen Winkel von 90° bilden müssen. Dann ist der Doppelwinkel 180° und das Polygon geht in eine in sich zurücklaufende Gerade über.

Für die Dreikurbelmaschine mit Winkeln von 120°, welche Anordnung allein von praktischer Bedeutung ist (Fig. 44), ergiebt die Aneinanderreihung ein gleichseitiges Dreieck (Fig. 45), so dass man hierbei an die gleiche Arbeitsverteilung gebunden ist. Dass man

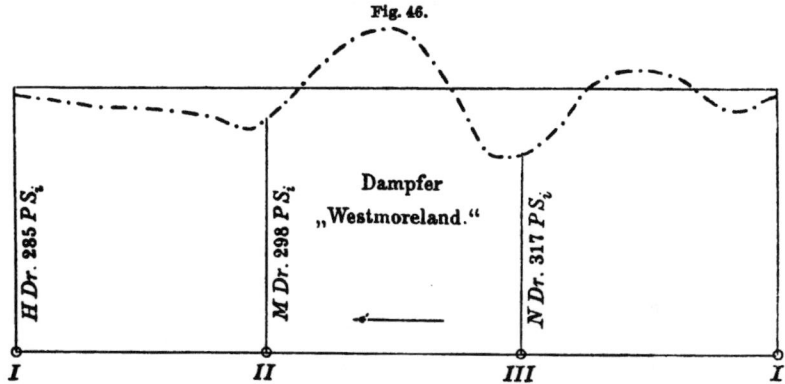

Fig. 46.

damit günstige Tangentialdruckdiagramme erhält, ist hinlänglich bekannt, ebenso dass durch jede Abweichung von der gleichen Arbeitsverteilung das Tangentialdruckdiagramm eine Verschlechterung erfährt, wenn man nicht gleichzeitig eine entsprechende Änderung der Kurbelwinkel eintreten lässt.

Als Beispiel hierfür kann das nebenstehende Diagramm Fig. 46 des Dampfers „Westmoreland" dienen, welches ich dem Werke von Busley „Die Schiffsmaschine" 3. Aufl. Taf. 17 entnehme. Dasselbe zeigt bei einer leidlich gelungenen gleichen Arbeitsverteilung einen ziemlich befriedigenden Verlauf der Drehkraft an. Das Diagramm der sonst gleich angeordneten, durch ihren Zusammenbruch im Jahre 1890 bekannt gewordenen Maschine der „City of Paris", welche an derselben Stelle Tafel 18 veröffentlicht wurde, weist erheblich grössere Schwankungen auf, denen in der That eine recht ungleiche Arbeitsverteilung auf die einzelnen Cylinder ($HDr.$ 2822 PS_i, $MDr.$ 3228 PS_i, $NDr.$ 3900 PS_i) entsprach.

102 Kapitel II.

Bei der Vierkurbelmaschine, welche ja infolge des hier möglichen Massenausgleiches ein höheres Interesse beansprucht, verfügt man über eine beliebig grosse Auswahl von Kurbelstellungen bezw. Arbeitsverteilungen. Ich will voraussetzen, dass die Kurbelwinkel vollständig — etwa durch die Bedingungen des Massenausgleiches — gegeben sind (siehe Fig. 47). Alsdann erhält man in Fig. 48 mit den Doppelwinkeln ein Viereck, welches zweckmässig so gezeichnet wird, dass die zwei im Kurbelkreise aufeinander folgenden Kurbeln entsprechenden Arbeiten als Polygonseiten sich gegenüber stehen. Von den Seiten dieses Vierecks sind alsdann zwei vollkommen willkürlich und man erhält durch die Längen von *I*, *II*, *III* und *IV*, bezw. durch die Verhältnisse derselben zu einander, auf die es ja allein an-

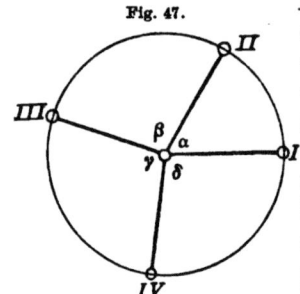

Fig. 47.

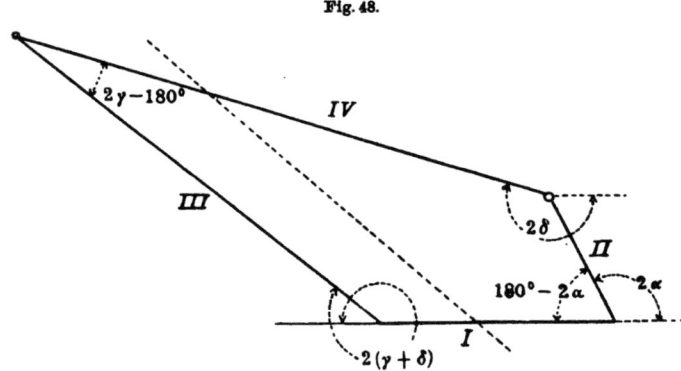

Fig. 48.

kommen kann, schon eine brauchbare Arbeitsverteilung, welche die Bedingungen 164) erfüllt und ohne weiteres neben dem Massenausgleich bestehen kann. Jede Parallele zu einer dieser vier Seiten ergiebt naturgemäss ebenfalls eine brauchbare Arbeitsverteilung, woraus wir schliessen können, dass bei einer Vierkurbelmaschine mit gegebenen Kurbelwinkeln durch die Wahl des Verhältnisses zweier Arbeiten zu einander die ganze Arbeitsverteilung mit Rücksicht auf den günstigen Verlauf des Drehkraftdiagramms bestimmt ist, ohne dass der Massenausgleich dadurch gestört wird.

Durch die in der Praxis allein übliche symmetrische Anordnung der Kurbeln (und damit nach Schlicks Bedingungen auch der Getriebeebenen unter einander) ist nun dieses Verhältnis gegeben. Das Polygon der Tangentialdrucke bezw. Arbeiten kann alsdann durch eine Diagonale in zwei gleichschenklige Dreiecke zerlegt werden, wie es in

Fig. 49 geschehen ist. Da in diesen Dreiecken die beiden Winkel an den Spitzen $180 - 2\alpha$ und $2\gamma - 180°$ sind, so ergiebt sich mit $\beta = \delta$ für die Verteilung der Arbeiten, welche wir der Kürze halber mit I, II, III und IV bezeichnen wollen, die Regel

165) $$\frac{I}{III} = \frac{II}{IV} = \frac{\sin(\gamma - 90°)}{\sin(90° - \alpha)} = -\frac{\cos\gamma}{\cos\alpha}$$

und

166) $$I = II, \quad III = IV.$$

Dieser Fall ist besonders wichtig für **Dreifachexpansionsmaschinen**, deren Niederdruckcylinder, um nicht zu grosse Dimen-

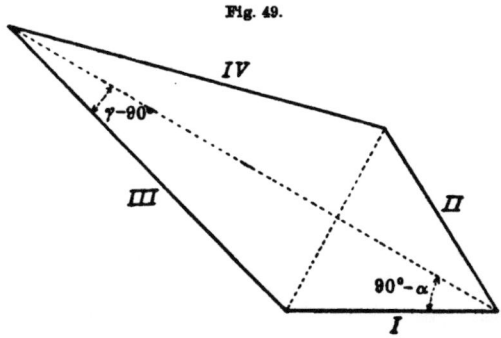

Fig. 49.

sionen anzunehmen, geteilt werden muss, wodurch eine Vierkurbelmaschine entsteht. Man erkennt übrigens auch, dass, wenn das Verhältnis

$$I : III = II : IV$$

gegeben ist, durch Gleichung 165) und die Schlicksche Formel 65):

$$\cos\frac{\alpha}{2} \cdot \cos\frac{\gamma}{2} = \frac{1}{2}$$

die beiden Winkel α und γ selbst berechnet werden können. Für die Praxis wird man es indessen vorziehen, die Winkel aus dem Abstandsverhältnis der Getriebeebenen zu bestimmen und daraus erst mit 165) die Arbeitsverteilung berechnen. Jedenfalls ist dieses Verfahren höchst einfach und zur Vermeidung grosser Baulängen der Maschinen auch zweckmässig. Als Beispiel hierfür erwähne ich das Diagramm* der Maschine des Dampfers „Medjerda" (Fig. 50), bei welchem der Hoch-

---

* In der Figur sind die Linien, an denen die Arbeiten verzeichnet sind, mit den Abständen (in Bogenmaß, wenn die ganze Länge der Figur 2π beträgt) der Kurbeln im Kurbelkreise voneinander eingetragen, wobei, wie der Pfeil andeutet, die Hochdruckkurbel I vorausläuft.

und Mitteldruckcylinder je 905 PS_i (indizierte Pferdestärken), die beiden Niederdruckcylinder dagegen 660 bezw. 630 PS_i leisteten, während die Kurbelwinkel

$$\alpha = 64{,}5^0, \quad \beta = \delta = 94{,}25^0 \quad \text{und} \quad \gamma = 107^0$$

betrugen. Die Bedingung 165) ist hier, wenn man für jeden der Niederdruckcylinder den Mittelwert 645 PS_i einführt, fast genau er-

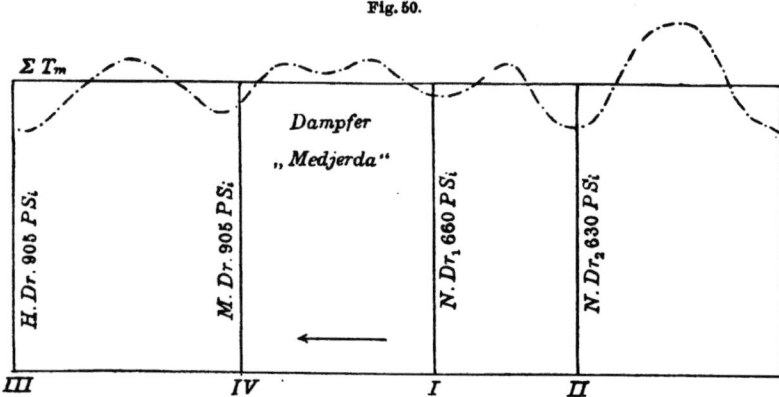

Fig. 50.

füllt und der Verlauf des Drehkraftdiagramms in der That ein sehr günstiger, obwohl die Erbauer, die Firma Wigham, Richardson & Co. in Newcastle upon Tyne (England) dazu nur durch Probieren, ohne Kenntnis unserer Formel 165) gelangten.

Bei Maschinen mit **vierfacher Expansion** ist es nun mit Rücksicht auf ein gleiches Temperaturgefälle des arbeitenden Dampfes in

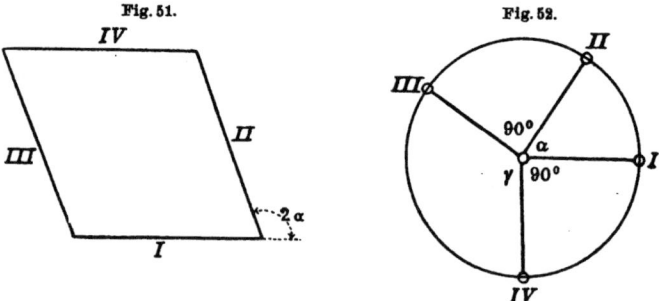

Fig. 51. Fig. 52.

den einzelnen Cylindern häufig erwünscht, die Arbeiten auf alle Kurbeln gleichmässig zu verteilen, wodurch das Polygon der mittleren Tangentialdrucke in einen Rhombus übergeht (siehe Fig. 51). Da hierin je zwei Seiten einander parallel sind, so müssen die entsprechenden Kurbeln im Kurbelkreis nach 165) mit einander rechte Winkel bilden, wie dies in Fig. 52 angedeutet ist, d. h.: **Sollen in einer Vierkurbelmaschine die Arbeiten auf alle vier Kurbeln gleich verteilt** sein, so fordert der günstigste Verlauf des resultierenden Drehkraftdiagramms zwei einander im Kurbelkreis gegenüberstehende rechte Winkel, während die Wahl eines der beiden andern Winkel, welche sich natürlich zu 180° ergänzen müssen, freisteht. Sind zwei rechte Winkel im Kurbelkreis gegeben, so kann man auch durch eine Parallele zu einer der Seiten in Fig. 51 eine andere Arbeitsverteilung erzielen, so dass also der letzte Satz in seiner Umkehrung nicht allgemein gilt. Indessen müsste alsdann immer $I = IV$ und $II = III$ sein, was infolge der Dimensionierung der Cylinder nur selten mit anderweitigen Forderungen (z. B. derjenigen des Verschwindens der Massendruckmomente) vereinbar erscheint, so dass es einfacher ist,

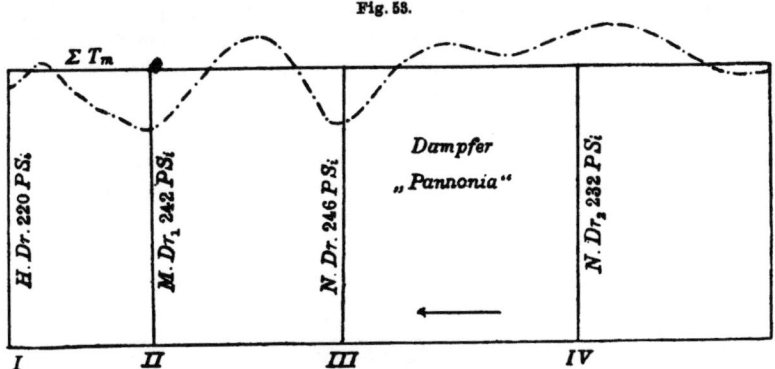

Fig. 53.

ein für allemal die beiden Winkel $\beta = \delta = 90°$ als an die gleiche Arbeitsverteilung geknüpft festzuhalten. Als Beispiel füge ich das Diagramm der aus den Werkstätten der schon oben genannten englischen Firma stammenden Maschine des Dampfers „Pannonia" an, welche im Hochdruckcylinder 220 PS_i, im ersten Mitteldruckcylinder 242 PS_i im zweiten 232 PS_i und im Niederdruckcylinder 246 PS_i leistete, also eine nahezu gleiche Arbeitsverteilung besass, während die Kurbelwinkel $\alpha = 70°$, $\beta = \delta = 90°$ und $\gamma = 110°$ betrugen. Auch hier wurde der, wie Fig. 53 zeigt, sehr gleichmässige Verlauf des resultierenden Drehkraftdiagramms nur durch mühsames Probieren gewonnen, während man nach der obigen Regel unmittelbar dazu gelangt wäre.

Der gleichen Arbeitsverteilung auf alle vier Cylinder haftet indessen wegen der beiden rechten Winkel im Kurbelkreise ein Nachteil an, der nicht unterschätzt werden darf. Die aus 165) mit
$$I = II = III = IV$$
folgende Bedingungsgleichung
$$\cos \gamma = - \cos \alpha$$
führt nämlich mit der für den Massenausgleich zweiter Ordnung geltenden Formel

$$\cos\frac{\alpha}{2} \cdot \cos\frac{\gamma}{2} = \frac{1}{2}$$

auf $\alpha = \beta = \gamma = \delta = 90^0$, eine Anordnung, welche, wie wir schon früher sahen, die Bedingungen für das Verschwinden der Massendruckmomente ebensowenig erfüllen kann wie z. B. die Dreikurbelmaschine mit Winkeln von 120^0. Daraus geht hervor, dass man bei gleicher Arbeitsverteilung entweder auf den Massenausgleich zweiter Ordnung (nicht aber auf den viel wichtigeren erster Ordnung) oder aber auf die günstigste Form der resultierenden Tangentialkraft verzichten muss. Welcher von diesen beiden Gesichtspunkten die grössere Beachtung erheischt, kann natürlich nur von Fall zu Fall entschieden werden, wenn man es nicht vorzieht, bei Vierkurbelmaschinen überhaupt die gleiche Arbeitsverteilung fallen zu lassen und mit der Erfüllung von 165), also zwei Paaren gleich starker Getriebe auch dem Massenausgleich gerecht zu werden.

Sind diese Bedingungen oder auch allgemeiner die Gleichung 164) erfüllt, so bleiben doch noch, wie die Fig. 50 und 53 zeigen, Schwankungen im Verlaufe der Drehkraftkurve bestehen, welche von dem Einflusse der Schubstangenlänge und den Abweichungen der Form der Einzeldiagramme von der einfachsten Gestalt herrühren, welche in der zwei Schwingungen während jeder Umdrehung darstellenden Funktion (vergl. die allgemeine Form 159)

159 b) $$T = T_m(1 - \cos 2\varphi)$$

nicht enthalten sind. Bei der unberechenbaren Grösse und Form dieser Abweichungen erscheint es ganz nutzlos, über die durch unsere Vorschrift 164) nicht ausgeglichenen Schwankungen von vornherein etwas auszusagen, so erwünscht dies auch vom praktischen Gesichtspunkte aus wäre. So viel ist natürlich einleuchtend, dass dieselben relativ um so geringer ausfallen, je mehr Kurbeln die Maschine enthält. Dagegen ist es möglich, diese Schwankungen ihrer Grössenordnung nach voraus zu bestimmen, wenn die Gleichung 164) nicht erfüllt wird. Für mehrere Kurbeln erhält man nämlich aus 159 b) für den resultierenden Tangentialdruck die Gleichung:

159 c) $\quad \Sigma T = \Sigma T_m - \cos 2\varphi \, \Sigma T_m \cos 2\alpha + \sin 2\varphi \, \Sigma T_m \sin 2\alpha$

und daraus für das Maximum oder Minimum der Schwankungen von ΣT um die durch ΣT_m bestimmte Gerade

167) $\quad \Sigma(T - T_m)_{min.}^{max.} = \pm \sqrt{(\Sigma T_m \cos 2\alpha)^2 + (\Sigma T_m \sin 2\alpha)^2}.$

Wenn auch die so erhaltenen Werte infolge der Unberechenbarkeit der oben erwähnten Nebeneinflüsse auf keine grosse Genauigkeit Anspruch erheben dürfen, so erkennt man doch aus 159 b), dass die Maxima und Minima je zweimal während jeder Umdrehung auftreten müssen. Dass diese Folgerung sich mit der Erfahrung deckt, geht aus dem in Fig. 54 dargestellten Diagramm der Maschinen des Dampfers „Friedrich der Grosse" hervor, bei denen eine angenähert gleiche Arbeitsverteilung vorlag, ohne dass im Kurbelkreis, wie unsere Bedingung 64) forderte, rechte Winkel enthalten sind. Die Kurbelwinkel sind vielmehr

$$\alpha = 51{,}45^0, \quad \beta = \gamma = \delta = 102{,}85^0,$$

womit sich der wenig günstige Verlauf der Drehkraftkurve hinreichend erklärt.

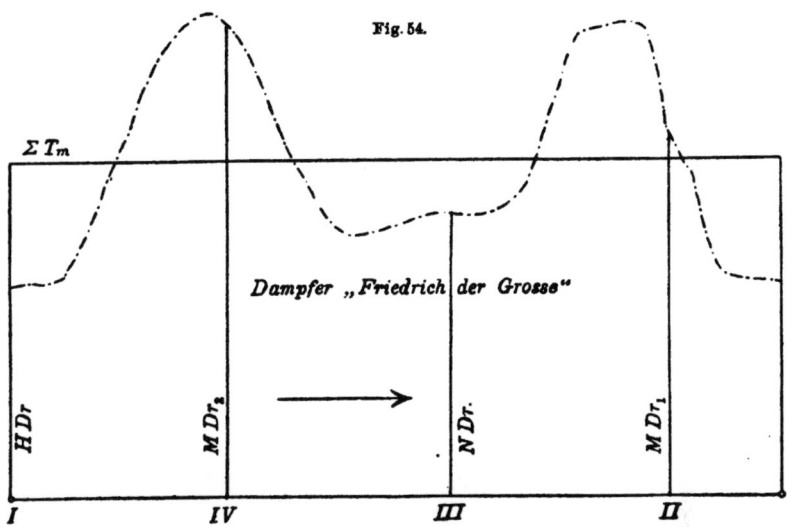

Fig. 54.

Zusatz. Die vorstehenden Entwickelungen und die aus ihnen gefolgerten Bedingungen für den Ausgleich der Schwankungen im Drehmoment könnten insofern Bedenken erregen, als in denselben — abgesehen von dem praktisch unausgleichbaren Einfluss der endlichen Schubstangenlänge — die Verschiedenartigkeit der Indikatordiagramme einerseits und der Einfluss der potentiellen und kinetischen Energie der Getriebeteile anderseits nicht zum Ausdruck gelangten. Wenn wir [allerdings gegenüber 159b) noch etwas allgemeiner] für den Tangentialdruck eines Getriebes z. B. den einfachen Ausdruck

159 d) $$T = T_m + A\cos 2\varphi + B\sin 2\varphi$$

annehmen, so können wir durch die Koeffizienten A und B sehr wohl die Form des Diagramms einigermaßen berücksichtigen. Zunächst folgt, da für die Totlagen $\varphi = 0$ auch $T = 0$ sein soll, $A = -T_m$ [wie in 159b)] und, wenn wir unter Fp_0 denjenigen Kolbenüberdruck im Cylinder verstehen, welcher der Kurbelstellung $\varphi = \frac{\pi}{4}$ entspricht, also im allgemeinen bei Mehrcylindermaschinen mit dem Admissionsüberdrucke nahe übereinstimmen dürfte,

$$B = \frac{1}{\sqrt{2}} F p_0 - T_m.$$

Damit aber geht die obige Formel über in

$$T = T_m\{1 - (\cos 2\varphi + \sin 2\varphi)\} + \frac{F p_0}{\sqrt{2}} \sin 2\varphi,$$

also für mehrere Getriebe mit den Kurbelwinkeln $\alpha_2 \alpha_3 \ldots \alpha_n$

159e) $\quad \begin{cases} \Sigma T = \Sigma T_m - \cos 2\varphi \Sigma \left\{ T_m(\sin 2\alpha + \cos 2\alpha) - \dfrac{F p_0}{\sqrt{2}} \sin 2\alpha \right\} \\ \qquad + \sin 2\varphi \Sigma \left\{ T_m(\sin 2\alpha - \cos 2\alpha) + \dfrac{F p_0}{\sqrt{2}} \cos 2\alpha \right\}. \end{cases}$

Soll nun dieser resultierende Tangentialdruck konstant bleiben, so müssen die Koeffizienten von $\cos 2\varphi$ und $\sin 2\varphi$ verschwinden, d. h.

164a) $\quad \begin{cases} \Sigma \left\{ T_m(\sin 2\alpha + \cos 2\alpha) - \dfrac{F p_0}{\sqrt{2}} \sin 2\alpha \right\} = 0 \\ \Sigma \left\{ T_m(\sin 2\alpha - \cos 2\alpha) + \dfrac{F p_0}{\sqrt{2}} \cos 2\alpha \right\} = 0 \end{cases}$

werden. Setzt man hierin noch

$$\sin 2\alpha \pm \cos 2\alpha = \sqrt{2} \sin\left(2\alpha \pm \frac{\pi}{4}\right)$$

und

$$F p_0 = 2k T_m,$$

unter k eine dem Indikatordiagramm eigentümliche Konstante verstanden, so wird aus 164a):

164b) $\quad \begin{cases} \Sigma T_m \left\{ \sin\left(2\alpha + \dfrac{\pi}{4}\right) - k \sin 2\alpha \right\} = 0 \\ \Sigma T_m \left\{ \cos\left(2\alpha + \dfrac{\pi}{4}\right) - k \cos 2\alpha \right\} = 0. \end{cases}$

Die Verwendung dieser Formeln, in denen k etwa zwischen den Werten 1,1 und 1,6 schwankt, ist nun erheblich unbequemer und das Ergebnis weniger übersichtlich als unter Verzicht auf die Verschiedenheiten von k. Durch Prüfung zahlreicher Diagramme habe ich überdies gefunden, dass man über die Werte von k im voraus kaum etwas Sicheres aussagen kann, so dass es sich um so weniger verlohnen dürfte, durch Aufnahme dieser Verhältniszahl die Formeln 164) zu verwickeln, als die Ergebnisse der letzteren mit der Erfahrung sich hinreichend decken.

Die vorstehenden Bemerkungen habe ich zuerst in einem Gutachten „Über die Schlicksche Massenausgleichung in ihrem Verhältnis zum Ungleichförmigkeitsgrade der Drehbewegung" unterm 22. Mai 1898 veröffentlicht und daraus auch den Einfluss der kinetischen und potentiellen (Gewichts-) Energie auf das Ergebnis diskutiert. Dass die letztere angesichts ihrer Veränderlichkeit mit dem einfachen Kurbelwinkel für sich auszugleichen ist, erscheint evident, während die erstere wohl in den Formeln 164) bezw. 164b) berücksichtigt werden kann. Ich habe schliesslich aber doch auch davon abgesehen, da sonst der Ausgleich der Tangentialdrucke von der Winkelgeschwindigkeit ε in unerwünschter Weise abhängig wird.

Damit dürften sich auch die Einwände erledigen, welche der Ingenieur Gümbel meiner Theorie des Ausgleichs der Tangentialdrücke in der Diskussion vor der Institution of Naval Architects am 5. April 1900 entgegenstellte. Gümbel hat übrigens in einer lesenswerten Arbeit „Einige Kapitel der Theorie der modernen Schiffsmaschine" (Marine-Rundschau, März und April 1899) den Ausgleich der Tangentialdrücke anscheinend unabhängig von meinem oben zitierten Gutachten in Angriff genommen und die Lösung unter Einschluss der kinetischen Energie für gleiche Arbeitsverteilung d. i. den Fall des Rhombus, Fig. 51 gegeben, während der allgemeinere und wie ich glaube wichtigere Fall, Fig. 49, ihm entgangen ist. Gümbel geht ausserdem nicht von unserer Gleichung 159d), sondern ganz empirisch von einer elliptischen Form des Kolbendiagramms aus, deren Ordinaten $Fp - \dfrac{T}{\sin\varphi}$ in der That der Formel 159d) genügen.*

14. Die Widerstandsarbeit.

Die in einer Maschine vom sogenannten motorischen Mittel, z. B. dem Dampfe aufgewendete (indizierte) Arbeit, welche wir mit L_i bezeichnen wollen, dient nun einerseits zur Überwindung der Reibung und anderseits zur Leistung effektiver oder Nutzarbeit L_e. Das Verhältnis der Nutzarbeit zur indizierten bezeichnet man als den mechanischen Wirkungsgrad der Maschine. Während nun der Franzose Pambour, welcher sich wohl zuerst mit diesen Fragen beschäftigte, den Zusammenhang zwischen den beiden Arbeitsbeträgen, wenigstens für eine bestimmte Winkelgeschwindigkeit der Welle, als linear voraussetzte, ihm also etwa die Form

---

* Dass die Einwände von dieser Seite nicht mehr aufrecht erhalten werden, geht wohl am besten daraus hervor, dass Gümbel in einem Vortrag vor der Schiffsbautechnischen Gesellschaft im November 1900 „Über ebene Transversalschwingungen u. s. w. mit besonderer Berücksichtigung der Schwingungsprobleme des Schiffbaues" (der im Jahrbuch dieser Gesellschaft für 1901 abgedruckt wird) nicht nur den von mir ausgesprochenen Satz vom geschlossenen Polygon der Arbeiten mit den doppelten Kurbelwinkeln ohne jede Einschränkung wiedergiebt, sondern auch für sich in Anspruch nimmt!

$$L_i = \alpha + \beta L_e$$

gab, findet man neuerdings häufig die Ansichten verbreitet, dass entweder die Reibungsarbeit der Maschine konstant, d. h. die Grösse

$$L_i - L_e = L_r = \text{const.}$$

unabhängig von dem Werte der beiden Einzelbeträge L_i und L_e sei, oder auch dass der mechanische Wirkungsgrad der Maschine

$$\eta = \frac{L}{L_i} = \text{const.}$$

sich nicht mit der Belastung ändere. Wenn man auch die Giltigkeit der letztgenannten Annahme an enge Belastungsgrenzen knüpfte, so ist sie doch schon angesichts des Umstandes nicht aufrecht zu erhalten, dass eine Maschine, ohne überhaupt nach aussen Arbeit abzugeben, doch zum Leergange indizierte Arbeit braucht, also hierbei mit einem Wirkungsgrad $\eta = 0$ läuft. Auch die erste Voraussetzung der Unabhängigkeit der Reibungsarbeit von der Maschinenbelastung lässt sich mit der Erfahrung nur in solchen Fällen in Einklang bringen, in denen für eine ganz ausgezeichnete Schmierung aller bewegten Organe gesorgt ist. Alsdann ist nämlich die Reibung als ein Widerstand aufzufassen, welchen die Teilchen der an den bewegten Organen haftenden Schmierflüssigkeit der Trennung voneinander entgegensetzen. Dieser Widerstand ist aber bekanntlich unabhängig von dem durch die Belastung der Maschine ausgeübten Drucke (in den Gleitflächen), während anderseits eine Veränderlichkeit mit der Geschwindigkeit der Bewegung nicht erheblich ins Gewicht fällt.

Da nun auch die Pambour'sche Formel, welche aus der Zeit stammt, in der man nur mit geringer Expansion und fast ohne jede Kompression in den Maschinen arbeitete, der Form des Indikatordiagramms nicht gerecht wird und deshalb mit neueren Erfahrungen häufig im Widerspruche steht, so habe ich dieselbe durch die folgende Betrachtung erweitert, wobei ich ebenso wie Pambour von einer Einzeluntersuchung der verschiedenen Bestandteile des Reibungswiderstandes (in den Stopfbüchsen, der Gleitbahn, den Zapfen am Kreuzkopf und der Kurbel sowie dem Wellenlager und schliesslich der Steuerungsorgane) absehen zu können glaubte.

Aus Fig. 36, welche das sogenannte Kolbenkraftdiagramm darstellt, erkennt man nämlich, dass nicht während des ganzen Hubes des Kolbens positive Arbeit im Cylinder geleistet wird, sondern dass die Maschine gegen Ende des Hubes als Kompressor Arbeit verzehrt. Diese Arbeit muss die Maschine rückwärts dem Vorrate von kinetischer Energie in den Getriebeteilen, bezw. beim Vorhandensein mehrerer Cylinder von diesen und zwar stets erst durch Vermittelung der Getriebeteile entnehmen. Ausser einem konstanten Reibungswiderstande, welcher vorwiegend am Kolben und in der Stopfbüchse auftritt, wird demnach erst während der ersten Periode des Hubes von der positiven Arbeit ein Betrag abzuziehen sein, welcher zu dieser in einem bestimmten Verhältnisse steht, und schliesslich zu der im zweiten Teile des Hubes aufzuwendenden negativen Arbeit ein entsprechender Betrag hinzutreten. Wenden wir auf diese Beträge die für die Reibung giltige Proportionalität mit der Belastung an, so brauchen wir nur während der ersten Hubperiode von den Ordinaten des positiven Diagrammteiles einen ihnen proportionalen Betrag abzuziehen, während der zweiten Periode dagegen den negativen Ordinaten einen entsprechenden Betrag hinzuzufügen. Auf diese Weise erhält man aus dem in Fig. 55 dargestellten Kolbenkraftdiagramm $XBXABC$ (bei dem im Gegensatz zu Fig. 36 nur die Kompression der Deutlichkeit halber etwas stärker angenommen und ausserdem sämtliche Ordinaten von der Basis XX entweder positiv oder negativ aus aufgezeichnet wurden) zunächst das Diagramm $XBXA'BC'$. Durch den konstanten Betrag des Reibungswiderstandes rückt schliesslich die Diagrammbasis einfach nach $X'X'$ und man erhält nunmehr die Figur

$$X'B'X'A'B'C'$$

als Diagramm der treibenden Kraft mit Rücksicht auf die Reibungswiderstände.

Aus demselben ergiebt sich das um die Reibung verminderte Tangentialdruckdiagramm wieder durch die in Fig. 37 angedeutete Konstruktion. Man erkennt übrigens, dass unser Verfahren im wesentlichen auf eine getrennte Anwendung der Pambourschen linearen Beziehung einmal auf den positiven, dann auf den negativen Bestandteil des Kolbenkraftdiagramms hinausläuft. Der analytische Zusammenhang zwischen der effektiven und indizierten Arbeit bezw. der Wirkungsgrad lässt sich ebenfalls sofort angeben. Bezeichnet man den mittleren positiven Druck auf dem ersten Teile s' des Hubes mit p', den negativen auf dem zweiten Teile s'' mit p'' gemessen in kg|qcm, die Kolbenfläche mit F in qcm und den konstanten Reibungswiderstand mit f, ebenfalls gemessen in kg|qcm, so ist zunächst die indizierte Arbeit

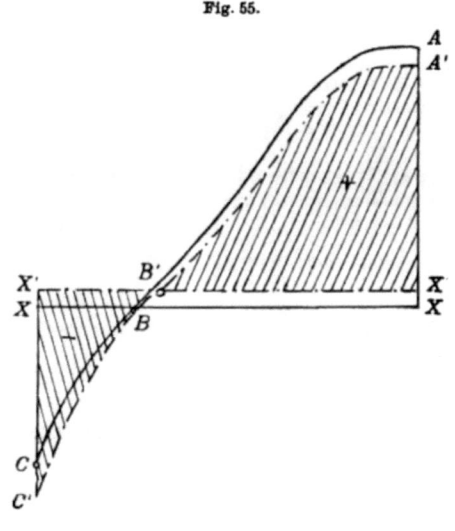

Fig. 55.

Kapitel II.

168) $$L_i = F(p's' - p''s'')$$

und die effektive, wenn δ einen kleinen Bruch bedeutet,

169) $$L_e = F'p's'(1-\delta) - \frac{F''p''s''}{1-\delta} - Ff(s'+s''),$$

oder wegen der Kleinheit von δ genügend genau

169a) $$L_e = F(p's' - p''s'') - F(p's' + p''s'')\delta - Ff(s'+s'').$$

Der mechanische Wirkungsgrad wird alsdann

170) $$\eta = \frac{L_e}{L_i} = 1 - \frac{p's' + p''s''}{p's' - p''s''}\delta - \frac{f(s'+s'')}{p's' - p''s''}.$$

Die beiden Konstanten dieser Formel f und δ müssen natürlich durch zwei Versuche, am besten durch einen Leerlaufs- und einen Bremsversuch ermittelt werden.

Beispiel. Die beiden Konstanten seien bei einer vorgelegten Maschine
$$f = 0{,}1 \text{ kg}|\text{qcm} \quad \text{und} \quad \delta = 0{,}06.$$
Arbeitet die Maschine ohne jede Kompression, d. h. ohne negative Arbeit im Indikatordiagramm, so ist
$$p'' = 0, \quad s'' = 0.$$
Ist weiterhin der mittlere Druck $p' = 2{,}5$ kg|qcm, während des Kolbenweges $s' = 1$, so ergiebt sich ein mechanischer Wirkungsgrad von

$$\eta = 1 - \frac{2{,}5 \cdot 0{,}06 + 0{,}1}{2{,}5} = 0{,}9.$$

Lässt man dagegen dieselbe Maschine mit kleiner Füllung und hoher Kompression laufen, so dass $p' = 4{,}5$ kg|qcm auf dem Kolbenwege
$$s' = 0{,}6 \quad \text{und} \quad p'' = 3{,}5 \text{ kg}|\text{qcm}$$
auf dem Wege $s'' = 0{,}4$ (d. h. $s' + s'' = 1$) wird, so erhält man zunächst einen mittleren Dampfdruck von
$$p_m = p's' - p''s'' = 1{,}3 \text{ kg}|\text{qcm},$$
also bei derselben Umdrehungszahl wie im ersten Falle nur
$$1{,}3 : 2{,}5 = 0{,}52$$
der früheren indizierten Leistung. Der mechanische Wirkungsgrad aber wird

$$\eta = 1 - \frac{4{,}1 \cdot 0{,}06 + 0{,}1}{1{,}3} = 0{,}734,$$

so dass die effektive Leistung sogar auf 0,424 derjenigen im ersten Falle herabsinkt.

Das wichtigste Ergebnis der vorstehenden Theorie der Reibungsarbeit[*] für die Dynamik des Kurbelmechanismus ist der Umstand, dass sie, wenigstens für jede gegebene mittlere Winkelgeschwindigkeit unmittelbar durch die Form und den Inhalt des Indikatordiagramms be-

---

[*] Weitere Beispiele für die Anwendung dieser Theorie u. a. auf Pumpen und Gasmaschinen habe ich in meiner Abhandlung „Der mechanische Wirkungsgrad von Kolbenmaschinen", Zeitschrift d. Vereins deutscher Ingenieure 1894, gegeben.

stimmt ist und daher durch die obige Konstruktion sofort im Tangentialdruckdiagramm, deren Ordinate dadurch die Werte T' annehmen, berücksichtigt werden kann. Dies gilt naturgemäss auch für mehrkurbelige Maschinen, so dass sich eine besondere Untersuchung derselben in Bezug auf die Reibungsverluste erübrigt. Wir werden demnach in der Folge bei einem vorgelegten Drehkraftdiagramm immer voraussetzen, dass in demselben die Reibung schon durch entsprechende Abzüge in Rechnung gezogen ist. Da hierdurch der allgemeine Verlauf der Tangentialkraft keine nennenswerte Änderung erfährt, so war es nicht nötig, die Reibung bei der Beseitigung der Schwankungen der Drehkraft besonders zu behandeln. Dieselbe ist vielmehr hierfür unbedenklich zu denjenigen Beträgen zu rechnen, deren Schwankungen ohnehin in Kauf genommen werden müssen.

Was schliesslich die Nutzarbeit betrifft, so ist dieselbe dann vollständig bestimmt, wenn das Gesetz des Nutzwiderstandes W am Kolben bezw. am Kurbelzapfen als Funktion der Kurbelstellung analytisch oder graphisch gegeben ist. In der Praxis wird meist das letztere der Fall sein, so dass man neben der Kurve des Tangentialdruckes eine solche des Nutzwiderstandes erhält. Ist in der ersteren schon die Reibung berücksichtigt, so muss der durch Planimetrieren festzustellende Inhalt beider Kurven über der ganzen Abscissenaxe (d. i. $= 2\pi$), welcher, wie wir gesehen haben, ein Maß für die Arbeit bildet, im Beharrungszustande übereinstimmen, oder auch, es muss der mittlere Nutzwiderstand W_m gleich dem mittleren wirksamen Tangentialdruck T'_m bezw. bei mehrkurbligen Maschinen $\Sigma T'_m$ sein. Wir werden sehen, dass in diesem Fall die Ermittelung der Winkelgeschwindigkeit für jede Kurbelstellung keine Schwierigkeiten bietet.

Solche treten erst auf, wenn der Nutzwiderstand selbst von der Winkelgeschwindigkeit abhängig ist. Dieser Fall tritt z. B. ein bei Dampfmaschinen, welche direkt mit dem Anker einer Dynamomaschine gekuppelt sind. Der Zusammenhang zwischen dem Nutzwiderstand und der Winkelgeschwindigkeit ist hierbei ein recht verwickelter, weil durch die Schwankungen der letzteren auch die Feldstärke berührt wird. Glücklicherweise kann man sich in diesem Falle immer durch Anwendung so schwerer Schwungmassen helfen, dass im Beharrungszustande die Schwankungen der Winkelgeschwindigkeit auf ein beliebig kleines Maß zurückgeführt werden und der Nutzwiderstand praktisch als konstant erscheint. Hat man es dagegen mit Schiffsmaschinen zu thun, welche vermittelst ihrer Kurbelwelle einen Schraubenpropeller bethätigen, so ist es unmöglich, von den rotierenden Massen, deren Trägheitsmoment niemals auch nur annähernd so gross gemacht werden kann wie dasjenige von Schwungrädern entsprechend starker stationärer Maschinen, einen hinreichenden Ausgleich der Schwankungen der Winkelgeschwindigkeit zu erwarten. In diesem Falle bleibt nichts weiter übrig, als das Widerstandsgesetz selbst einzuführen und danach die Differentialgleichung zu integrieren. Streng genommen sollte man dieses Gesetz auf theoretischem Wege aus der Schraubenbewegung im Wasser mit Rücksicht auf die Ortsveränderung des Schiffskörpers, welche, wie wir oben gesehen haben, den Schwankungen der Umdrehungsgeschwindigkeit des Propellers gar nicht oder doch nur ganz unwesentlich beeinflusst wird, ableiten. Hierzu reicht indessen der augenblickliche Stand der technischen Hydrodynamik nicht aus, so dass man auf rein empirische Formeln angewiesen ist. Von allen derartigen Vorschlägen, welche mehr oder weniger theoretisch begründet sind, deckt sich am besten mit der Erfahrung der einfache Ausdruck

171) $$W = C\varepsilon^2,$$

welcher, wie wir sehen werden, den Vorteil gewährt, dass sich die Differentialgleichung der Bewegung leicht integrieren lässt. Damit ist natürlich nicht gesagt, dass nicht unter Umständen verwickeltere Gesetze in Frage zu ziehen wären, etwa von der Form:

172) $$W = f(\varphi, \varepsilon).$$

Sind die Schwankungen $\varDelta\varepsilon$ von ε nicht sehr gross, so können wir, unter ε_m den Mittelwert verstanden, mit

$$\varepsilon = \varepsilon_m + \varDelta\varepsilon$$

nach dem Taylor'schen Lehrsatze auch angenähert schreiben

172a) $$W = f(\varphi, \varepsilon_m) + \varDelta\varepsilon \left(\frac{\partial f}{\partial \varepsilon}\right)_{\varepsilon_m}.$$

Wir werden sehen, dass auch mit diesem Widerstandsgesetz die Differentialgleichung der Bewegung integrabel wird bezw. sich analytisch auf dieselbe Form zurückführen lässt, welche aus Gleichung 171) hervorgeht. Andere Widerstandsgesetze, z. B. solche, in welche auch die Beschleunigung $d\varepsilon : dt$ eintritt, hier zu behandeln, dürfte sich erübrigen, da für dieselben zunächst kein praktisches Bedürfnis vorliegt.

15. Die Änderungen der Winkelgeschwindigkeit bei gegebener Widerstandskurve. Wir setzen eine Maschine voraus, deren Dimensionen und sämtliche bewegte Massen ihrem Gewichte nach gegeben sind. Ebenso sei das resultierende Tangentialkraftdiagramm mit Rücksicht auf die Reibungsverluste bekannt, so dass es mit der Widerstandskurve vereinigt werden kann. Tragen wir dann noch in das Diagramm die Linie der Änderungen der potentiellen Energie ein, also die Werte von $dV : d\varphi$ als Ordinaten an die zugehörigen Abscissen φ und addieren dieselben algebraisch zu den Differenzen $(T' - W)r$, so ist der Zuwachs der kinetischen Energie J von einer Anfangslage ab, z. B. der inneren Totlage der Anfangskurbel, vollständig bestimmt durch die Energiegleichung

173) $$J - J_0 = \int_0^\varphi \left(T'r - Wr - \frac{dV}{d\varphi}\right) d\varphi.$$

Da unter den Integralzeichen lediglich Winkelfunktionen stehen, so bietet die Integration wenigstens auf graphischem Wege keine Schwierigkeiten und man erhält, wenn man das Integral der rechten Seite mit $\varDelta L$ bezeichnet,

173a) $$J - J_0 = \varDelta L,$$

womit die Aufgabe vom theoretischen Standpunkte aus erledigt ist.

Führt man dann für die kinetische Energie die früher entwickelten Ausdrücke 150), 151) bezw. 154) ein, welche sich kürzer in der Form schreiben lassen

174) $$J = \varepsilon^2 U \quad \text{bezw.} \quad J_0 = \varepsilon_0^2 U_0,$$

worin U eine Winkelfunktion bedeutet, die für $\varphi = 0$ in U_0 übergeht, während hierfür die Winkelgeschwindigkeit $\varepsilon = \varepsilon_0$ wird, so wird aus Gleichung 173a)

173b) $$\varepsilon^2 U - \varepsilon_0^2 U_0 = \varDelta L.$$

Handelt es sich um die Bestimmung der Winkelgeschwindigkeit ε für jede Kurbelstellung, so tritt sofort eine Schwierigkeit insofern auf, als in der Praxis niemals die Totpunktsgeschwindigkeit ε_0, sondern stets die mittlere Winkelgeschwindigkeit ε_m, definiert durch die mittlere Umdrehungsdauer t_m,

175) $$\varepsilon_m = \frac{2\pi}{t_m}$$

gegeben bezw. vorgeschrieben ist. Wenn auch für zahlreiche Aufgaben der Unterschied von ε_m und ε_0 nicht schwer ins Gewicht fällt, so erscheint es doch angebracht, prinzipiell ein etwas strengeres Verfahren an die Stelle der häufig zu findenden Gleichstellung beider Werte zu setzen, wobei wir die praktische Erfahrung benützen wollen, dass die Schwankungen von ε nur relativ kleine Beträge erreichen. Wir schreiben demnach

176) $$\varepsilon = \varepsilon_m + \varDelta \varepsilon$$

und erhalten für die Umdrehungsdauer wegen $\varepsilon = \frac{d\varphi}{dt}$

$$t_m = \int_0^{2\pi} \frac{d\varphi}{\varepsilon} = \int_0^{2\pi} \frac{d\varphi}{\varepsilon_m + \varDelta \varepsilon}.$$

Ist nun $\varDelta \varepsilon$ sehr klein gegen ε_m, so haben wir statt dessen angenähert

$$t_m = \frac{1}{\varepsilon_m} \int_0^{2\pi} d\varphi - \frac{1}{\varepsilon_m^2} \int_0^{2\pi} \varDelta \varepsilon \, d\varphi = \frac{2\pi}{\varepsilon_m} - \frac{1}{\varepsilon_m^2} \int_0^{2\pi} \varDelta \varepsilon \, d\varphi.$$

Vergleicht man diesen Ausdruck mit 175), so erkennt man, dass auf Grund unserer Annäherung

177) $$\int_0^{2\pi} \Delta\varepsilon\, d\varphi = 0$$

wird. Diese Eigenschaft der Winkelgeschwindigkeit, dass man das Integral ihrer Schwankungen erstreckt über den ganzen Umfang des Kurbelkreises im Beharrungszustande vernachlässigen darf, erlaubt uns nun, auf einfache Weise die oben erwähnte Schwierigkeit zu umgehen. Wir erhalten nämlich aus 173b)

173c) $$\varepsilon^2 = \varepsilon_0^2 \frac{U_0}{U} + \frac{\Delta L}{U}$$

und daraus

178) $$\int_0^{2\pi} \varepsilon^2 d\varphi = \varepsilon_0^2 U_0 \int_0^{2\pi} \frac{d\varphi}{U} + \int_0^{2\pi} \frac{\Delta L}{U} d\varphi,$$

worin sich die Integrationen der rechten Seite, wie schon oben in 173) auf graphischem Wege leicht durchführen lassen. Führen wir auf der linken Seite wieder unseren Ausdruck 176) ein, so erhalten wir unter Vernachlässigung des Quotienten $\Delta^2\varepsilon : \varepsilon_m^2$ angenähert

$$\int_0^{2\pi} \varepsilon^2 d\varphi = \varepsilon_m^2 \int_0^{2\pi} \left(1 + 2\frac{\Delta\varepsilon}{\varepsilon_m}\right) d\varphi = 2\pi\varepsilon_m^2 + 2\varepsilon_m \int_0^{2\pi} \Delta\varepsilon\, d\varphi;$$

oder wegen 177)

177a) $$\int_0^{2\pi} \varepsilon^2 d\varphi = 2\pi\varepsilon_m^2.$$

Dies giebt aber in 178) eingeführt den gewünschten Zusammenhang

178a) $$2\pi\varepsilon_m^2 = \varepsilon_0^2 U_0 \int_0^{2\pi} \frac{d\varphi}{U} + \int_0^{2\pi} \frac{\Delta L}{U} d\varphi$$

zwischen der mittleren und der Totpunktsgeschwindigkeit. Für stationäre Maschinen, bei denen die kinetische Energie der schweren Schwungmasse gegenüber derjenigen der hin- und hergehenden Teile stets weitaus überwiegt, kann man die letzte Gleichung noch wesentlich vereinfachen, indem man [siehe Gleichung 151)]

$$U = U_0 \sim \frac{r^2}{2}\{M_0 + \Sigma(m - m'\cos 2\alpha + m''\cos\alpha - m''\cos 3\alpha)\}$$

setzt. Mit der Abkürzung

$$\int_0^{2\pi} \Delta L \, d\varphi = 2\pi \Delta L_m$$

erhält man alsdann statt 178a)

178b) $\qquad \varepsilon_m^2 = \varepsilon_0^2 + \dfrac{\Delta L_m}{U_0}.$

In derselben Weise kann man natürlich auch die zur Berechnung beliebiger Werte von ε dienende Formel 173c) vereinfachen und erhält so angenähert

179) $\qquad \varepsilon^2 = \varepsilon_0^2 + \dfrac{\Delta L}{U_0}.$

Danach wird die Winkelgeschwindigkeit ein Maximum, wenn der Arbeitsüberschuss ΔL, dargestellt durch den über die Widerstandskurve hinausragenden Flächenteil der Tangentialdrucklinie, einen Maximalwert erreicht hat, während ein Minimum eintritt, wenn der Flächenüberschuss der Widerstandskurve über die Tangentialkraftkurve am grössten geworden ist. Bezeichnen wir diese beiden Werte mit ε_{max} und ε_{min} sowie die entsprechenden Flächenüberschüsse mit ΔL_1 und ΔL_2, so erhalten wir aus 179):

179a) $\qquad \varepsilon_{max}^2 - \varepsilon_{min}^2 = \dfrac{\Delta L_1 - \Delta L_2}{U_0},$

oder, wenn wir angenähert setzen

$$\varepsilon_{max} + \varepsilon_{min} = 2\,\varepsilon_m$$

180) $\qquad \delta = \dfrac{\varepsilon_{max} - \varepsilon_{min}}{\varepsilon_m} = \dfrac{\Delta L_1 - \Delta L_2}{2\,\varepsilon_m^2\, U_0}.$

Diese Grösse* bezeichnet man wohl auch als den Ungleichförmigkeitsgrad oder kurz als die Ungleichförmigkeit der Maschine. Wird der Wert derselben ebenso vorgeschrieben wie die mittlere Winkelgeschwindigkeit, so ist man durch Gleichung 180) in den Stand gesetzt, die Grösse U_0, in welcher die Schwungradmasse die Hauptrolle spielt, zu berechnen. In der Praxis ist es üblich, die aus der so ermittelten Grösse U_0 bei gegebenem Kurbelradius folgende Masse (reduziert auf den Kurbelzapfen) vollständig im Schwungrad unterzubringen, so dass der von den hin- und hergehenden Teilen, deren Massen erst nach ihrer Konstruktion festgestellt werden können, stammende Einfluss den schliesslichen Ungleichförmigkeitsgrad nur vermindern, d. h. aber verbessern kann.

Das hier durchgeführte Rechnungsverfahren läuft nun, da die Arbeitskurve T' immer, die Widerstandskurve dagegen in vielen Fällen lediglich durch Linienzüge gegeben sind, auf die graphische Aus-

---

* Die obenstehende Grösse δ ist natürlich nicht mit dem gleichbezeichneten Koeffizienten für die Reibung in § 14 zu verwechseln.

wertung der Integrale ΔL hinaus. Dieselbe erfolgt am einfachsten durch Planimetrieren der einzelnen Streifen der schraffierten Fläche in Fig. 56 und Auftragen dieser Ergebnisse in einem besonderen Diagramm Fig. 57, welches dann in einem zunächst willkürlichen Maßstabe sogleich nach Formel 179) den Verlauf der Schwankungen von ε^2 angiebt. Der wiederum durch Planimetrieren bestimmten mittleren

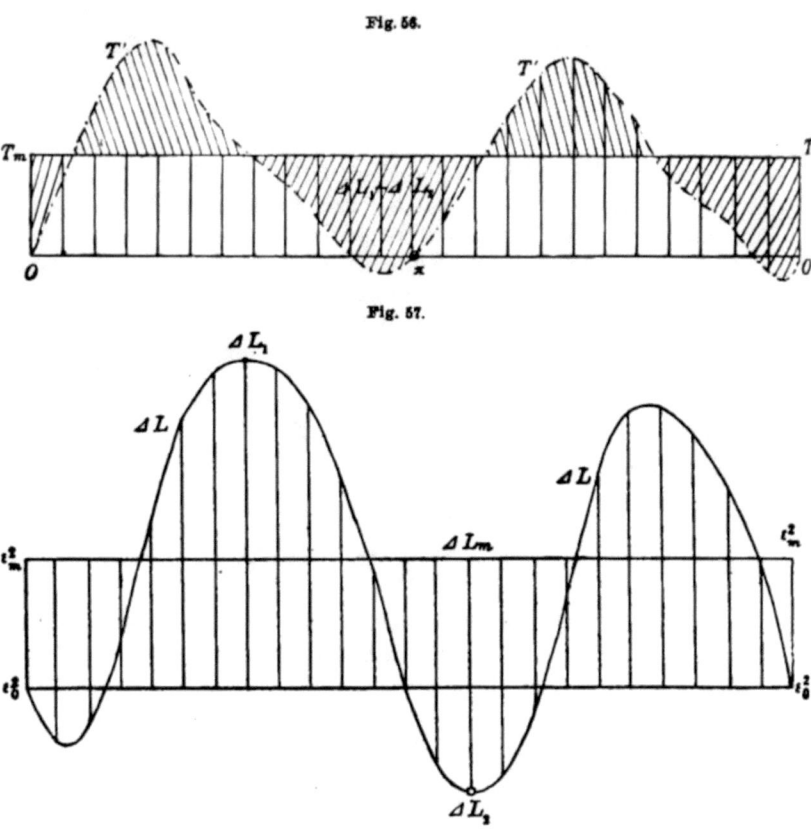

Fig. 56.

Fig. 57.

Höhe dieser Integralkurve entspricht sodann der Wert von ε_m^2. Um nun die absolute Grösse z. B. der Differenz

$$\varepsilon^2 - \varepsilon_0^2 \quad \text{oder} \quad \varepsilon^2 - \varepsilon_m^2$$

zu finden, braucht man nur das Verhältnis der entsprechenden Ordinatendifferenz in Fig. 57 durch die Summe der Ordinaten des Rechtecks $OT_m T_m O$ in Fig. 56, welches die Gesamtarbeit L während einer Umdrehung darstellt, zu dividieren und dann dieses Verhältnis mit dem Quotienten $L:U_0$, worin L und U_0 in mkg gegeben sein müssen, zu multiplizieren.

Ist umgekehrt die Ungleichförmigkeit

$$\varepsilon_{max} - \varepsilon_{min}$$

und ausserdem ε_m sowie die effektive Leistung L der Maschine gegeben, so erhält man mit der vorstehend geschilderten Methode aus dem Tangentialkraftdiagramm die für die Schwungradmasse grundlegende Grösse U_0.

Beispiel. Das in Fig. 56 dargestellte Tangentialkraftdiagramm gehöre einer doppeltwirkenden Eincylindermaschine von $N_e = 100$ effektiven Pferdestärken an, welche in der Minute $n = 75$ Umdrehungen vollzieht; der Kurbelradius der Maschine sei $r = 0,5$ m.

Aus der Umdrehungszahl folgt zunächst

$$\varepsilon_m = \frac{\pi n}{30} = 7,854, \quad \varepsilon_m^2 = 61,685$$

und die Arbeit während einer Umdrehung

$$L = \frac{N_e \cdot 60 \cdot 75}{n} = 6000 \text{ mkg}.$$

Weiter ergiebt sich aus Fig. 57 das Maximum ΔL_1 entspr. ε_{max}^2 und das Minimum ΔL_2 entspr. ε_{min}^2 und ebenso ΔL_m entspr. ε_m^2, so dass wir, indem wir die der Figur entnommenen Verhältniswerte einsetzen, die Formeln erhalten

$$\varepsilon_0^2 = \varepsilon_m^2 - 0,054 \frac{L}{U_0} = \varepsilon_m^2 - \frac{320}{U_0}$$

$$\varepsilon_{max}^2 = \varepsilon_m^2 + 0,082 \frac{L}{U_0} = \varepsilon_m^2 + \frac{492}{U_0}$$

$$\varepsilon_{min}^2 = \varepsilon_m^2 - 0,098 \frac{L}{U_0} = \varepsilon_m^2 - \frac{588}{U_0}$$

$$\varepsilon_{max}^2 - \varepsilon_{min}^2 = 0,180 \frac{L}{U_0} = \frac{1080}{U_0}$$

In derselben Weise kann man die Winkelgeschwindigkeit für jede beliebige Stelle nunmehr aus dem bis zur entsprechenden Kurbelstellung erzielten Arbeitsüberschuss ΔL im Verhältnis zur Gesamtarbeit L ermitteln, so dass die Aufgabe gelöst ist, wenn man

$$U_0 \sim \frac{r^2}{2} M_0$$

kennt. Hat z. B. das Schwungrad ein Gewicht von $G_0 = 4000$ kg, und einen Trägheitsradius von $k_0 = 2,5$ m, so ist

$$M_0 = \frac{G_0}{g} \cdot \frac{k_0^2}{r^2},$$

oder

$$U_0 = \frac{r^2}{2} M_0 = \frac{408 \cdot 6,25}{2} = 1275 \text{ mkg}$$

und wir erhalten aus unseren obigen Ausdrücken:

$$\varepsilon_0^2 = 61,685 - 0,251 = 61,437; \qquad \varepsilon_0 = 0,998 \cdot \varepsilon_m$$

$$\varepsilon_{max}^2 = 61,685 + 0,368 = 62,053; \qquad \varepsilon_{max} = 1,003 \cdot \varepsilon_m$$

$$\varepsilon_{min}^2 = 61,685 - 0,462 = 61,223; \qquad \varepsilon_{min} = 0,996 \, \varepsilon_m.$$

Die Ungleichförmigkeit der Maschine wird demnach

$$\delta = \frac{\varepsilon_{max} - \varepsilon_{min}}{\varepsilon_m} = 0,007.$$

Soll dagegen umgekehrt aus der Ungleichförmigkeit und dem Drehkraftdiagramm die Schwungmasse ermittelt werden, so kann man sich natürlich wieder der hier benutzten Formeln bedienen; man erhält durch Elimination von ε_{max} und ε_{min} eine quadratische Gleichung für $1:U_0$ bezw. U_0. Einfacher und bei hinreichender Genauigkeit auch zweckmässiger erscheint indessen hierfür die Gleichung 180), welche allerdings auf der Annahme beruht, dass die mittlere Winkelgeschwindigkeit gleich dem Mittelwerte des Maximums und des Minimums gesetzt werden darf. Die Zulässigkeit dieser Annahme geht übrigens aus Fig. 49 hinreichend hervor.

Unsere in vorstehendem Beispiel praktisch vorgeführte Methode der Bestimmung der Winkelgeschwindigkeit für jede Kurbelstellung

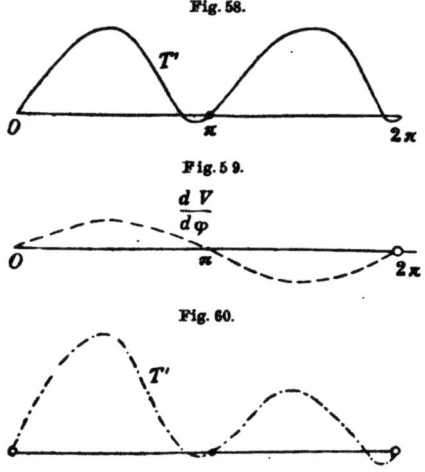

Fig. 58.

Fig. 59.

Fig. 60.

unterscheidet sich nun insofern von dem üblichen Radingerschen Verfahren, als wir die Veränderlichkeit der kinetischen Energie mit der Kurbelstellung φ gänzlich vernachlässigten, während man dieselbe sonst durch Vereinigung der Massendrücke mit dem wirksamen Kolbendruck im Indikatordiagramm berücksichtigt. Da nun die Massendrücke selbst wiederum nur unter der vorläufigen Annahme konstanter Winkelgeschwindigkeit berechnet und aufgezeichnet werden können, so dürfte, wenigstens im Falle schwerer Schwungmassen oder was auf dasselbe hinausläuft, geringer Ungleichförmigkeit, das hier entwickelte einfachere Verfahren vorzuziehen sein.

Anders liegt die Sache natürlich, wenn die hin- und hergehenden Massen im Vergleich zu der auf den Kurbelradius bezogenen rotierenden nicht mehr vernachlässigt oder doch als klein bezeichnet werden können. Alsdann bleibt nichts weiter übrig, als zunächst die Totpunktsgeschwindigkeit ε_0 durch graphische Integration nach Gleichung 178a) aus ε_m zu ermitteln und dieses Verfahren auch auf Gleichung 173c) anzuwenden.

Wie wir übrigens schon aus den Beispielen zu § 11 ersehen konnten, spielen sowohl bei liegenden, insbesondere aber bei stehenden Maschinen, welche zum Antriebe von Schiffen vorwiegend benutzt werden und bei ihrem geringeren Raumbedürfnis in neuerer Zeit auch für stationäre Zwecke eine grosse Verbreitung erlangten, die Änderungen der potentiellen Energie, d. h. die Wirkungen der auf- und niedergehenden Gewichte eine grosse Rolle. Diese Gewichte unterstützen beim Niedergange des Kolbens den Dampfdruck, während sie beim Aufgange Arbeit verzehren. Kombiniert man demnach, wie in Formel 173) angedeutet, das Diagramm der effektiven Dampfdrücke T' (Fig. 58) mit demjenigen der $-\frac{dV}{d\varphi}$ (Fig. 59), so ergiebt sich ein Diagramm (Fig. 60), auf welches unsere frühere einfache Darstellung der Tangentialdrücke etwa durch

$$T = T_m + A \cos 2\varphi + B \sin 2\varphi$$

nicht mehr passt. Erstrebt man demnach bei einer mehrkurbeligen Maschine einen möglichst gleichförmigen Gang, so erscheint die Befolgung der früher angegebenen Regeln für die Arbeitsverteilung allein noch nicht hinreichend, vielmehr ist die Beseitigung der Schwankungen der potentiellen Energie, d. h. die Erfüllung des Massenausgleiches hierfür unbedingt erforderlich. Erstreckt sich dieser Ausgleich ausserdem noch auf die Schwankungen zweiter Ordnung, so können auch die hauptsächlichsten Veränderungen der kinetischen Energie J mit der Kurbelstellung φ als beseitigt gelten und man ist, ohne dass die rotierenden Massen gegenüber den hin- und hergehenden gross zu sein brauchen, berechtigt, angenähert die Grösse $U = U_0$ zu setzen. Inwiefern diese einzelnen Forderungen miteinander verträglich sind, haben wir übrigens schon oben in § 13 diskutiert, so dass ich mich an dieser Stelle mit dem Hinweise auf die dortigen Ausführungen begnügen darf. Jedenfalls erkennt man, dass eine spezielle Behandlung der Mehrkurbelmaschine nunmehr nichts Neues bieten kann.

Beispiel. Dagegen erscheint es angebracht, wenigstens im Zahlenbeispiel eine solche Mehrkurbelmaschine vollständig durchzurechnen. Wir wählen dazu eine stehende Dreikurbelmaschine mit Schränkungswinkeln von je 120° und einer Gesamtleistung von 3000 PS bei 75 minutlichen Umdrehungen. Jedes Getriebe möge hierzu denselben Beitrag liefern. Wie in Beispiel II des § 11 möge das Gewicht jeder Kurbel mit dem Schwerpunktsabstande $s'' = 0,4$ m $K = 1500$ kg, dasjenige jeder Schubstange $(r:l = 1:4, \quad r = 0,6$ m, $\quad l = 2,4$ m, $\quad s' = 1,6$ m) $G = 1500$ kg, also eben so gross sein. Sind dann noch die Gewichte des Kolbens, der Stange und des Kreuzkopfes für das Getriebe am H.Dr. $P_1 = 2000$ kg, am M.Dr. $P_2 = 2500$ kg und am N.Dr. $P_3 = 3500$ kg, so ergeben sich die folgenden für die potentielle Energie, bezw. die Gewichtswirkung massgebenden Werte (Gleichung 157) am

122   Kapitel II.

$$\begin{array}{cccc} & \text{H.Dr.} & \text{M.Dr.} & \text{N.Dr.} \\ P + G\,\dfrac{l-s'}{l} = & 2500 \text{ kg} & 3000 \text{ kg} & 4000 \text{ kg} \\ K\,\dfrac{s''}{r} + G\,\dfrac{s'}{l} = & 2000 \text{ kg} & 2000 \text{ kg} & 2000 \text{ kg}. \end{array}$$

Mit den Kurbelwinkeln bezw. Winkelfunktionen

$$\begin{array}{lll} \alpha_1 = 0 & \alpha_2 = 120^\circ & \alpha_3 = 240^\circ \\ \cos\alpha_1 = +1 & \cos\alpha_2 = -0{,}5 & \cos\alpha_3 = -0{,}5 \\ \sin\alpha_1 = 0 & \sin\alpha_2 = +0{,}866 & \sin\alpha_3 = -0{,}866 \\ \cos 2\alpha_1 = +1 & \cos 2\alpha_2 = -0{,}5 & \cos 2\alpha_3 = -0{,}5 \\ \sin 2\alpha_1 = 0 & \sin 2\alpha_2 = -0{,}866 & \sin 2\alpha_3 = +0{,}866 \end{array}$$

ergiebt sich nun

$$\Sigma\left(P + G + K\,\frac{s''}{r}\right)\cos\alpha = -500 \text{ kg}$$

$$\Sigma\left(P + G + K\,\frac{s''}{r}\right)\sin\alpha = -666 \text{ kg}$$

$$\frac{1}{2}\frac{r}{l}\Sigma\left(P + G\,\frac{l-s'}{l}\right)\cos 2\alpha = -125 \text{ kg}$$

$$\frac{1}{2}\frac{r}{l}\Sigma\left(P + G\,\frac{l-s'}{l}\right)\sin 2\alpha = +433 \text{ kg}.$$

Damit sind aber die Gewichte noch nicht erschöpft, da auch die bisher noch unberücksichtigten Steuerungsteile hierzu einen Beitrag liefern. Wir wollen die Gewichte desselben mit P' bezeichnen und darunter ausser den Schiebern auch die Steuerstangen und die Exzenter begreifen. Wegen der Kleinheit der Exzentrizität der letzteren, welche wir zu $r' = 0{,}09$ m annehmen, und der Grösse der Stangenlänge kann der Einfluss der letzteren für die Wirkung der Steuergetriebe vernachlässigt werden. Eilen nun die entsprechenden Exzenter den zugehörigen Kurbeln um 110° vor (siehe nebenstehende Fig. 61), so entsprechen den Gewichten der Steuerungsteile

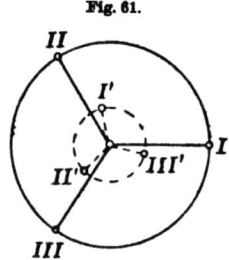

Fig. 61.

$$P'_1 = 300 \text{ kg} \quad P'_2 = 500 \text{ kg} \quad P'_3 = 800 \text{ kg}$$

die nachstehenden Winkel und Winkelfunktionen bezogen auf die Hochdruckkurbel

$$\begin{array}{lll} \alpha'_1 = 110^\circ & \alpha'_2 = 230^\circ & \alpha'_3 = 350^\circ \\ \cos\alpha'_1 = -0{,}342 & \cos\alpha'_2 = -0{,}643 & \cos\alpha'_3 = +0{,}985 \\ \sin\alpha'_1 = +0{,}940 & \sin\alpha'_2 = -0{,}766 & \sin\alpha'_3 = -0{,}174, \end{array}$$

woraus sich die auf den Kurbelradius bezogenen resultierenden Gewichte zu

$$\frac{r'}{r}\Sigma P'\cos\alpha' = +40 \text{ kg}, \qquad \frac{r'}{r}\Sigma P'\sin\alpha' = -36 \text{ kg}$$

berechnen. Vereinigen wir nunmehr diese Beträge mit den für Hauptgetriebe oben gefundenen und setzen dieselben in die durch Differentiationen aus 157) mit $\gamma = 90^\circ$ gewonnene Formel ein, so ergiebt sich die Gewichtswirkung der Maschinenteile zu

$$\frac{l}{r}\frac{dV}{d\varphi} = 460 \text{ kg}\sin\varphi + 702 \text{ kg}\cos\varphi + 125 \text{ kg}\sin 2\varphi - 433 \text{ kg}\cos 2\varphi.$$

Der Energieaustausch.

Da der mittlere auf dem Kurbelzapfen reduzierte Tangentialdruck einer Leistung von 3000 PS entsprechend ca. $T_m = 47700$ kg beträgt, so erscheint die Gewichtswirkung bezw. der Einfluss der Änderungen der potentiellen Energie der Getriebeteile im Vergleich hierzu als verschwindend, ganz im Gegensatze zu der Gewichtswirkung des im Beispiel II des § 11 durchgerechneten Einzelgetriebes. Man erkennt hieraus, dass bei unserer Dreikurbelmaschine ein ganz leidlicher Ausgleich der Gewichts- und damit auch der Massenwirkungen sich von selbst vollzieht.

Wir gehen nun zur Berechnung der kinetischen Energie über, für die uns Gleichung 151) gegeben ist. Für die durch 148) und 150) bestimmten Massen m' und m'' bezw. die denselben entsprechenden Gewichte erhalten wir, wenn wir noch für den Trägheitshalbmesser der Schubstangen das Verhältnis $k'^2 : l^2 = 2 : 3$ ($\sim s' : l$) festsetzen, die nachstehenden zunächst auf die Einzelgetriebe bezüglichen Werte:

	H.Dr.	M.Dr.	N.Dr.
$gm' = \frac{1}{2}\left(P + G\frac{l^2 - k'^2}{l^2}\right) =$	1250 kg	1500 kg	2000 kg
$gm'' = \frac{1}{2}\frac{r}{l}\left(P + G\frac{l - s'}{l}\right) =$	313 kg	375 kg	500 kg
$gm' \cos 2\alpha =$	+ 1250 kg	− 750 kg	− 1000 kg
$gm' \sin 2\alpha =$	0 kg	− 1300 kg	+ 1733 kg
$gm'' \cos \alpha =$	+ 313 kg	− 188 kg	− 250 kg
$gm'' \sin \alpha =$	0 kg	+ 325 kg	− 433 kg
$gm'' \cos 3\alpha =$	− 313 kg	+ 375 kg	+ 500 kg
$gm'' \sin 3\alpha =$	0 kg	0 kg	0 kg

und damit folgt für die Koeffizienten der Winkelfunktionen in Gleichung 151)

$g\Sigma m' \cos 2\alpha = − 500$ kg, $\quad g\Sigma m' \sin 2\alpha = + 433$ kg

$g\Sigma m'' \cos \alpha = − 125$ kg, $\quad g\Sigma m'' \sin \alpha = − 108$ kg

$g\Sigma m'' \cos 3\alpha = + 1198$ kg, $\quad g\Sigma m'' \sin 3\alpha = 0$ kg.

Die Bedeutung dieser Werte geht aber erst aus ihrem Verhältnis zu der als rotierend anzusehenden Masse (Gleichungen 146 und 147)

$$M_0 + \Sigma m = \frac{1}{g}\left\{K_0 \frac{k_0^2}{r^2} + \frac{1}{2}\Sigma\left(P + G\frac{l^2 + k'^2}{l^2}\right)\right\}$$

hervor, worin sich K, wenn wir an eine Schiffsmaschine denken, aus der Kurbelwelle, den Kurbeln, der Wellenleitung und dem Propeller zusammensetzt. Setzen wir den Durchmesser der Welle zu 0,35 m und ihre Länge zu 55 m fest, so wird ihr Gewicht ca. 40000 kg betragen, während der Trägheitshalbmesser sich zu $k_0 = \sqrt{0{,}015}$ ergibt. Auf den Kurbelradius $r = 0{,}6$ reduziert, folgt demnach für die Welle ein Einfluss von nur

$$40000 \cdot \frac{0{,}015}{0{,}36} = 1667 \text{ kg}.$$

Der Propeller möge mit Nabe 6480 kg wiegen, sein Trägheitshalbmesser sei 1 m, derjenige der Kurbeln mit dem Gesamtgewichte von 4500 kg sei 0,4 m, also ist der Einfluss dieser Massen

$$4500 \cdot \frac{0{,}16}{0{,}36} + 6480 \cdot \frac{1}{0{,}36} = 20000 \text{ kg}.$$

Dazu kommen noch die von Σm (Gleichung 147), also von den hin- und hergehenden Massen herrührenden Glieder

$$\frac{1}{2} \Sigma \left(P + G \frac{l^2 + k'^2}{l^2} \right) = 7750 \text{ kg},$$

so dass sich ein Gesamtbetrag von

$$g M_0' = g (M_0 + \Sigma m) = 29417 \text{ kg}$$

ergiebt. Bemerkenswert erscheint hieran der relativ grosse Einfluss der hin- und hergehenden Getriebeteile, welcher den der viel schwereren Wellenleitung wegen deren kleinen Trägheitsradius weitaus übertrifft, trotzdem aber vielfach ganz ausser acht gelassen wird. Führen wir nunmehr diese Ergebnisse in Gleichung 151) ein, so nimmt diese, wenn wir noch die Masse M_0' vor die Klammer setzen, die Form

$$\Sigma J = \varepsilon^2 U = \frac{r^2 \varepsilon^2}{2} M_0' \Big\{ 1 + 0{,}017 \cos 2\varphi + 0{,}015 \sin 2\varphi$$

$$- 0{,}004 \cos \varphi + 0{,}004 \sin \varphi - 0{,}041 \cos 3\varphi \Big\}$$

an. Wir haben also hier den Fall einer nicht wohl als konstant anzusehenden Winkelfunktion U und zwar in Kombination mit einem im Verhältnis zur Maschinenleistung geringem M_0. Für die Behandlung des vorgelegten Drehkraftdiagramms (siehe Fig. 62), in welchem die oben berechnete Gewichtswirkung schon berück-

Fig. 62.

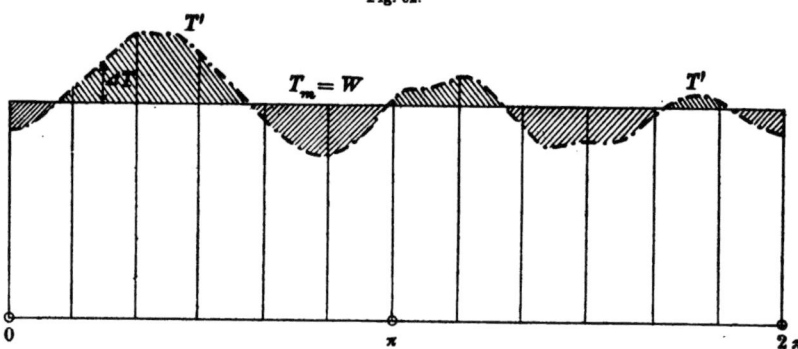

sichtigt und der Widerstand der Einfachheit halber konstant gedacht sein möge, kommen demnach nicht die vereinfachten Gleichungen 178 b) und 179) in Frage, sondern 178 a) und 173 c). Dabei kann man sich gestatten, für die reciproken Werte von U

$$U = \frac{2}{r^2 M_0} \Big\{ 1 - 0{,}017 \cos 2\varphi - 0{,}015 \sin 2\varphi + 0{,}004 \cos \varphi$$

$$- 0{,}004 \sin \varphi + 0{,}041 \cos 3\varphi \Big\}$$

zu schreiben, wodurch sich die graphischen Integrationen wesentlich bequemer gestalten. Durch dieselben erhält man

$$\varepsilon_0^2 = 0{,}939 \, \varepsilon^2, \qquad \varepsilon_0 = 0{,}97 \, \varepsilon_m$$
$$\varepsilon^2 \max = 1{,}20 \, \varepsilon_m^2, \qquad \varepsilon \max = 1{,}10 \, \varepsilon_m$$
$$\varepsilon^2 \min = 0{,}86 \, \varepsilon_m^2, \qquad \varepsilon \min = 0{,}93 \, \varepsilon_m,$$

also ein Ungleichförmigkeitsgrad

$$\delta = 0{,}17,$$

der trotz des erheblich günstigeren Verlaufes des Drehkraftdiagramms gegenüber dem vorhergehenden Beispiel bedeutend grösser ist als der oben ermittelte. Es liegt dies einmal an den hier nicht mehr zu vernachlässigenden Schwankungen von U vor allem aber an der relativen Kleinheit der als rotierend anzusehenden Masse.

Schliesslich dürfte noch eine Bemerkung über die Bedeutung der Geschwindigkeitskurve für die **Regulierung der Maschinen** von Interesse sein. Die Konstruktion dieser Linie ist nämlich an sich durchaus nicht an die Bedingung eines Beharrungszustandes, bezw. in den hier behandelten Fällen eines konstanten Widerstandes gebunden. Ändert sich die Belastung der Maschine im Verlaufe einer Umdrehung plötzlich oder auch stetig, so wird auch die Integralkurve einen anderen Verlauf nehmen. Für die Aufzeichnung der Geschwindigkeitskurve ist auch hier die Kenntnis wenigstens eines Wertes von ε notwendig, zu der man durch die Untersuchung des der Störung vorangegangenen Beharrungszustandes gelangt. Es heisst dies nichts anderes, als dass sich die Integralkurve für die veränderte Belastung an diejenige für den Beharrungszustand in irgend einem Punkte anschliesst. Die Regulatorhülse, welche bei der mittleren Winkelgeschwindigkeit ε_m des Beharrungszustandes ebenfalls eine Mittellage einnehmen wird, beginnt sich nun erst zu bewegen, wenn die der Unempfindlichkeit entsprechende höhere bezw. niedere Geschwindigkeit ε' bezw. ε'' das erste Mal erreicht ist. Sinkt die Geschwindigkeit infolge ihrer Ungleichförmigkeit absolut genommen sofort mit oder doch kurz nach dem Überschreiten eines dieser Werte (s. Fig. 63), so kann auch die Bewegung der Regulatorhülse, wenn ihr noch keine erhebliche lebendige Kraft innewohnt, zum Stillstande gelangen und eine weitere Bewegung würde erst wieder eintreten,

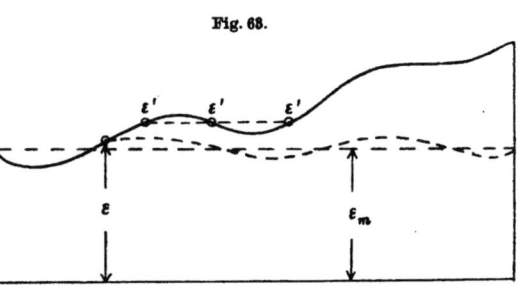

Fig. 63.

wenn von neuem die Unempfindlichkeit des Regulators durch weitere Steigerung der Geschwindigkeit überwunden ist. Man erkennt hieraus, dass die Ungleichförmigkeit des Ganges der Maschine einerseits einen ruckweisen Beginn und anderseits einen langsameren Verlauf der Regulierung zur Folge haben wird. Bei sehr empfindlichen Regulatoren wird der erste Übelstand zweifellos überwiegen und leicht zu einer sogenannten Überregulierung führen. Deshalb ist es zweckmässig, bei grosser Ungleichförmigkeit des Ganges der Maschine von vornherein auf eine plötzliche Regulierung zu verzichten, bezw. dieselbe durch Einschaltung einer Ölbremse zu dämpfen, während eine Vermehrung der Hülsenbelastung an sich nur eine Verzögerung des Reguliervorganges zur Folge haben kann. Da eine spezielle Untersuchung der Regulierung von Dampfmaschinen nicht in den Rahmen der vorliegenden Arbeit gehört, so glaube ich mich mit dem Hinweise auf die Wichtigkeit der Kurve der Winkelgeschwindigkeit für die Regulierung überhaupt an dieser Stelle begnügen zu können und will nur noch hinzufügen, dass gerade das zuletzt durchgeführte Zahlenbeispiel deutlich die Thatsache erklärt, dass z. B. bei Maschinen für Schraubendampfer die Anbringung von Centrifugalregulatoren mit geringer Hülsenmasse und ohne kräftige Bremse gänzlich wertlos, wenn nicht geradezu für den Gang der Maschine verhängnisvoll ist.

16. **Die Änderungen der Winkelgeschwindigkeit bei einem von ihr abhängigen Nutzwiderstande.** Den Unterschied der Bewegung bei einem von der Winkelgeschwindigkeit selbst abhängigen Widerstande, wie er etwa durch Gleichung 171) bestimmt ist, gegenüber einer von solchen Einflüssen freien Bewegung wollen wir zunächst an einem möglichst einfachen Beispiele uns verdeutlichen. Wir denken uns einen in unbegrenztem Wasser rotierenden Körper, etwa ein Flügelrad, an dessen Axe ein Drehmoment $T_0 r$ angreifen möge. Vom Kurbelmechanismus, der dieses Moment vielleicht auf die Axe übertragen könnte, sehen wir dabei gänzlich ab, um nicht die Änderungen der Konfiguration des Getriebes berücksichtigen zu müssen. Alsdann können wir, wenn θ das polare Trägheitsmoment des Flügelrades in Bezug auf seine Axe bedeutet, bei der augenblicklichen Winkelgeschwindigkeit ε die kinetische Energie desselben $J = \frac{1}{2} \varepsilon^2 \theta$ und ihre Änderung

$$dJ = \frac{1}{2} \theta \, d(\varepsilon^2)$$

setzen. Während der Drehung um einen unendlich kleinen Winkel $d\varphi$ leistet nun das Drehmoment die Arbeit $T_0 r \, d\varphi$, während durch den hydraulischen Widerstand davon $W r \, d\varphi = C r \varepsilon^2 \, d\varphi$ vernichtet wird. Der übrigbleibende Rest dient offenbar zur Vergrösserung der kinetischen Energie. Es sei ausdrücklich bemerkt, dass die etwaige Beschleunigung von Wasserteilchen durch das Flügelrad schon in unserem Ausdrucke für den hydraulischen Widerstand erfahrungsgemäss inbegriffen ist. Alsdann haben wir als Differentialgleichung der Energie

$$(T_0 - C\varepsilon^2) r = \frac{1}{2} \theta \frac{d(\varepsilon^2)}{d\varphi}$$

und für den Beharrungszustand mit $\varepsilon = \varepsilon_0 = $ const.

$$T_0 = C\varepsilon_0^2,$$

d. h. es entspricht jeder Drehkraft eine bestimmte Winkelgeschwindigkeit. Wäre die Drehkraft veränderlich, so würde ihrem Mittelwerte eine mittlere Winkelgeschwindigkeit zugeordnet sein, welche hiernach nicht wie im vorhergehenden Abschnitt willkürlich vorgeschrieben werden kann. In welcher Weise der Beharrungszustand bei konstanter Drehkraft T_0 aus dem Ruhezustande hervorgeht, ergiebt sich durch die Integration der obigen Gleichung. Dieselbe führt, wenn wir den Winkel φ im Ruhezustande = 0 setzen, auf

$$\varepsilon^2 = \frac{T_0}{C}\left(1 - e^{-\frac{2rC\varphi}{\theta}}\right),$$

worin e die Basis des natürlichen Logarithmensystems bedeutet. Aus dieser Gleichung erkennt man, dass die Winkelgeschwindigkeit $\varepsilon_0 = \sqrt{T_0 : C}$, welche dem Beharrungszustande entspricht, streng genommen erst nach Durchlaufen eines unendlich grossen Bogens φ, oder mit andern Worten erst nach einer unendlich langen Zeit erreicht wird. Die Verzeichnung des Verlaufes von ε^2 ergiebt demnach (siehe Fig. 64) eine asymptotisch sich der Geraden ε_0^2 an-

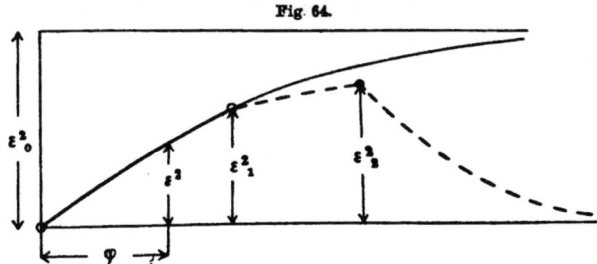

Fig. 64.

schmiegende Kurve, welche übrigens auch gleichzeitig einen Überblick über den Verlauf der Winkelbeschleunigung

$$\frac{d\varepsilon}{dt} = \frac{1}{2}\frac{d(\varepsilon^2)}{d\varphi}$$

gewährt. Ändert sich an einer Stelle $\varphi = \varphi_1$, an der die Winkelgeschwindigkeit den Wert ε_1 erreicht hat, plötzlich die Drehkraft von T_0 in T_1, so wird von da ab die Kurve der ε^2 einen anderen Verlauf nehmen, der durch

$$\varepsilon^2 - \varepsilon_1^2 = \frac{T_1}{C}\left(1 - e^{\frac{2rC}{\theta}(\varphi_1 - \varphi)}\right)$$

dargestellt ist. Diese ebenfalls in Fig. 64 eingetragene Kurve schliesst sich, da auch die Winkelbeschleunigung hierbei eine plötzliche Änderung erfährt, mit einer Spitze, d. i. einer Unstetigkeit an den bisherigen Verlauf an. Genau dasselbe tritt ein, wenn der Widerstand etwa durch sprungweise Änderung von C eine plötzliche Steigerung oder Abnahme erfährt. Da man nun durch die Veränderlichkeit des Koeffizienten C jedem beliebigen Widerstandsgesetze gerecht werden kann, so dürfen wir aus dieser Betrachtung den Schluss ziehen, dass eine Unstetigkeit in der Kurve der ε^2, bezw. der Winkelgeschwindigkeit selbst mit Sicherheit auf eine plötzliche Änderung entweder der Drehkraft oder auch des Widerstandes, d. h. auf das Eintreten von Stössen schliessen lässt, während bei einem stetigen Verlaufe dieser Kurve Stösse unter allen Umständen ausgeschlossen sind.*

Schliesslich sei noch der Fall des Aufhörens der Wirkung der Drehkraft T_0 von einer bestimmten Stelle $\varphi = \varphi_2$, wo gerade $\varepsilon = \varepsilon_2$ sein möge, kurz behandelt. Hierfür ergiebt die Integration unserer Differentialgleichung sofort

$$\varepsilon^2 = \varepsilon_2^2 \, e^{\frac{2rC}{\theta}(\varphi_2 - \varphi)},$$

woraus man wiederum (siehe Fig. 64) schliessen kann, dass das **Flügelrad nach dem Aufhören der Wirkung der Drehkraft erst nach unendlich langer Zeit in den Ruhestand zurückkehrt**. In Wirklichkeit wird natürlich der Ruhezustand schon infolge der unmöglichen Beseitigung der Reibungswiderstände, welche wir uns immer als Abzüge von der Drehkraft, an deren Änderung sie indessen nicht teilnehmen, denken können, bald erreicht, ebenso wie hierdurch auch der Eintritt des Beharrungszustandes rasch herbeigeführt wird.

Nach diesen Vorbemerkungen, welche das Wesen eines durch die Winkelgeschwindigkeit selbst bedingten Widerstandes klarzustellen geeignet sein dürften, gehen wir zur Behandlung eines aus einer beliebigen Zahl paralleler Kurbelgetriebe bestehenden Maschinensystems über, für welches die Differentialgleichung der Energie unter Beibehaltung der früheren Bezeichnungen die Form

181) $$\frac{dJ}{d\varphi} = T'r - Wr - \frac{dV}{d\varphi}$$

annimmt. Diese Gleichung gilt übrigens auch für den Fall, dass im Getriebe elastische Formänderungen auftreten, deren Schwingungsenergie alsdann in J mit enthalten ist, während die elastischen Spannungen zu $dV : d\varphi$ hinzutreten. Wir wollen indessen von diesen Formänderungen und Schwingungen, welche die Behandlung des Problems ganz bedeutend erschweren, an dieser Stelle absehen bezw. die elastischen Formänderungen als verschwindend klein vernachlässigen. Setzen wir nunmehr, wie schon im vorigen Paragraphen, $J = \varepsilon^2 U$ und führen als Widerstandsgesetz das durch Gleichung 171) gegebene ein, so erhalten wir statt 181)

$$\varepsilon^2 \frac{dU}{d\varphi} + U \frac{d\varepsilon^2}{d\varphi} = T'r - \frac{dV}{d\varphi} - Cr\varepsilon^2$$

oder kürzer

182) $$\varepsilon^2 \left(\frac{dU}{d\varphi} + Cr\right) + U \frac{d\varepsilon^2}{d\varphi} = T''r.$$

---

* Die obenstehende Betrachtung wurde wesentlich mit Rücksicht auf Meinungsverschiedenheiten über den Propellerwiderstand sowie die Wirkung von hydraulischen Stössen eingeschaltet, welche in der Diskussion über eine Abhandlung des Marinebaumeisters Berling „Über Schiffsschwingungen", Zeitschrift des Vereins der Ingenieure 1899, hervorgetreten sind.

Hierin sind die Ausdrücke
$$U, \quad \frac{dU}{d\varphi} + Cr \quad \text{und} \quad T''r - T'r - \frac{dV}{d\varphi}$$
lediglich Funktionen des Kurbelwinkels φ. Hätten wir ein allgemeineres Widerstandsgesetz, z. B. 172), so könnten wir dasselbe, wie schon früher bemerkt, in der Erwartung geringer Schwankungen $\Delta\varepsilon$ von ε auf die Form 172a) bringen. Ausserdem aber hätten wir dann unter Vernachlässigung von $(\Delta\varepsilon)^2$
$$J = \varepsilon^2 U = \varepsilon_m^2 U + 2\varepsilon_m U \Delta\varepsilon,$$
$$\frac{dJ}{d\varphi} = \varepsilon_m^2 \frac{dU}{d\varphi} + 2\varepsilon_m \frac{dU}{d\varphi} \Delta\varepsilon + 2\varepsilon_m U \frac{d\Delta\varepsilon}{d\varphi}$$
und die Gleichung 181) würde übergehen in

182a) $\quad \Delta\varepsilon \left[2\varepsilon_m \frac{dU}{d\varphi} + r \left(\frac{\partial f}{\partial \varepsilon}\right) \varepsilon_m \right] + 2\varepsilon_m U \frac{d\Delta\varepsilon}{d\varphi} = T'r - r f(\varphi, \varepsilon_m) - \frac{dV}{d\varphi}.$

Auch hierin sind der Klammerausdruck der linken Seite, sowie U und die ganze rechte Seite lediglich Funktionen von φ, so dass, wenn wir uns $\Delta\varepsilon$ noch durch ε^2 ersetzt denken können, die Integration von 182a) auf diejenige von 182) zurückgeführt ist. Wir wollen uns daher in der Folge nur mehr mit der einfacheren Gleichung 182) beschäftigen. Multiplizieren wir dieselbe mit einer zunächst noch unbekannten Funktion Ψ von φ als integrierendem Faktor, so geht sie über in

182b) $\quad \varepsilon^2 \left(\frac{dU}{d\varphi} + Cr\right) \Psi + U \Psi \frac{d\varepsilon^2}{d\varphi} = T''r \Psi,$

deren linke Seite als Differentialquotient von $\varepsilon^2 U \Psi$ aufgefasst werden kann, wenn die Bedingungsgleichung
$$\frac{d(U\Psi)}{d\varphi} = \left(\frac{dU}{d\varphi} + Cr\right) \Psi$$
oder
$$\frac{d\Psi}{\Psi} = \frac{Cr}{U} d\varphi$$
erfüllt ist. Daraus ergiebt sich aber der Wert des integrierenden Faktors zu

183) $\quad \Psi = \Psi_0 e^{\int_0^\varphi \frac{Cr \, d\varphi}{U}}$

wenn Ψ_0 der Anfangsstellung $\varphi = 0$ entspricht. Aus Gleichung 182b) folgt nunmehr durch Integration nach φ

184) $\quad \varepsilon^2 U \Psi - \varepsilon_0^2 U_0 \Psi_0 = \int_0^\varphi T'' \Psi r \, d\varphi$

oder mit 183)

184a) $\quad \varepsilon^2 U e^{\int_0^\varphi \frac{Cr \, d\varphi}{U}} - \varepsilon_0^2 U_0 = \int_0^\varphi T'' e^{\int_0^\varphi \frac{Cr \, d\varphi}{U}} d\varphi.$

Wenn es gestattet ist, $U = U_0$ zu setzen, was für ausgeglichene Mehrkurbelmaschinen beiläufig zutrifft, so darf man statt 184a) auch schreiben

184b) $\qquad U_0\left(\varepsilon^2 e^{\frac{Cr\varphi}{U_0}} - \varepsilon_0^2\right) = \int_0^\varphi T'' e^{\frac{Cr\varphi}{U_0}} r\, d\varphi.$

Während nun im Falle einer vorgelegten Widerstandskurve die mittlere Winkelgeschwindigkeit ε_m willkürlich gegeben, bezw. der Maschine vorgeschrieben werden konnte, richtet sich dieselbe hier nach dem Werte der Konstanten C des Widerstandsgesetzes. Für den mittleren effektiven Tangentialdruck, welcher mit dem mittleren Nutzwiderstand identisch sein muss, haben wir daher

$$T_m'' = W_m = \frac{C}{2\pi}\int_0^{2\pi} \varepsilon^2\, d\varphi,$$

oder wenn die Schwankungen $\varDelta\varepsilon$ von ε nur klein ausfallen, was praktisch immer angenommen werden darf, so folgt aus den Gleichungen 177) und 177a), welche alsdann auch hierfür giltig sind,

185) $\qquad T_m'' = W_m = C\varepsilon_m^2.$

Diese Formel kann man auch dazu benutzen, um bei vorgeschriebener Leistung und mittlerer Winkelgeschwindigkeit die Konstante C zu ermitteln, welche z. B. bei Schiffsschrauben mit deren Steigung eng zusammenhängt. Für die Berechnung der Totpunktsgeschwindigkeit ε_0 ist übrigens, wenn C gegeben ist, die Kenntnis von ε_m hier nicht notwendig, man erhält vielmehr schon aus 184) durch Integration zwischen 0 und 2π für den Beharrungszustand, welcher durch

gekennzeichnet ist, $\qquad\qquad \varepsilon_{2\pi} = \varepsilon_0$

186) $\qquad \varepsilon_0^2 U_0(\Psi_{2\pi} - \Psi_0) = \int_0^{2\pi} T'\Psi r\, d\varphi,$

oder auch

186a) $\qquad \varepsilon_0^2 U_0 \left(e^{Cr\int_0^{2\pi}\frac{d\varphi}{U}} - 1\right) = \int_0^{2\pi} T'' e^{Cr\int_0^\varphi \frac{d\varphi}{U}} r\, d\varphi,$

worauf dann die Bestimmung beliebiger Werte von ε aus 184) bezw. 184a) ohne weiteres möglich ist.

Bei der praktischen Anwendung der vorstehenden Formeln ist man natürlich, da T'' nur empirisch in Gestalt einer Kurve vorliegt, auf graphische Integrationen angewiesen. Hierbei verfährt man, wie es in Fig. 65 geschehen ist, so, dass zunächst das Produkt $T''\Psi$ ge-

Der Energieaustausch.

bildet wird, wobei man übrigens unbedenklich $\Psi_0 = 1$ setzen darf, da diese Konstante sich ja doch aus der Gleichung 184) bezw. 186) weghebt. Dieses Produkt giebt dann die in Fig. 65 gestrichelte ansteigende Linie an, deren über der Abscisse gelegenen Flächenstreifen ein Maß für das Integral der rechten Seite von 184) bildet. Dividiert man nunmehr die Gesamtfläche dieser Kurve mit $\Psi_{2\pi} - 1$, so erhält man in einem willkürlichen Maßstabe die Grösse $\varepsilon_0^2 U_0$ und dann aus den einzelnen Flächenstreifen mit Hilfe von 184) alle andern Werte von $\varepsilon^2 U$. Diese Werte sind in Fig. 65 zu einer Kurve vereinigt worden, welche ober-

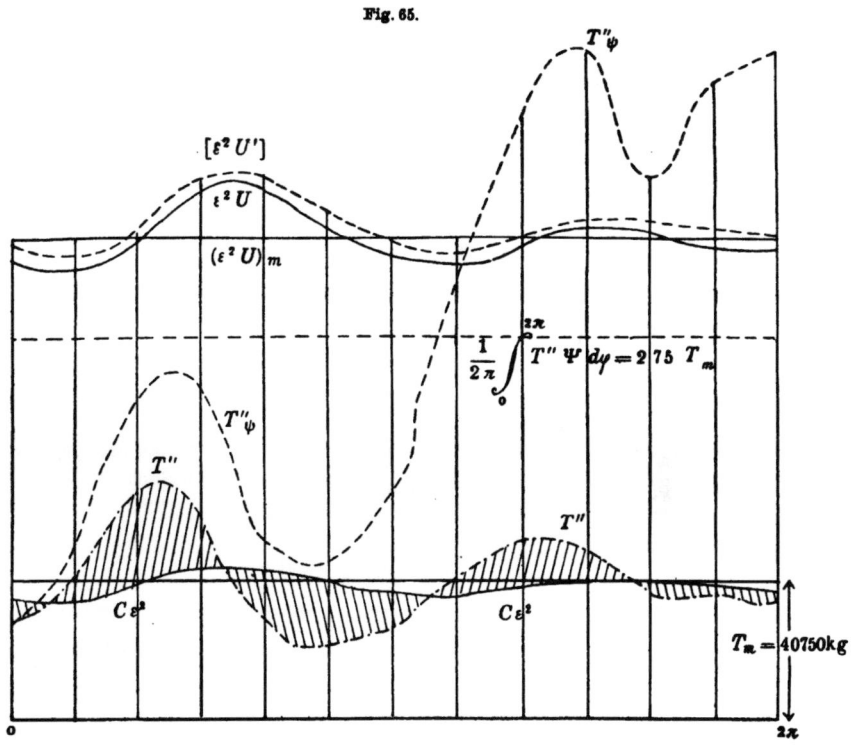

Fig. 65.

halb derjenigen von T'' verläuft. Dividiert man nun diese Ordinaten derselben mit den zugehörigen Werten von U, so erhält man eine weitere Kurve der ε^2, welche mit C multipliziert sofort die Widerstandskurve $W = C \varepsilon^2$ ergiebt. Im vorliegenden Falle wurde der Einfachheit halber $U = U_0 = $ const angenommen, wodurch erreicht wird, dass man mit dem Verhältnis der Mittelwerte $(\varepsilon^2 U)_m$ und T''_m sofort die Widerstandskurve ableiten kann.

Beispiel. Wir setzen eine ausgeglichene Schiffsmaschine voraus, welche mit $n = 100$ minütlichen Umdrehungen $N = 4000 \, PS_e$ leisten möge. Alsdann ist die mittlere Winkelgeschwindigkeit $\varepsilon_m = 10{,}5$ und bei einem Kurbelradius von $r = 0{,}7$ m der auf den Kurbelzapfen reduzierte mittlere Tangentialdruck

$$W_m = T_m = T''_m = \frac{75 \cdot N_i}{\varepsilon_m \cdot r} = 40750 \text{ kg}$$

und damit die Konstante des Propellerwiderstandes

$$C = \frac{W_m}{\varepsilon_m^2} = 373 \text{ kg}.$$

Die auf den Kurbelzapfen reduzierte rotierende Masse sei $M = 1800$, die hin- und hergehenden Massen seien soweit ausgeglichen, dass wir

$$U = U_0 = \frac{M}{2r} = \text{const}$$

setzen dürfen. Alsdann ergiebt sich mit $\Psi_0 = 1$

$$\Psi = e^{\frac{2rC}{M} \cdot \varphi} = e^{0{,}289\,\varphi} = 1{,}336^{\varphi}.$$

Wir haben nun in Fig. 65 absichtlich ein willkürliches Diagramm mit sehr starken Schwankungen des Tangentialdruckes gewählt, so zwar, dass

$$T''_{max} = 1{,}68\, T''_m \quad \text{und} \quad T''_{min} = 0{,}53\, T''_m$$

wird. Der Mittelwert der Kurve der $T''\Psi$ ist ebenfalls in Fig. 65 eingetragen und ergiebt

$$\frac{1}{2\pi}\int_0^{2\pi} T''\Psi\, d\varphi = 2{,}75\, T''_m.$$

Weiter findet sich $\Psi_{2\pi} = 6{,}166$, also $\Psi_{2\pi} - 1 = 5{,}166$, also nach Gleichung 186a)

$$\varepsilon^2_0 U_0 = \frac{2\pi \cdot 2{,}75 \cdot T''_m}{5{,}166} = 3{,}3\, T''_m$$

und daraus sofort

$$\varepsilon^2_0 = 0{,}955\,\varepsilon^2{}_m, \quad \varepsilon_0 = 0{,}97\, \varepsilon_m.$$

Für die Ermittelung der Werte von ε^2 wurde die ganze Figur in Streifen von $\frac{\pi}{6} = 30^\circ$ zerlegt und deren mittlere Ordinaten in Gleichung 184a) eingeführt. Das Ergebnis bildet die ausgezogene Kurve der $\varepsilon^2 U$, aus der dann diejenige der $C\varepsilon^2$ sofort folgt. Man erkennt übrigens schon aus dem Verlaufe von $\varepsilon^2 U$, dass die Schwankungen des Quadrates der Winkelgeschwindigkeit sich in den Grenzen

$$\varepsilon^2_{max} = 1{,}12\,\varepsilon_m, \quad \varepsilon^2_{min} = 0{,}94\,\varepsilon_m$$

entsprechend den Werten

$$\varepsilon_{max} = 1{,}06\,\varepsilon_m, \quad \varepsilon_{min} = 0{,}97\,\varepsilon_m$$

halten. Im Vergleich zu den grossen Schwankungen der Drehkraft sind diejenigen der Widerstandskurve demnach sehr unbedeutend.

Die geringen Abweichungen der erhaltenen Widerstandskurve vom Mittelwerte $W_m = T''_m$ führen auf die Vermutung, dass es praktisch zulässig sein dürfte, die Winkelgeschwindigkeit ε auch nach den Formeln des vorigen Paragraphen, also durch

$$\varepsilon^2 U - \varepsilon_0^2 U_0 - \int_0^\varphi (T'' - W_m) r \, d\varphi = \Delta L$$

auf graphischem Wege zu ermitteln. In der That zeigt die auf diese Weise erhaltene über der Linie $\varepsilon^2 U$ gestrichelt eingetragene und mit $[\varepsilon^2 U']$ bezeichnete Linie, für welche noch dazu vorerst $\varepsilon_0 \sim \varepsilon_m$ angenommen wurde, einen nur wenig abweichenden Verlauf. Dieses überaus einfache Verfahren ist also praktisch sehr wohl zulässig, vorausgesetzt, dass man nachträglich die ganze Linie um die Differenz

$$\varepsilon_0^2 U - (\varepsilon^2 U)_m$$

verschiebt bezw. diese Verschiebung in der Widerstandskurve selbst nachholt. Jedenfalls also sollte man nicht versäumen, bei Anwendung dieser Näherungsmethode dieselbe durch eine nochmalige Probe mit der durch sie erhaltenen Widerstandskurve zu kontrollieren, wenn man es nicht vorzieht, überhaupt das oben geschilderte exakte Verfahren durchzuführen.

17. Der Einfluss elastischer Formänderungen. Bei unseren bisherigen Untersuchungen haben wir stillschweigend starre Getriebeteile vorausgesetzt, bezw. deren elastische Formänderungen als verschwindend vernachlässigt. Es unterliegt keinem Zweifel, dass die Berechtigung dieser Annahme angesichts der stets vorhandenen Elastizität des Materials der Getriebeteile von der Dimensionierung abhängt, so zwar, dass lange und dünne Glieder erheblichen Deformationen bei einer Inanspruchnahme auf Biegung oder Torsion ausgesetzt sind, während solche Formänderungen bei kurzen und kräftig gehaltenen Gliedern in der That sehr gering ausfallen müssen. Wir wollen uns nun an dieser Stelle ausschliesslich mit solchen Formänderungen befassen, welche die Konfiguration des Systems und damit den Energieaustausch in merklicher Weise beeinflussen.

Prüfen wir nun darauf hin die einzelnen Getriebeteile, so zeigt sich, dass zunächst die Kolbenstange, welche fast ausschliesslich auf Druck und Zug beansprucht wird, nur ganz minimale Verlängerungen bezw. Verkürzungen erleiden kann. Dasselbe gilt für die vorwiegend auf Biegung bezw. Knickung beanspruchte Schubstange und die ebenfalls der Biegung unterworfene stets sehr kräftig im Verhältnis zu ihrer Länge ausgebildete Kurbel. Demnach bleibt nur noch die Kurbelwelle selbst übrig, deren Verdrehungen indessen auch nur bei grosser Länge und Ableitung der Energie an einem Ende eine Rolle spielen. Dies trifft nun für den schon mehrfach berührten Fall von Schiffsmaschinen mit Schraubenpropeller zu, während bei stationären Maschinen und Lokomotiven keine nennenswerten Verdrehungen der Welle auftreten.

Bevor wir nun auf diese Erscheinungen selbst eingehen, wollen wir, wie schon im letzten Abschnitte bei der Untersuchung des Einflusses der Winkelgeschwindigkeit auf den Widerstand, den einfachsten Fall untersuchen. Derselbe liegt offenbar vor, wenn eine lange horizontal gelagerte elastische, masselos gedachte Welle, an deren beiden Enden sich zwei Massen mit den polaren Trägheitsmomenten θ_1 und θ_2 befinden, unter dem Einfluss eines Drehmomentes Tr einerseits und des Widerstandsmomentes Wr anderseits in Rotation versetzt wird. Dadurch, dass wir uns die Welle ebenfalls an den Enden, an denen die erwähnten Momente angreifen, unterstützt denken, möge die Wirkung der Schwerkraft eliminiert sein.

Nach dem Verlaufe der Zeit t hat alsdann das Ende, an welchem des Drehmoment Tr wirkt, den Bogen φ_1, das andere Ende unter dem Einflusse des Widerstandsmomentes den Bogen φ_2 zurückgelegt. Die Differenz beider Werte $\varphi_1 - \varphi_2$ giebt die Verdrehung der Welle an, welcher ein **Torsionsmoment** $\mathfrak{M}_\vartheta$ entsprechen möge. Bezeichnet man die Länge der Welle mit a_0, das polare Trägheitsmoment ihres konstant vorausgesetzten kreisförmigen Querschnittes mit ϑ und den **Schubelastizitätsmodul*** mit S, so ist das Torsionsmoment sofort durch

187) $$\mathfrak{M}_\vartheta = \frac{S\vartheta}{a_0}\left(\varphi_1 - \varphi_2\right)$$

gegeben. Da die Masse der Welle selbst vernachlässigt werden sollte, so können wir dieselbe auch einfach uns fortgenommen, bezw. durchgeschnitten denken und statt ihrer dieses Torsionsmoment am vorderen Ende als dem Drehmoment widerstehendes und am hinteren Ende das Widerstandsmoment überwindendes Moment einführen. Diese Überlegung führt uns sofort auf zwei Differentialgleichungen für die Bewegung der beiden Massen mit den Trägheitsmomenten θ_1 und θ_2 von der Form

188) $$Tr - \mathfrak{M}_\vartheta = \theta_1 \frac{d^2\varphi_1}{dt^2}$$

189) $$\mathfrak{M}_\vartheta - Wr = \theta_2 \frac{d^2\varphi_2}{dt^2}.$$

Multiplizieren wir die erste dieser beiden Gleichungen mit $d\varphi_1$, die zweite mit $d\varphi_2$, so erhalten wir entsprechend der allgemeinen Form des 'd'Alembertschen Prinzips (siehe Einleitung) die Differentialgleichung der Energie

$$Tr d\varphi_1 - Wr d\varphi_2 = \mathfrak{M}_\vartheta d(\varphi_1 - \varphi_2) + \theta_1 \frac{d^2\varphi_1}{dt^2}d\varphi_1 + \theta_2 \frac{d^2\varphi_2}{dt^2}d\varphi_2,$$

in welcher das Glied $\mathfrak{M}_\vartheta d(\varphi_1 - \varphi_2)$ den Zuwachs der **Formänderungsarbeit**, die Summe der beiden letzten Terme rechts aber den Zuwachs

---

* Ich verwende hierfür nur darum nicht den sonst gebräuchlichen Buchstaben G, um in den Formeln hier keine Verwechselung mit Gewichten hervorzurufen.

der kinetischen Energie bedeutet. Führen wir nun den Ausdruck 187) für das Torsionsmoment in die Gleichungen 188) und 189) ein, so gehen dieselben über in

188a) $$Tr - \frac{S\vartheta}{a_0}(\varphi_1 - \varphi_2) = \theta_1 \frac{d^2\varphi_1}{dt^2}.$$

189a) $$\frac{S\vartheta}{a_0}(\varphi_1 - \varphi_2) - Wr = \theta_2 \frac{d^2\varphi_2}{dt^2}.$$

Diese sogenannten simultanen Differentialgleichungen sind nun einzeln nicht integrabel. Dividiert man aber die erste mit θ_1, die zweite mit θ_2 und subtrahiert, so erhält man eine Gleichung

190) $$\frac{Tr}{\theta_1} + \frac{Wr}{\theta_2} - \left(\frac{1}{\theta_1} + \frac{1}{\theta_2}\right)\frac{S\vartheta}{a_0}(\varphi_1 - \varphi_2) = \frac{d^2(\varphi_1 - \varphi_2)}{dt^2}$$

für die Relativbewegung der beiden Enden der Welle gegeneinander. Setzen wir nun die Verdrehungswinkel der beiden Endquerschnitte unserer Welle

$$\varphi_1 - \varphi_2 = \varDelta\varphi$$

und gebrauchen noch die Abkürzung

191) $$\left(\frac{1}{\theta_1} + \frac{1}{\theta_2}\right)\frac{S\vartheta}{a_0} = c^2,$$

so dürfen wir schreiben

190a) $$\frac{d^2\varDelta\varphi}{dt^2} + c^2\varDelta\varphi = \frac{Tr}{\theta_1} + \frac{Wr}{\theta_2}.$$

Befindet sich das ganze System im Beharrungszustande, d. h. kehren während jeder Umdrehung dieselben Verhältnisse wieder, so muss offenbar die rechte Seite dieser Gleichung eine periodische Funktion der Drehungswinkel φ_1 und φ_2 oder, was auf dasselbe hinausläuft, der Zeit t sein, so dass wir setzen können

192) $$\begin{cases} \frac{Tr}{\theta_1} + \frac{Wr}{\theta_2} = A_0 + A_1\cos\alpha t + A_2\cos 2\alpha t + \\ \qquad\qquad\qquad + B_1\sin\alpha t + B_2\sin 2\alpha t, \end{cases}$$

worin die Koeffizienten A und B zwar nicht dieselbe, aber doch eine ganz ähnliche Bedeutung haben wie in der früher gebrauchten Formel 159) für den Tangentialdruck. Der Faktor α ist, wie eine einfache Überlegung zeigt, nichts anderes als die Winkelgeschwindigkeit, für die wir hier der Einfachheit halber ihren Mittelwert

193) $$\alpha = \varepsilon_m = \frac{2\pi}{t_m}$$

setzen wollen, so dass wir, unter f eine periodische Funktion verstanden, der Gleichung 190a) die Gestalt

190b) $$\frac{d^2\varDelta\varphi}{dt^2} + c^2\varDelta\varphi = f(\varepsilon_m t)$$

geben dürfen.

Das Integral dieser Differentialgleichung, welches ersichtlich selbst eine periodische Funktion sein muss, zerfällt nun in zwei Bestandteile, welche selbst partikuläre Lösungen von 190a) darstellen. Setzen wir nämlich

194) $$\Delta\varphi = \Delta\varphi_1 + \Delta\varphi_2,$$

so können wir die Gleichung 190b) zerfällen in

195) $$\frac{d^2\Delta\varphi_1}{dt^2} + c^2\Delta\varphi_1 = 0$$

196) $$\frac{d^2\Delta\varphi_2}{dt^2} + c^2\Delta\varphi_2 = f(\varepsilon_m t).$$

Die Summe dieser beiden Gleichungen ergiebt natürlich wieder 190a).

Man erkennt nun sofort, dass 195) die Differentialgleichung einer einfachen Schwingung von der Form

197) $$\Delta\varphi_1 = A'\cos ct + B'\sin ct$$

darstellt, worin A' und B' zunächst willkürliche Konstanten sind, deren Grösse sich aus den Anfangsbedingungen ergeben muss. Diese einfache Schwingung ist offenbar ganz unabhängig vom Verlaufe der Funktion $f(\varepsilon_m t)$ und wird sich demnach, wenn einmal erregt, dauernd mit der Periode*

$$t_0 = \frac{2\pi}{c}$$

wiederholen, da wir von der Wirkung einer Dämpfung der Einfachheit halber (stillschweigend) abgesehen haben.

Zu dieser sogenannten **Eigenschwingung** tritt nun noch eine der Gleichung 196) entsprechende **erzwungene Schwingung** hinzu und zwar lagert sich dieselbe nach 194) einfach darüber. Auch diese Bewegung kann nur periodischer Art sein, und ihre Periode muss, da wir einen Beharrungszustand voraussetzen, sich mit derjenigen von $f(\varepsilon_m t)$ decken. Wir schreiben demgemäss für das Integral von 196)

198) $$\begin{cases} \Delta\varphi_2 = C_0 + C_1\cos\varepsilon_m t + C_2\cos 2\varepsilon_m t + \cdots \\ \quad + D_1\sin\varepsilon_m t + D_2\sin 2\varepsilon_m t + \cdots \end{cases}$$

Setzen wir diesen Ausdruck und seinen zweiten Differentialquotienten in die Gleichung 196) ein, so ergeben sich mit Rücksicht

---

* Daraus folgt mit 191) die Schwingungsdauer der in Rotation befindlichen Welle zu

$$t_0 = 2\pi\sqrt{\frac{a_0}{S\vartheta\left(\frac{1}{\theta_1} + \frac{1}{\theta_2}\right)}}$$

welche für $\theta_2 = \infty$ mit derjenigen für eine an einem Ende festgehaltene Welle

$$t_0' = 2\pi\sqrt{\frac{a_0\,\theta_1}{S\vartheta_0}}$$

übereinstimmt.

auf 192) und 193) die Werte der vorher unbestimmt gelassenen Koeffizienten C und D zu

199) $$\begin{cases} C_0 = \dfrac{A_0}{c^2} \\ C_1 = \dfrac{A_1}{c^2 - \varepsilon_m^2} \quad D_1 = \dfrac{B_1}{c^2 - \varepsilon_m^2} \\ C_2 = \dfrac{A_2}{c^2 - 4\varepsilon_m^2} \quad D_2 = \dfrac{B_2}{c^2 - 4\varepsilon_m^2} \\ C_3 = \dfrac{A_3}{c^2 - 9\varepsilon_m^2} \quad D_3 = \dfrac{B_3}{c^2 - 9\varepsilon_m^2} \\ \cdots \cdots \cdots \cdots \cdots \cdots \end{cases}$$

Das vollständige Integral von 190a) ergiebt sich nunmehr durch Zusammenfassen der Ausschläge 197) der freien und 198) der erzwungenen Schwingung zu

200) $$\begin{cases} \varDelta\varphi = A' \cos ct + B' \sin ct + C_0 + C_1 \cos \varepsilon_m t + C_2 \cos 2\varepsilon_m t + \cdots \\ \qquad + D_1 \sin \varepsilon_m t + D_2 \sin 2\varepsilon_m t + \cdots, \end{cases}$$

worin noch die Konstanten A' und B' der Bestimmung harren. Zu diesem Zwecke wollen wir die Zeitrechnung, deren Anfang ja angesichts des Beharrungszustandes ganz willkürlich ist, beginnen, wenn der Ausschlag $\varDelta\varphi$ gerade den Wert C_0 erreicht hat. Alsdann ist mit $t = 0$

$$0 = A' + C_1 + C_2 + \cdots,$$

während die Glieder mit B' und D verschwinden. Daraus folgt mit 199)

201) $$-A' = \frac{A_1}{c^2 - \varepsilon_m^2} + \frac{A_2}{c^2 - 4\varepsilon_m^2} + \cdots$$

Die Grösse von B' erhalten wir durch Einführung entweder des Ausschlages zu einer bestimmten Zeit oder aber der Schwingungsgeschwindigkeit für $t = 0$. Nennen wir dieselbe D_0, so ergiebt sich durch Differentiation von $\varDelta\varphi$ nach t mit $t = 0$

$$D_0 = B'c + D_1 \varepsilon_m + 2 D_2 \varepsilon_m + \cdots,$$

also mit Rücksicht auf 199)

202) $$B' = \frac{1}{c} D_0 - \frac{\varepsilon_m}{c} \frac{B_1}{c^2 - \varepsilon_m^2} - \frac{2\varepsilon_m}{c} \frac{B_2}{c^2 - 4\varepsilon_m^2}.$$

Damit sind alle Konstanten in 200) bestimmt und die Schwingungsbewegung der beiden Wellenenden gegeneinander vollständig gegeben. Hätten wir übrigens eine Dämpfung eingeführt, wie sie etwa mit den Reibungswiderständen verbunden ist, so würden die Eigenschwingungen durch dieselbe in kurzer Zeit unterdrückt werden und nur mehr die erzwungenen Schwingungen 198) übrig bleiben. Diese Erscheinung wird in der That auch für gewöhnlich eintreten und bietet, da die Ausschläge sich bei gegebenem treibenden und Widerstandsmoment mit beliebiger Genauigkeit aus 188) mit Hilfe von 199) berechnen lassen, keine weiteren Schwierigkeiten.

Anders liegt die Sache, wenn die Periode der Eigenschwingungen der Welle derjenigen irgend zweier zusammengehöriger Glieder in 192) nahe kommt oder gar denselben Wert wie diese annimmt. In diesem Falle der sogenannten Resonanz spielt die Dämpfung keine Rolle mehr, da ja die Eigenschwingungen, wenn sie einmal erloschen sein sollten, immer wieder durch die erzwungenen geweckt werden müssen. Aus diesem Grunde glaubte ich auch von der Einführung der Dämpfung absehen zu dürfen. Wir wollen nun den Fall der Resonanz näher untersuchen. Dabei können wir uns offenbar mit der Zusammenfassung der Glieder mit nahezu oder vollständig übereinstimmender Periode begnügen, da die übrigen sich in bekannter Weise periodisch übereinander lagern. Ist z. B. $i\varepsilon_m$ nur wenig von c verschieden, so brauchen wir zu den beiden ersten Gliedern in 200) nur noch die Terme $C_i \cos i\varepsilon_m t$ und $D_i \sin i\varepsilon_m t$ hinzuzufügen und das Verhalten der Summe

$$A' \cos ct + B' \sin ct + C_i \cos i\varepsilon_m t + D_i \sin i\varepsilon_m t$$

zu betrachten. Mit Rücksicht auf die Bedeutung der Koeffizienten nach Gleichung 199), 201) und 202) können wir aber hierfür auch setzen

$$-\left\{\frac{A_1}{c^2-\varepsilon_m^2} + \frac{A_2}{c^2-4\varepsilon_m^2} + \cdots + \frac{A_i}{c^2-i^2\varepsilon_m^2} + \cdots\right\}\cos ct$$
$$+\left\{\frac{D_0}{c} - \frac{\varepsilon_m}{c}\frac{B_1}{c^2-\varepsilon_m^2} - \cdots - \frac{i\varepsilon_m}{c}\frac{B_i}{c^2-i^2\varepsilon_m^2} - \cdots\right\}\sin ct$$
$$+ \frac{A_i}{c^2-i^2\varepsilon_m^2}\cos i\varepsilon_m t + \frac{B_i}{c^2-i^2\varepsilon_m^2}\sin i\varepsilon_m t.$$

Hierin aber können wir nur die Terme mit $i\varepsilon_m$ zusammenfassen, während die anderen Bestandteile der Eigenschwingung ebenso wie die schon weggelassenen Terme der Reihe 200) für unseren Fall nicht weiter in Frage kommen. Wir beschränken demnach unsere Untersuchung auf die Glieder

$$\frac{A_i}{c^2-i^2\varepsilon_m^2}(\cos i\varepsilon_m t - \cos ct) + \frac{B_i}{c^2-i^2\varepsilon_m^2}\left(\sin i\varepsilon_m t - \frac{i\varepsilon_m}{c}\sin ct\right).$$

Zerlegen wir hierin

$$c^2 - i^2\varepsilon_m^2 = (c+i\varepsilon_m)(c-i\varepsilon_m)$$

und setzen noch die kleine Differenz

$$c - i\varepsilon_m = \delta,$$

so können wir schreiben

$$\frac{A_i}{(c+i\varepsilon_m)\delta}\{\cos(c-\delta)t - \cos ct\} + \frac{B_i}{(c+i\varepsilon_m)\delta}\left\{\sin(c-\delta)t - \frac{c-\delta}{c}\sin ct\right\}$$
$$= \frac{2A_i}{c+i\varepsilon_m}\frac{\sin\frac{\delta}{2}t}{\delta}\sin\left(c-\frac{\delta}{2}\right)t - \frac{2B_i}{c+i\varepsilon_m}\frac{\sin\frac{\delta}{2}t}{\delta}\cos\left(c-\frac{\delta}{2}\right)t + \frac{B_i}{(c+i\varepsilon_m)c}\sin ct.$$

Lassen wir auch hierin das letzte Glied, welches die Differenz δ nicht mehr enthält, aus unserer Betrachtung weg, so bleibt für das Zusammenwirken der beiden Schwingungen der Ausdruck

203) $$\frac{2}{c+i\varepsilon_m}\frac{\sin\frac{\delta}{2}t}{\delta}\left\{A_i\sin\left(c-\frac{\delta}{2}\right)t-B_i\cos\left(c-\frac{\delta}{2}\right)t\right\}$$

übrig, der nichts anderes als eine Schwingung mit periodisch veränderlicher Amplitude darstellt. Die Maxima und Minima der Amplitude folgen einander in Zeitabschnitten von

$$t_0 = \frac{\pi}{\delta} = \frac{\pi}{c-i\varepsilon_m},$$

sie können bei sehr kleinen δ, also geringer Periodendifferenz der beiden interferierenden Schwingungen recht bedeutende Werte annehmen. Gefährlich können indessen diese sogenannten Schwebungen für unsere Welle nur dann werden, wenn die Eigenschwingung derselben immer wieder erregt wird, da sie sonst nach kurzer Zeit der stets vorhandenen Dämpfung erliegt. Die Erregung der Eigenschwingungen kann aber nur im Falle der Resonanz, d. h. des Verschwindens der Periodendifferenz eintreten. Da wir es bei unseren Betrachtungen stets mit endlichen Zeiträumen zu thun haben, so können wir in diesem Falle, bevor wir in 203) $\delta = 0$ einführen,

$$\sin\frac{\delta}{2}t = \frac{\delta}{2}t$$

setzen und erhalten dann für die Resonanz den Ausschlag

203a) $$\frac{A_i t}{c+i\varepsilon_m}\sin ct - \frac{B_i t}{c+i\varepsilon_m}\cos ct,$$

d. h. die Amplitude wächst beim Eintritte von Resonanz, also beim Zusammenfallen der Periode irgend einer erzwungenen Schwingung mit derjenigen der Eigenschwingung, proportional der Zeit. Wenn dieses Ergebnis auch nur so lange einen Sinn hat, als die Dehnungen proportional mit den Spannungen zunehmen (Hooke'sches Gesetz), so erkennt man doch, dass die Resonanz stets mit den grössten Gefahren für die Festigkeit der Welle verbunden ist. In der Praxis kann man denselben nur durch eine solche Bemessung der mittleren Umdrehungsdauer entgehen, dass sie kein ganzzahliges Vielfaches der Eigenschwingungsdauer der Welle wird, d. h. dass unter i eine ganze Zahl verstanden, $i\varepsilon_m \neq c$ oder

204) $$i^2\varepsilon_m^2 \neq \left(\frac{1}{\theta_1}+\frac{1}{\theta_2}\right)\frac{S\vartheta}{a_0}$$

bleibt. Alsdann fallen die Eigenschwingungen überhaupt fort und der Ausdruck 200) für den Verdrehungswinkel reduziert sich mit 199) auf

200a) $$\left\{\begin{array}{l}\varDelta\varphi = \dfrac{A_0}{c^2} + \dfrac{A_1}{c^2-\varepsilon_m^2}\cos\varepsilon_m t + \dfrac{A_2}{c^2-4\varepsilon_m^2}\cos 2\varepsilon_m t + \cdots \\ \qquad + \dfrac{B_1}{c^2-\varepsilon_m^2}\sin\varepsilon_m t + \dfrac{B_2}{c^2-4\varepsilon_m^2}\sin 2\varepsilon_m t + \cdots,\end{array}\right.$$

worin die Koeffizienten A und B der Formel 192) zu entnehmen sind. Das konstante Glied entspricht offenbar der mittleren Verdrehung $\varDelta \varphi_m$, welche sich mit $T_m = W_m$, dem Mittelwerte von T und W, aus 191) zu

200 b) $$\varDelta \varphi_m = \frac{a_0}{S \vartheta} T_m r$$

ergiebt. Aus der Gleichung 200a) geht übrigens hervor, dass der **momentane Verdrehungswinkel durchaus nicht dem zeitlich entsprechenden Momente der Tangentialkraft T proportional ist,** wie man in der Praxis auf Grund statischer Überlegungen vielfach annimmt.[*] Er wird sogar, wie 192) lehrt, durch das Widerstandsmoment W mit bestimmt, allerdings in einem um so geringeren Maße, je grösser das Trägheitsmoment θ_2 der am entsprechenden Wellenende befindlichen Maße wird.

Der dynamische Charakter unseres Resultates liegt nun in dem Eintreten der Grösse ε^2_m in die Nenner der Gleichung 200a), welche mit $\varepsilon_m = 0$ sofort in die Formel für das Gleichgewicht $T = W$ übergeht. Demnach wird bei gegebenem Verlaufe von T und W die dynamische Verdrehung wesentlich durch die Werte der Differenzen $c^2 - \varepsilon^2_m$, $c^2 - 4\varepsilon^2_m$ u. s. w. bestimmt, deren Verschwinden, wie wir ja schon gesehen haben, zu dem kritischen Falle der Resonanz führte. Um nun zu umgehen, dass der Verdrehungswinkel gefährliche Dimensionen annimmt, wird man nicht nur die Resonanz, sondern auch überhaupt absolut kleine Werte der erwähnten Differenzen durch geeignete Wahl von ε_m bei gegebenem c oder umgekehrt zu vermeiden bestrebt sein. Dabei empfiehlt sich auch die Rücksichtnahme auf besonders hervortretende Schwankungen im Drehmoment, so zwar, dass man beim Vorhandensein zweier Maxima, wie in Fig. 39 und 54, speziell die Differenz $c^2 - 2\varepsilon^2_m$ absolut so gross wie möglich machen wird. Da in dem uns interessierenden Falle der Schraubenschiffswelle die Winkelgeschwindigkeit ε_m stets vorgeschrieben ist, so sind die vorstehenden Gesichtspunkte für die Ermittelung der Grösse c, bezw. des polaren Trägheitsmomentes ϑ des Wellenquerschnittes massgebend.

Aus der Formel 200a) für den Verdrehungswinkel ergiebt sich sofort auch die relative Winkelgeschwindigkeit

$$\varDelta \varepsilon = \frac{d \varDelta \varphi}{dt}$$

der beiden Wellenenden gegeneinander für jedes Moment. Mit dieser lassen sich dann die Schwankungen der absoluten Winkelgeschwindigkeiten leicht berechnen. Addieren wir nämlich die beiden Grundformeln 188) und 189), so fällt das Torsionsmoment $\mathfrak{M}_0$ der Welle heraus und es bleibt

---

[*] Siehe Berling a. a. O.

Der Energieaustausch.

$$Tr - Wr = \theta_1 \frac{d^2\varphi_1}{dt^2} + \theta_2 \frac{d^2\varphi_2}{dt^2}$$

oder nach Multiplikation mit $d\varphi_1$

$$(Tr - Wr) d\varphi_1 = \theta_1 \frac{d\varphi_1}{dt} d\left(\frac{d\varphi_1}{dt}\right) + \theta_2 \frac{d\varphi_1}{dt} d\left(\frac{d\varphi_2}{dt}\right).$$

Setzen wir hierin

$$\varepsilon' = \frac{d\varphi_1}{dt}, \quad \varepsilon'' = \frac{d\varphi_2}{dt} = \frac{d\varphi_1}{dt} - \frac{d\Delta\varphi}{dt} = \varepsilon' - \Delta\varepsilon,$$

so ergiebt sich

$$(Tr - Wr) d\varphi_1 = (\theta_1 + \theta_2) \frac{1}{2} d(\varepsilon')^2 - \theta_2 \varepsilon' d\Delta\varepsilon$$

und durch Integration von $\varphi = 0$ bis φ_1 entsprechend $\varepsilon' = \varepsilon_0'$

$$\frac{1}{2}(\varepsilon'^2 - \varepsilon_0'^2) = \frac{1}{\theta_1 + \theta_2} \int_0^{\varphi_1} (Tr - Wr) d\varphi_1 + \frac{\theta_2}{\theta_1 + \theta_2} \int_0^{\varphi_1} \varepsilon' d\Delta\varepsilon.$$

Hierin können wir die Veränderungen von ε' im letzten Terme unbedenklich vernachlässigen und erhalten so

205) $\quad \varepsilon'^2 - \varepsilon_0'^2 = \frac{2}{\theta_1 + \theta_2} \int_0^{\varphi_1} (Tr - Wr) d\varphi_1 + \frac{\theta_2 \varepsilon_m}{\theta_1 - \theta_2} (\Delta\varepsilon - \Delta\varepsilon_0).$

Das Integral im ersten Glied auf der rechten Seite ist nun identisch mit dem Arbeitsüberschuss des treibenden Momentes über das Widerstandsmoment für den Fall einer starren Welle, so dass der zweite Term den Einfluss der elastischen Formänderung auf die Winkelgeschwindigkeit und damit auf den Ungleichförmigkeitsgrad vollständig darstellt. Natürlich hätten wir auch die entsprechende Formel für ε'' ableiten können, dieselbe würde sich, abgesehen von der Integration nach φ_2, nur durch das Vorzeichen des letzten Gliedes von 205) unterscheiden.

Nachdem wir somit den einfachen Fall einer rotierenden Maschine und masselosen Welle rechnerisch verfolgt haben, wollen wir zu den thatsächlichen Verhältnissen zurückkehren. Wir setzen wie früher ein System paralleler Kurbelgetriebe voraus, deren kinetische Energie wir, abgesehen von derjenigen der lediglich rotierenden Teile, mit $J_1 = \varepsilon'^2 U_1$ bezeichnen wollen. Hierin stellt U_1 ersichtlich die Hälfte des als variabel anzusehenden Trägheitsmomentes der Massen an einem Wellenende dar. Dabei ist stillschweigend die Kurbelwelle selbst als starr* vorausgesetzt, so dass deren Formänderung infolge der Schwan-

---

* Diese Vereinfachung ist nicht etwa durch mathematische Rücksichten eingeführt, sie entspricht ungefähr in ihrem Einfluss der Annahme 193) für die streng genommen mit der Winkelgeschwindigkeit variabele Grösse α. Bei einer nicht starren Welle hätte man für jedes zwischen zwei Getrieben befindliche Stück zwei Gleichungen von der Form 188) und 189) aufzustellen, deren weitere Behandlung, abgesehen von ihrer Umständlichkeit, keine prinzipiellen Schwierigkeiten bereiten kann.

kungen der von den einzelnen Getrieben herrührenden Momente aus der Betrachtung herausfällt. Als Wellenlänge a_0 rechnen wir demnach den Abstand der letzten Maschinenkurbel von der Mitte der Schraube. Weiterhin sei die Winkelgeschwindigkeit am Schraubenende ε'', während ϑ wieder das polare Trägheitsmoment des Wellenquerschnitts bedeuten möge.

Wir haben nun zunächst festzustellen, in welcher Weise die Masse der Welle in unseren Formeln zu berücksichtigen ist. Ist ε die Winkelgeschwindigkeit eines scheibenförmigen Elementes von der Dicke dz im Abstande z von der Schraube, so haben wir vermöge des mit diesem Abstande linear wachsenden Verdrehungswinkels (bei einer Totallänge a_0)

$$\varphi - \varphi_2 = \frac{z}{a_0}(\varphi_1 - \varphi_2)$$

durch Differentiation nach t

$$\varepsilon - \varepsilon'' = \frac{z}{a_0}(\varepsilon' - \varepsilon'')$$

und damit den Zuwachs von ε mit dem Abstande

$$d\varepsilon = \frac{\varepsilon' - \varepsilon''}{a_0} dz.$$

Die kinetische Energie der Welle ergiebt sich nunmehr, unter γ ihr spezifisches Gewicht verstanden, zu

$$J_0 = \frac{\gamma \vartheta}{2g} \int_0^{a_0} \varepsilon^2 dz = \frac{\gamma \vartheta}{2g} \frac{a_0}{\varepsilon' - \varepsilon''} \int_{\varepsilon''}^{\varepsilon_0'} \varepsilon^2 d\varepsilon$$

$$J_0 = \frac{\gamma \vartheta a_0}{6g}(\varepsilon'^2 + \varepsilon''^2 + \varepsilon' \varepsilon'').$$

Wenn es nun gestattet ist, das Quadrat der Differenz $\varepsilon' - \varepsilon'' = \varDelta \varepsilon$ zu vernachlässigen, so dürfen wir auch für die kinetische Energie der Welle angenähert schreiben

$$J_0 = \frac{\gamma \vartheta a_0}{4g}(\varepsilon'^2 + \varepsilon''^2),$$

d. h. wir dürfen uns die Masse derselben je zur Hälfte an beiden Wellenenden konzentriert denken.

Der Kürze halber wollen wir nunmehr unter θ_1 das um die Hälfte desjenigen der Welle vermehrte Trägheitsmoment der Kurbeln und aller als lediglich rotierend anzusehenden Maschinenteile sowie unter θ_2 das Trägheitsmoment der Schraube und der anderen Wellenhälfte verstehen. Alsdann haben wir an Stelle der beiden Formeln 188) und 189), mit T' den um die Reibung verminderten und um die Gewichtswirkung $dV : r d\varphi$ des Getriebes vermehrten Tangentialdruck

188b) $$T'r - \mathfrak{M}_\vartheta = \frac{d(\varepsilon'^2 U_1)}{d\varphi_1} + \theta_1 \frac{d^2\varphi_1}{dt^2},$$

189b) $$\mathfrak{M}_\vartheta - Wr = \theta_2 \frac{d^2\varphi_2}{dt^2}.$$

Zerlegen wir nunmehr wieder den Differentialquotienten von $\varepsilon'^2 U_1$, so dürfen wir statt 188b) auch schreiben

$$T'r - \varepsilon'^2 \frac{dU_1}{d\varphi_1} - \mathfrak{M}_\vartheta = (2U_1 + \theta_1) \frac{d^2\varphi_1}{dt^2}$$

und erhalten schliesslich durch Division dieser Gleichung mit $2U_1' + \theta_1$ sowie von 189b) mit θ_2 und Subtraktion

$$\frac{T'r - \varepsilon'^2 \frac{dU_1}{d\varphi_1}}{2U_1 + \theta_1} + \frac{Wr}{\theta_2} - \left(\frac{1}{2U_1 + \theta_1} + \frac{1}{\theta_2}\right)\mathfrak{M}_\vartheta = \frac{d^2(\varphi_1 - \varphi_2)}{dt^2}$$

oder, wenn wir wieder nach 187)

$$\mathfrak{M}_\vartheta = \frac{S\vartheta}{a_0}(\varphi_1 - \varphi_2) = \frac{E\vartheta}{a_0}\varDelta\varphi$$

einführen

190c) $$\frac{T'r - \varepsilon'^2 \frac{dU_1}{d\varphi_1}}{2U_1 + \theta_1} + \frac{Wr}{\theta_2} - \left(\frac{1}{2U_1 + \theta_1} + \frac{1}{\theta_2}\right)\frac{S\vartheta}{a_0}\varDelta\varphi = \frac{d^2\varDelta\varphi}{dt^2}.$$

Diese Differentialgleichung unterscheidet sich von der früheren 190) zunächst dadurch, dass an Stelle des Drehmomentes Tr hier das mit der tangentialen Massenwirkung $\varepsilon'^2 \frac{dU_1}{d\varphi_1}$ vereinigte Moment

$$T'r - \varepsilon'^2 \frac{dU_1}{d\varphi_1}$$

getreten ist. Darin können wir übrigens, wie schon in unserem Ausdruck 192), unbedenklich $\varepsilon' = \varepsilon_m$ setzen, während dies bei der Ermittelung der Winkelgeschwindigkeitsänderungen früher nicht immer zulässig erschien. Dann aber lässt sich auch diese Grösse in Form einer mit der Zeit t periodischen Reihe entwickeln. Grössere Schwierigkeiten bietet anscheinend der Eintritt der mit dem Winkel φ_1 veränderlichen Grösse U_1 in die Nenner der Gleichung 190c), indessen wird es in den meisten Fällen (insbesondere für ausgeglichene Maschinen) gestattet sein, für U_1 seinen Mittelwert einzusetzen. Setzen wir demnach einfach entsprechend 191) und 192)

191a) $$\left(\frac{1}{2U_1 + \theta_1} + \frac{1}{\theta_2}\right)\frac{S\vartheta}{a_0} = c^2,$$

sowie

192a) $$\begin{cases} \dfrac{T'r - \varepsilon^2_m \dfrac{dU_1}{d\varphi_1}}{2U_1 + \theta_1} + \dfrac{Wr}{\theta_2} = A_0 + A_1 \cos \varepsilon_m t + A_2 \cos 2\varepsilon_m t + \cdots \\ \qquad\qquad\qquad\qquad + B_1 \sin \varepsilon_m t + B_2 \sin 2\varepsilon_m t + \cdots, \end{cases}$$

so geht 190c) ebenso wie 190) in die Differentialgleichung 190b) über, deren Integral die periodischen Schwingungsausschläge $\varDelta\varphi$ der

144 Kapitel II.

Wellenenden gegeneinander somit auch für unseren allgemeineren Fall angenähert darstellt.

Beispiel. Wir wollen nunmehr an einem Beispiel die vorstehenden Ergebnisse prüfen und knüpfen dazu an dasjenige am Schlusse von § 15 an. Wir hatten dort eine Schiffsmaschine vorausgesetzt, welche $n = 75$ Umdrehungen in der Minute vollzieht, so dass

$$\varepsilon_m = \frac{\pi n}{30} = 7,854, \quad \varepsilon_m^2 = 61,685$$

wird. Das polare Trägheitsmoment der Welle von 35 cm Durchmesser ergiebt sich zu

$$\vartheta = 147324 \text{ cm}^4,$$

der Schubelasticitätsmodul des Materials (Tiegelstahl) sei

$$S = 880\,000 \text{ kg/qcm}.$$

Mit einer Länge der Kurbelwelle, die wir als starr vorausgesetzt haben, von 5 m haben wir dann eine totale Wellenlänge von

$$a_0 = 50 \text{ m} = 5000 \text{ cm}$$

einzusetzen. Von dem polaren Trägheitsmoment der ganzen Welle, welches wir früher zu $1667 \cdot 0{,}36$ kg m² $= 1667 \cdot 3600$ kg cm² berechneten, entfällt nun die Hälfte auf das Maschinenende, die andere Hälfte auf das Wellenende, dazu kommt für das erstere noch der Betrag für die Kurbeln (4500 kg) mit einem Trägheitshalbmesser von 0,4 m, also einen Trägheitsmoment von

$$2000 \cdot 0{,}36 \text{ kg m}^2 = 2000 \cdot 3600 \text{ kg cm}^2$$

und schliesslich von den hin- und hergehenden Teilen

$$7750 \cdot 0{,}36 \text{ kg m}^2 = 7750 \cdot 3600 \text{ kg cm}^2,$$

so dass wir schreiben dürfen

$$g(2 U_1 + \theta_1) = 10583 \cdot 3600 \text{ kg cm}^2.$$

Für den Propeller hatten wir früher das Gewicht mit 6480 kg, und den Trägheitshalbmesser mit 1 m angesetzt, so dass sein Trägheitsmoment

$$6480 \cdot 10\,000 \text{ kg cm}^2 = 18\,000 \cdot 3600 \text{ kg cm}^2$$

war. Hierzu tritt wieder die Hälfte des Trägheitsmomentes der Welle mit $833 \cdot 3600$ kg cm²; also wird

$$g\theta_2 = 18833 \cdot 3600 \text{ kg cm}^2.$$

Bei Einführung dieser Werte in die Formel 191a) ist noch die Beschleunigung der Schwere entsprechend allen anderen Längen in Centimeter also $g = 981$ cm zu setzen, so dass wir erhalten

$$c^2 = \left(\frac{981}{10583} + \frac{981}{18833}\right) \cdot \frac{880000 \cdot 147324}{3600 \cdot 5000} = 1042.$$

Daraus folgt aber $c = 32{,}28$ und somit eine Schwingungsdauer der Welle von

$$t_0 = \frac{2\pi}{c} = 0{,}194 \text{ Sekunden.}$$

Die mittlere Verdrehung der Welle ergiebt sich aus 200b) für ein der Leistung von 3000 PS entsprechendes mittleres Drehmoment von

$$T_m r = 28700 \text{ mkg} = 2870000 \text{ cmkg}$$

zu

$$\Delta \varphi_m = \frac{5000 \cdot 2870000}{880000 \cdot 147324} = 0{,}111,$$

oder 6,36°, was einer mittleren Beanspruchung der äussersten Faser von

Der Energieaustausch.

$$\tau_m = \frac{T_m r}{147324} r_0 = \frac{2870000}{147324} \cdot 17{,}5 = 341 \text{ kg/qcm}$$

entspricht. Dieser Wert ist für wechselnde Belastung, wie sie hier zweifellos vorliegt, schon etwas hoch. Um nun die Schwankungen der Ausschläge insbesondere über diesen Mittelwert hinaus beurteilen zu können, müssen wir nach 200a) die hierfür maßgebenden Differenzen $c^2 - i^2 \varepsilon_m^2$ bilden. Dieselben ergeben sich mit

$\varepsilon_m^2 = 61{,}7$	zu	$c^2 - \varepsilon_m^2 =$	$980{,}3$
$4\varepsilon_m^2 = 247{,}7$	„	$c^2 - 4\varepsilon_m^2 =$	$795{,}2$
$9\varepsilon_m^2 = 555{,}2$	„	$c^2 - 9\varepsilon_m^2 =$	$486{,}8$
$16\varepsilon_m^2 = 987{,}0$	„	$c^2 - 16\varepsilon_m^2 =$	$55{,}0$
$25\varepsilon_m^2 = 1542{,}1$	„	$c^2 - 25\varepsilon_m^2 = -$	$500{,}1$
$36\varepsilon_m^2 = 2220{,}7$	„	$c^2 - 36\varepsilon_m^2 = -$	$1178{,}7$
$49\varepsilon_m^2 = 3022{,}6$	„	$c^2 - 49\varepsilon_m^2 = -$	$1980{,}6$

u. s. w.

und man erkennt, dass durch dieselben die Koeffizienten der Glieder bis einschliesslich der mit $\cos 5\varepsilon_m t$, und $\sin 5\varepsilon_m t$ in der Reihe 200a) stark vergrössert werden gegenüber den Koeffizienten der Reihe für das Drehmoment. Um den Vergleich rasch durchführen zu können, wollen wir die letztere unter Voraussetzung eines konstanten Widerstandes $W = T_m$ in der Weise anschreiben, dass wir

$$T' - \frac{\varepsilon^2}{r} \frac{d U_1}{d \varphi_1} = T_m + \varDelta T'$$

setzen. Führen wir diesen Ausdruck an Stelle von T in Gleichung 192) ein und ersetzen gleichzeitig θ_1 durch $2 U_1 + \theta_1$, so wird, da das konstante Glied sich beidseitig weghebt, mit $\alpha = \varepsilon_m$

$$r \varDelta T' = (2 U_1 + \theta_1) \{ A_1 \cos \varepsilon_m t + A_2 \cos 2\varepsilon_m t + \cdots $$
$$+ B_1 \sin \varepsilon_m t + B_2 \sin 2\varepsilon_m t + \cdots \},$$

während die Ausschläge nach 200a) durch

$$\varDelta \varphi = \varDelta \varphi_m + \frac{A_1}{c^2 - \varepsilon_m^2} \cos \varepsilon_m t + \frac{A_2}{c^2 - 4\varepsilon_m^2} \cos 2\varepsilon_m t + \cdots$$
$$+ \frac{B_1}{c^2 - \varepsilon_m^2} \sin \varepsilon_m t + \frac{B_2}{c^2 - 4\varepsilon_m^2} \sin 2\varepsilon_m t + \cdots$$

dargestellt werden. Demnach könnte man die Ausschläge sich auch durch ein statisch wirkendes Drehmoment hervorgerufen denken, dessen Schwankungen statt durch die Koeffizienten A_i und B_i durch

$$\frac{c^2 A_i}{c^2 - i^2 \varepsilon_m^2} \quad \text{und} \quad \frac{c^2 B_i}{c^2 - i^2 \varepsilon_m^2}$$

gegeben sind. Führen wir die obigen Werte von $c^2 - i^2 \varepsilon_m^2$ ein, so ergiebt sich eine für die Formänderungen maßgebende Reihe von

$$A_0 + 1{,}06 (A_1 \cos \varepsilon_m t + B_1 \sin \varepsilon_m t)$$
$$+ 1{,}31 (A_2 \cos 2\varepsilon_m t + B_2 \sin 2\varepsilon_m t)$$
$$+ 2{,}14 (A_3 \cos 3\varepsilon_m t + B_3 \sin 3\varepsilon_m t)$$
$$+ 18{,}9\ (A_4 \cos 4\varepsilon_m t + B_4 \sin 4\varepsilon_m t)$$
$$- 2{,}08 (A_5 \cos 5\varepsilon_m t + B_5 \sin 5\varepsilon_m t)$$
$$- 0{,}88 (A_6 \cos 6\varepsilon_m t + B_6 \sin 6\varepsilon_m t)$$
$$- 0{,}53 (A_7 \cos 7\varepsilon_m t + B_7 \sin 7\varepsilon_m t)$$
$$\cdots\cdots\cdots\cdots\cdots\cdots$$

in welcher die Glieder mit $4\varepsilon_m t$ bei einigermaßen in Frage kommenden Koeffizienten einen ausschlaggebenden Einfluss gewinnen können. Hätten wir ein Tangentialkraftdiagramm wie in Fig. 62, so würde allerdings A_4 und B_4, da ersichtlich keine bemerkenswerten Schwankungen mit $^1/_4$ der Periode der Umdrehungsdauer vorhanden sind, vernachlässigt werden können, immerhin dürfte es sich in solchen Fällen empfehlen, das Diagramm nach den § 12 gegebenen Regeln zu analysieren. In die Augen fallend sind in Fig. 62 dagegen die Schwankungen mit $3\varepsilon_m t$, deren Koeffizienten in unserer Reihe mehr als verdoppelt auftreten. Daraus folgt aber, da, wie man leicht erkennt, die Amplitude von

$$A_3 \cos 3\varepsilon_m t + B_3 \sin 3\varepsilon_m t$$

rd $0{,}23 A_0$ ist, dass man auf einen grössten Ausschlag der Welle von wenigstens $1{,}5\, \varDelta \varphi_m = 0{,}166 = 9{,}54°$ entsprechend einer Maximalspannung in der äussersten Faser von $\tau_{max} = 512$ kg/qm rechnen muss.

Jedenfalls geht aus diesem Beispiel hervor, dass man nicht genug Sorgfalt auf die Erzielung eines Drehmomentes mit möglichst kleinen Schwankungen verwenden kann und überdies darauf achten sollte, dass kritische Schwankungen, die sich aus den obigen Differenzen $c^2 - i^2 \varepsilon_m^2$ leicht ergeben, ganz vermieden werden. Sollte sich dies als unmöglich erweisen, so kann man die Grösse c entweder durch Veränderung des Wellendurchmessers oder auch durch Hinzufügung eines Schwungringes modifizieren.

Wesentlich günstiger liegen die Verhältnisse, wenn die Winkelgeschwindigkeit ε_m von vornherein ein Vielfaches von c ist. Dann werden sämtliche Differenzen $c^2 - i^2 \varepsilon_m^2$ absolut viel grösser als c^2, und demgemäss sinkt der Einfluss der Schwankungen des Drehmomentes auf die Formänderung der Welle eventuell bis zur vollständigen Bedeutungslosigkeit herab; kritische Glieder, wie wir sie in unserem Beispiel kennen lernten, können hierbei natürlich nicht mehr auftreten. Als untere Grenze für diesen Fall hat man ersichtlich $c^2 - \varepsilon_m^2 = -c^2$, d. h.

$$\varepsilon_m = c\sqrt{2},$$

was in unserem Beispiel auf $\varepsilon_m = 45{,}7$ oder $n = 454$ Umdrehungen in der Minute führen würde. Abgesehen von der Unmöglichkeit solcher Geschwindigkeiten für die Bewegung der in Frage kommenden hin- und hergehenden Massen wäre natürlich auch zu berücksichtigen, dass mit wachsender Umdrehungszahl der Mittelwert des Drehmomentes abnimmt, so dass sich alle Verhältnisse ändern würden. Der hier angezogene Fall hat infolgedessen kaum irgendwelche Bedeutung für die Dynamik der Kurbelgetriebe. Für diese können wir jedenfalls aus den Ergebnissen der vorstehenden Untersuchung den wichtigen Satz ableiten, dass für eine Maschine mit vorgelegten Dimensionen eine Reihe von kritischen Winkelgeschwindigkeiten ε_m bezw. bei gegebener Winkelgeschwindigkeit eine Reihe von gefährlichen Wellendurchmessern besteht, für deren Glieder die Beziehung

$$\left(\frac{2\pi}{t_0}\right)^2 = c^2 = i^2 \varepsilon_m^2,$$

unter t_0 die Schwingungsdauer der Welle verstanden, massgebend ist. Die den Gliedern dieser Reihen entsprechenden Werte für ε_m bezw. c^2 sind in der Praxis unbedingt zu vermeiden.

18. **Vergleich mit der praktischen Erfahrung.** Bevor noch die theoretischen Untersuchungen dieses Kapitels abgeschlossen waren, empfand man in der Praxis das Bedürfnis, die Änderungen der Winkelgeschwindigkeit von Dampfmaschinen experimentell zu ermitteln. Der erste, welcher einen hierzu geeigneten Apparat angab und selbst verwendete, war Radinger[*], der auf das Schwungrad einer Dampfmaschine berusstes Papier aufspannte und auf diesem durch eine schwingende Feder (Stimmgabel), die an einem seitlich stehenden Support befestigt war, Wellenlinien schreiben liess.

Der Isochonismuss der Schwingungen lieferte im Verein mit den Abständen der einzelnen Wellen auf dem berussten Papier voneinander sofort den Wert der momentanen Umfangsgeschwindigkeit. Der Unterschied der grössten und kleinsten Wellenlänge dividiert durch die mittlere ergab dann den Ungleichförmigkeitsgrad der Maschine. Radinger fand an einer gewöhnlichen Betriebsmaschine, deren Welle doch nur kurz sein konnte, $\delta = 0{,}040$, während die Rechnung nur $\delta = 0{,}025$ ergeben hatte. Wenn auch die Radingersche Methode der Ermittelung von δ von der unsrigen etwas abweichende Resultate ergeben dürfte, so ist doch der Unterschied beider Werte zu gross, um damit erklärt werden zu können. Es bleibt vielmehr nur die Annahme übrig, dass die elastischen Formänderungen der Schwungradarme das Ergebnis störend beeinflusst haben, so dass es zweckmässig erscheint, derartige Diagramme auf einer der Wellenaxe möglichst naheliegenden, jedenfalls aber nicht durch nachgiebige Arme mit ihr verbundenen Oberfläche schreiben zu lassen.

Diesen Weg schlug, allerdings viel später, der schon mehrfach erwähnte Ingenieur Fränzel[**] bei der Untersuchung von Schiffsmaschinen ein, deren Ungleichförmigkeit er durch Aufspannung des

---

[*] Dampfmaschinen mit hoher Kolbengeschwindigkeit, 3. Aufl. S. 339.
[**] Marine-Rundschau 1897, Heft 11.

Papieres auf die Welle selbst in unmittelbarer Nähe der Maschine bestimmte. Wenn auch die Angaben Fränzels nicht vollständig genug sind, um über alle Verhältnisse ein klares Bild zu bekommen und insbesondere zu einer Kontrollrechnung nicht hinreichen, so sollen seine Resultate doch hier Platz finden. Die Versuche beziehen sich auf zwei Dreikurbelmaschinen und drei Vierkurbelmaschinen, von denen die zwei letzten der Tabelle I allerdings nur in erster Ordnung nach Schlick ausgeglichen waren. Die Kurbelwinkel sind in der Reihenfolge $\alpha, \beta, \gamma, \delta$ angegeben, so dass ihre Summe $= 360^0$ ist.

Tabelle I.

Maschine	Kurbelwinkel	Leistung	Tourenzahl	δ
1. Schnelldampfer „Havel"	3×120^0	11—12000 PS	67	0,055
2. Schnelldampfer „Spree"	3×120^0	9815 „	65	0,065
3. Dampfer „Bremen"	$45^0, 90^0, 135^0, 90^0$	3237 „	80	0,17
4. Dampfer „Friedrich der Grosse"	$51,45^0, 102,85^0, 102,85^0, 102,85^0$	2743 „	74	0,13
5. Dampfer „Barbarossa"	$30^0, 130^0, 97^0, 123^0$	3347 „	80	0,21

Aus diesen Versuchen glaubte Fränzel den Schluss ziehen zu dürfen, dass die Vierkurbelmaschine derjenigen mit drei Kurbeln ganz allgemein in Bezug auf die Gleichförmigkeit des Ganges nachstehe, und dass dies in der Unmöglichkeit begründet sei, unter Anwendung von vier Kurbeln ein ebenso gleichförmig verlaufendes Tangentialkraftdiagramm zu erzielen wie mit drei Kurbeln. Unter Ausserachtlassung der in den Versuchsergebnissen nicht hervortretenden Wirkung der elastischen Formänderung der Welle nahm man dann dieselben Werte für die Ungleichförmigkeit des Propellers und damit natürlich recht erhebliche Schwankungen des Propellerschubes an, welche ihrerseits das ganze Schiff in ähnliche Vibrationen versetzen sollten, wie man sie durch den Massenausgleich zu beseitigen wünschte. Diese Folgerung wurde von dem Marinebaumeister Berling[*] gezogen und mit grosser Zähigkeit verfochten, wobei dann noch mit Weglassung des nicht in das Schema passenden Beispieles der „Bremen" der Massenausgleich allein für diese, wenn sie wirklich in bemerkenswerter Weise eintrat, sehr unangenehme Erscheinung verantwortlich gemacht wurde.

---

[*] Marine-Rundschau 1898, Heft 5, sowie Zeitschrift des Vereins deutscher Ingenieure 1899, Heft 33, 34, 40 und 41. Siehe auch die Diskussionen darüber ebenda 1899, Heft 52 und 1900, Heft 9.

Zur Klärung der so entstandenen Verwirrung entschloss sich nun die grösste deutsche Werft, der „Vulcan" in Bredow bei Stettin, eine Anzahl von Schiffsmaschinen aufs eingehendste untersuchen zu lassen, wozu der Ingenieur dieser Firma, Dr. G. Bauer, einen sehr handlichen, mit elektromagnetisch erregten Stimmgabeln ausgerüsteten Schreibapparat konstruierte. Diese Versuche brachten insofern einen ziemlich vollständigen Aufschluss, als sie, an verschiedenen Stellen der Welle zugleich angestellt, die Abhängigkeit des Ungleichförmigkeitsgrades von der Elastizität der Wellenleitung deutlich erkennen liessen. Wenn ich auch wegen der Einzeldaten dieser vortrefflich durchgeführten Versuche auf die Quelle* verweisen muss, so mögen doch die wichtigsten Ergebnisse hier in Tabelle II wiedergegeben sein.

Tabelle II.

Maschine	Kurbelwinkel	Leistung	Wellen- Durchmesser	Länge	Tourenzahl	δ_1	δ_2
1. Dampfpinasse „Molly"	90°	—	ca. 5 cm	—	200	0,17	—
2. Dampfer N. N.	3 × 120°	546 PS	21,6 „	28,8 m	65,5	0,216	0,053
3. Dampfer „Patricia"	60°, 100° 100°, 100°	2868 „	37,0 „	61 „	74	0,080	0,053
4. Dampfer „König Albert"	65°, 98,3°, 98,3°, 98,3°	3968 „	42,0 „	51,5 „	74	0,114	0,106
5. Schnelldampfer „Maria-Theresia"	65°, 98,3°, 98,3°, 98,3°	8950 „	51,0 „	40,5 „	95	0,044	0,051
6. Schnelldampfer „K. Wilhelm der Grosse"	51,4°, 102,9° 102,9°,102,9°	ca. 14000 „	60,0 „	47 „	76	0,046	

Hierin ist mit δ_1 und δ_2 der Ungleichförmigkeitsgrad gemessen nahe der Maschine (d. h. hinter dem Drucklager) bezw. nahe der Welle (vor dem Stevenrohr). Von diesen fiel der letztere infolge der Mitwirkung der Schraube stets kleiner aus als der erstere, mit Ausnahme des Falles 5, bei dem wahrscheinlich während der Messung eine Störung des Beharrungszustandes eingetreten war. Immerhin deutet der geringe Unterschied beider Werte von δ in diesem Falle auf eine nur schwache Formänderung der in der That relativ starken und kurzen Welle, weshalb denn auch im Falle 6 bei entsprechend kräftigen

---

* Dr. Bauer: Untersuchungen über die periodischen Schwankungen in der Umdrehungsgeschwindigkeit der Wellen an Schiffsmaschinen. Jahrbuch der Schiffsbautechnischen Gesellschaft I, 1900, S. 311.

Dimensionen der Welle nur eine Messung nahezu in der Mitte zwischen Propeller und Maschine vorgenommen wurde. Grösser ist schon bei längerer und schwächerer Welle der Unterschied bei „König Albert" und „Patricia" und besonders auffallend bei der Dreikurbel-Maschine des Frachtdampfers N. N.

Vergleichen wir mit dieser Tabelle die von Fränzel ermittelten Werte δ, welche etwa den δ_1 entsprechen, so dürfen wir bei den Maschinen der Schnelldampfer „Havel" und „Spree" wegen deren starken und relativ kurzen Wellen Werte von δ_2 erwarten, welche von δ_1 nur wenig abweichen, während sich bei den anderen Maschinen mit relativ langen und dünnen Wellen ein bedeutender Einfluss der Elastizität durch ein viel kleineres δ_2 bemerkbar machen würde. Die Berlingschen Befürchtungen wurden demnach durch die Bauerschen Versuche nicht bestätigt. Jedenfalls übertrifft der Einfluss, welchen etwa ein zufällig mit besonderer Steigung versehener und darum auch hervorragend belasteter Propellerflügel auf die Schiffsvibrationen ausübt, den von den Schwankungen des Propellerschubes herrührenden ganz bedeutend.*

Aus dem Verlaufe je zweier zusammengehöriger Geschwindigkeitskurven, wie sie der Bauerschen Publikation entnommen werden können, lassen sich nun die Änderungen der Verdrehungswinkel der Welle ableiten. Dabei ist zu beachten, dass infolge der Aufzeichnung des Schreibstiftes auf einen mit der Welle rotierenden Papierstreifen die Winkelgeschwindigkeiten ε' und ε'' an den beiden Enden nicht als Funktionen der Zeit, sondern als solche der durchlaufenen Bogen φ_1 und φ_2 erscheinen. Die Zeit t zum Durchlaufen dieser beiden Bogen ergiebt sich nun aus

$$t = \int_0^{\varphi_1} \frac{d\varphi}{\varepsilon'} = \int_0^{\varphi_2} \frac{d\varphi}{\varepsilon''}$$

worin wir wie früher $\varepsilon = \varepsilon_m + \Delta\varepsilon$, und mit Vernachlässigung höherer Potenzen des Bruches $\Delta\varepsilon : \varepsilon_m$

$$\frac{1}{\varepsilon} = \frac{1}{\varepsilon_m}\left(1 - \frac{\Delta\varepsilon}{\varepsilon_m}\right)$$

schreiben dürfen. Damit aber geht die Formel für die Zeit über in

---

* Diese wichtige Bemerkung verdankt man wiederum Schlick, der in einem kurzen, durch Beispiele aus der Praxis zweckmässig illustriertem Vortrage auf dem „Congrès d'Architecture et de Construction Navale" zu Paris 1900 (siehe auch die Zeitschrift „Schiffbau", 2. Jahrgang S. 95) daraus die Notwendigkeit der sorgfältigsten Bearbeitung der einzelnen Schraubenflügel auf Spezialmaschinen ableitete. Damit dürfte auch den leider recht häufigen Flügelbrüchen wirksam abgeholfen werden können.

$$t - \frac{\varphi_1}{\varepsilon_m} - \frac{1}{\varepsilon_m{}^2}\int_0^{\varphi_1} \Delta\varepsilon' \, d\varphi = \frac{\varphi_2}{\varepsilon_m} - \frac{1}{\varepsilon_m{}^2}\int_0^{\varphi_2} \Delta\varepsilon'' \, d\varphi.$$

Daraus erhalten wir aber den Verdrehungswinkel $\Delta\varphi$ abgesehen von einer Konstanten zu

206) $$\Delta\varphi = \varphi_1 - \varphi_2 = \frac{1}{\varepsilon_m}\left(\int_0^{\varphi_1} \Delta\varepsilon' \, d\varphi - \int_0^{\varphi_2} \Delta\varepsilon'' \, d\varphi\right).$$

Das zweite Integral der rechten Seite lässt sich aber umformen in

$$\int_0^{\varphi_2} \Delta\varepsilon'' \, d\varphi = \int_0^{\varphi_1} \Delta\varepsilon'' \, d\varphi + \int_{\varphi_1}^{\varphi_2} \Delta\varepsilon'' \, d\varphi$$

oder wegen der Kleinheit von $\Delta\varepsilon''$ und $\Delta\varphi = \varphi_1 - \varphi_2$ angenähert

$$\int_0^{\varphi_2} \Delta\varepsilon'' \, d\varphi = \int_0^{\varphi_1} \Delta\varepsilon'' \, d\varphi + \Delta\varepsilon'' \, \Delta\varphi.$$

Führen wir diese Werte in Gleichung 206) ein, so ergiebt sich

$$\Delta\varphi = \frac{1}{\varepsilon_m}\int_0^{\varphi_1} (\Delta\varepsilon' - \Delta\varepsilon'') \, d\varphi - \Delta\varepsilon'' \, \Delta\varphi$$

oder wegen $\varepsilon'' = \varepsilon_m + \Delta\varepsilon''$

207) $$\Delta\varphi = \frac{1}{\varepsilon''}\int_0^{\varphi_1} (\Delta\varepsilon' - \Delta\varepsilon'') \, d\varphi = \frac{1}{\varepsilon'}\int_0^{\varphi_1} (\Delta\varepsilon' - \Delta\varepsilon'') \, d\varphi.$$

Diesen Ausdruck kann man übrigens ohne nennenswerten Fehler auch in der Form

207a) $$\Delta\varphi = \frac{1}{\varepsilon_m}\int_0^{\varphi} (\Delta\varepsilon' - \Delta\varepsilon'') \, d\varphi = \frac{\Delta\varepsilon_m}{\varepsilon_m} \varphi$$

schreiben, worin $\Delta\varepsilon_m$ den durch Planimetrieren festzustellenden Mittelwert der Differenz $\Delta\varepsilon' - \Delta\varepsilon'' = \varepsilon' - \varepsilon''$ über dem Bogen φ bedeutet. Die Näherungsgleichung 207a) ist auch insofern sehr bequem, als sie keinen Irrtum über den Maßstab von $\Delta\varphi$ aufkommen lässt, der sich sonst leicht bei graphischen Integrationen einschleicht. Man hat nur den Mittelwert $\Delta\varepsilon_m$ in demselben Maßstabe aufzutragen, der für die Winkelgeschwindigkeiten ε selbst gewählt wurde.

Beispiel. In Fig. 66 sind nach den Angaben Dr. Bauers zwei Geschwindigkeitskurven, welche auf der Welle des Frachtdampfers N. N. (Beispiel 2 Tabelle II) im Abstande $a_0 = 15{,}2$ m gewonnen wurden, zusammen mit dem Tangentialkraftdiagramm der Maschine aufgetragen. Durch Planimetrieren wurde hieraus zunächst in einem beliebigen Maßstabe die Linie der $\varDelta \varphi$ ermittelt, deren Mittelwert, entsprechend $\varDelta \varphi_m$ sich durch abermaliges Planimetrieren hieraus bestimmt. Diese Linie zeigt (übrigens auch bei etwas veränderter Umdrehungszahl) vier charakteristische Schwingungen, in welchen der Einfluss der Schwankungen des Drehkraftdiagramms nicht mehr wiederzuerkennen ist. Würden dieselben Eigen-

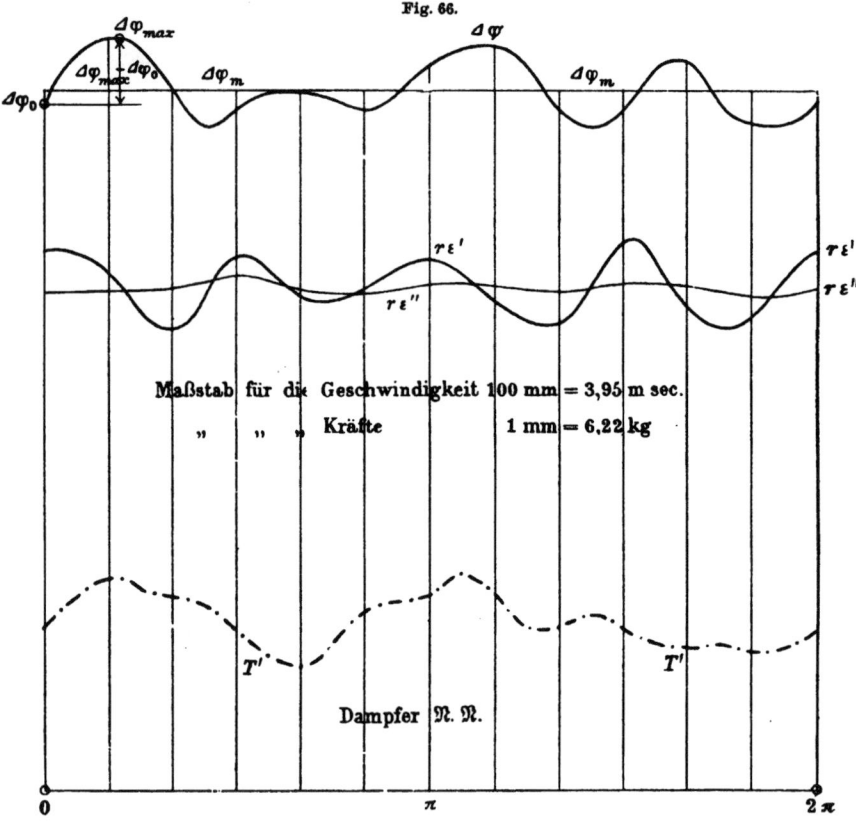

Fig. 66.

schwingungen der Welle darstellen, wie Dr. Bauer glaubt, so müsste entsprechend $n = 65{,}5$ Umdrehungen in der Minute deren Schwingungsdauer sich zu rund $t_0 = 0{,}23$ Sek. ergeben. Eine theoretische Berechnung dieses Wertes bezw. von c aus Gleichung 191a) ist leider mangels hinreichender Angaben über die Gewichte der Maschinengetriebeteile nicht möglich.

Dagegen ergiebt sich die mittlere Verdrehung $\varDelta \varphi_m$ der beiden Messstellen gegeneinander sofort aus Gleichung 200b) mit $a_0 = 1520$ cm, $T_m r = 5970$ m/kg $= 597000$ cm/kg, $\vartheta = 21400$ cm^4 und $S = 880000$ kg/qcm zu

$$\varDelta \varphi_m = \frac{a_0\, T_m}{S \vartheta} = \frac{1520 \cdot 597000}{880000 \cdot 21400} = 0{,}048$$

d. h. 2,75°. Der Maximalausschlag wird, wie aus Fig. 66 ersichtlich, nach Durchlaufen des Bogens $\varphi = \dfrac{\pi}{5}$ vom Anfang an erreicht. Die mittlere Differenz der Winkelgeschwindigkeit auf diesem Bogen ist aber $\varDelta \varepsilon_m = 0{,}055\,\varepsilon_m$, woraus sich die Differenz des grössten Ausschlages und desjenigen am Anfang ($\varDelta \varphi_0$) zu

$$\varDelta \varphi_{max} - \varDelta \varphi_0 = 0{,}055 \cdot \dfrac{\pi}{5} = 0{,}011 \cdot \pi = 0{,}0345$$

ergiebt. Da sich nun weiter laut Figur dieser Wert zu der Differenz $\varDelta \varphi_{max} - \varDelta \varphi_m$ verhält wie 9:7, so ist

$$\varDelta \varphi_{max} - \varDelta \varphi_m = 0{,}028$$

oder rund 1,04°. Die höchste Verdrehung der Welle beträgt demnach

$$\varDelta \varphi_{max} = 0{,}076 \, \infty \, 4{,}35^0$$

auf eine Länge von 15,2 m und entspricht bei einer Wellenstärke von $d = 2\,r_0 = 21{,}6$ cm einer Beanspruchung der äussersten Faser von

$$\tau_{max} = \dfrac{r_0}{a_0}\,S\,\varDelta \varphi_{max} \, \infty \, 475 \text{ kg/qcm}.$$

Diese nur mässig grossen Werte einerseits, sowie der Umstand, dass eine, wenn auch kleine Veränderung der Umdrehungszahl die Kurve der ε'' kaum modifiziert, scheinen mir darauf hinzudeuten, dass wir es gar nicht mit Eigenschwingungen der Welle, sondern vielmehr mit erzwungenen Schwingungen infolge des während der Umdrehungsdauer schwankenden Propellerwiderstandes zu thun haben. Dafür spricht nicht allein, dass am hinteren Ende der Welle die Schwankungen des Drehmomentes nur noch von geringem Einfluss sein können, sondern vor allem auch die Flügelzahl des Propellers, welche in der That gleich 4 war. Derartige Schwankungen der Winkelgeschwindigkeit glaubte übrigens schon Fränzel bei seinen Untersuchungen feststellen zu können.

Eine vollständige Klärung dieser Erscheinung ist natürlich erst von weiteren Versuchen nach dem Muster Dr. Bauers zu erwarten, deren Dringlichkeit im Interesse des Schiffsmaschinenbaues nicht genug betont werden kann.

Die vorstehende Theorie der Torsionsschwingungen von Wellen glaubte ich ziemlich ausführlich behandeln zu sollen, nicht nur, weil die Lehre von den Schwingungen überhaupt den meisten Maschineningenieuren bisher nicht geläufig ist, besonders aber, weil ihre eminente Bedeutung für das in Frage stehende Problem in diesen Kreisen kaum geahnt zu sein scheint. So enthält ein neuerdings erschienenes Referat von Prof. O. Flamm „Wellenbrüche bei Schraubendampfern" (Stahl und Eisen 1899), welches die Ansichten der hervorragendsten englischen Schiffbauer unter Hinzufügung einer kritischen Besprechung sehr vollständig wiedergiebt, nicht nur keine Andeutung von dem Einflusse von Torsionsschwingungen, sondern sogar gelegentlich eine rein statische Berechnung der Inanspruchnahme der Welle nach der bekannten Formel über die zusammengesetzte Festigkeit.

Ich möchte diese Schrift nicht schliessen, ohne auf die vollkommen analogen Verhältnisse bei rasch rotierenden Schwungrädern aufmerksam zu machen. Dabei sind im wesentlichen zwei Fälle zu unterscheiden, von denen der erste, bei dem die Ableitung der Energie durch das als Riemen- oder Seilscheibe ausgebildete Schwungrad erfolgt, rechnerisch fast genau so, wie es oben für die Schraubenwelle geschah, anzusetzen ist, wobei nur an Stelle der Torsionsbeanspruchung Biegungsspannungen treten. Für den zweiten Fall, bei dem im Schwungrad zeitweilig kinetische Energie aufgespeichert wird, nehmen die der Untersuchung zu Grunde liegenden simultanen Differentialgleichungen entsprechend 188) und 189) die Form

$$Tr - Wr - \mathfrak{M}_b = \theta_1 \frac{d^2\varphi_1}{dt^2}$$

$$\mathfrak{M}_b = \theta_2 \frac{d^2\varphi_2}{dt^2}$$

an, worin $\mathfrak{M}_b$ das Biegungsmoment der Arme, θ_1 das Trägheitsmoment der Welle und Nabe, sowie θ_2 dasjenige des Kranzes bedeutet, während dasjenige der Arme auf θ_1 und θ_2 verteilt werden kann. Die weitere Behandlung führt nach Einführung periodischer Funktionen für Tr und Wr natürlich wieder auf Schwingungen ganz analog den früher ermittelten. Ich zweifle nicht, dass in solchen Schwingungen der im Eingang dieses Paragraphen erwähnte Unterschied des von Radinger gemessenen und berechneten Ungleichförmigkeitsgrades begründet ist, und dass ein grosser Teil der insbesondere in den 80er Jahren in technischen Zeitschriften (Verhandlungen des Vereins zur Beförderung des Gewerbfleisses in Preussen und Zeitschrift des Vereins deutscher Ingenieure) diskutierten sogenannten Schwungradexplosionen auf den Eintritt von Resonanz zwischen Eigen- und erzwungenen Schwingungen zurückzuführen sein dürfte.

Sachregister.

Admission, A.-druck 88, 107.
Arbeit, A.-gleichung 12, 115.
Ausgleich, Ausgleichung, siehe Massenausgleich.
Ausgleichsbedingungen 28.
Ausschublinie 89.

Bahndruck 5.
Bahngleichungen 4.
Balancier, B.-getriebe 3, 57.
Beharrungszustand 3, 127.
Beschleunigung 3, 10, 15, 16, 61, 66.
Bewegung im Balanciergetriebe 57.
Bewegung im Schubkurbelgetriebe 13.

Centrifugalpumpe 79.
Centrifugalregulator 126.
Cylinder (Dampf-C.) 3.
C.-Abstand 41.

D'Alembertsches Prinzip 3.
Doppelverhältnis 34.
Drehkraftdiagramm 100.
Drehmoment (Drehkraft) 3, 89, 126.
Drehung 75.
Dreikurbelmaschine 31, 101.
Dynamik 3.

Eigenschwingung 136.
Eisenbahnzug 80.
Elastizität 149.
Energie, E.-Gleichung 12, 115, 134.
Erschütterungen 7.
Erzwungene Schwingung 136.
Expansion, E.-linie 89, 103.

Formänderung (F.-arbeit) 128, 134.
Främ 1, 3.
Fundamentplatte 1, 3.
Fünfkurbelmaschine 55.

Gegengewicht 20, 31, 71.
Geradführung 1.
Geschwindigkeit 11, 14, 16, 60, 63.
Gewichtsenergie (Gewichtswirkung) 12, 84, 121.
Gleitbahn 1.
Gleitstücke 1, 2.
Graphische Behandlung 51.
Graphische Integration 118, 131, 150.

Harmonische Analyse 93.
Hookesches Gesetz 139.
Hubpumpen 73.
Hydrodynamik 114.

Indikator und I.-Diagramm 88.
Integrierender Faktor 129.
Isochronismus 147.

Kinetische Energie 12, 73.
Kippmoment 46.
Kolben, Kolbenstange 1.
Kolbendruck (K.-Diagramm) 88.
Kolbenpumpe 79.
Kompression 89.
Kondensator (K.-Luftpumpe) 71, 86, 87.
Kreuzkopf 1, 13.
Kritische Geschwindigkeit 147.
Kurbel (K.-Zapfen, K.-Welle) 1, 133.
Kurbelgetriebe 1.
Kurbelkreis 1, 43, 100.
Kurbelschleife (K.-Getriebe) 2, 14, 23, 96.

Leitkurve 67, 74.
Lenker 57.
Lokomotive 3, 80.
Longitudinalschwingung 7.

Massenausgleich 9, 21, 97, 121.
Massendruck, M.-wirkung 3, 18, 27.
Mechanischer Wirkungsgrad 109.
Mehrkurbelmaschine 3, 21, 121.
Momentgleichungen 8.
Multiplikator 5.

Nutzwiderstand (N.-arbeit) 109, 126.

Pendelung 9.
Periodische Funktion (P.-Reihe) 10, 17, 92, 135.
Perspektivische Lage 34.
Phasenverschiebung 10.
Planimetrieren 89, 118, 151.
Polygon 28, 52, 100.
Potentielle Energie 12, 84, 121.
Prinzip der virtuellen Verschiebungen 3, 4.
Probierverfahren 55.
Propeller (P.-schub) 81, 114, 150.

Sachregister.

Regulierung und Regulator 125.
Reibung (R.-Widerstand) 109.
Resonanz 10, 139.

Schiff (S.-körper) 3, 36, 80, 148.
Schiffsmaschine 97, 100, 149.
Schränkungswinkel 28.
Schraube siehe Propeller.
Schreibapparat 147.
Schubelastizität (S.-Modul) 134.
Schubkurbelgetriebe 2, 13.
Schwebung 139.
Schwerpunkt 6, 68.
Schwingung 3, 13, 109, 128, 150.
Schwinghebel siehe Balancier.
Schwungrad (S.-Explosion) 1, 119, 154.
Starres System 6, 68.
Steuergestänge 71.
Steuerung, Steuerschieber 44.
Stoss (S.-Wirkung) 128.

Tangentialdruck (T.-Diagramm) 89.
Torsion (T.-Moment) 134.
Torsionsschwingung 13, 136

Totpunkt und Totlage 13, 30.
Translation 75.
Transmissionsdampfmaschine 79.
Transversalschwingung 10, 109.
Treibende Kraft 88.

Umdrehungsdauer 115.
Unempfindlichkeit des Regulators 125.
Ungleichförmigkeitsgrad 117.

Variation 7.
Vektor 39.
Verdrehungswinkel 140.
Verzögerung 3.
Vibration 10.
Vierkurbelmaschine 33.
Virtuelle Verschiebungen 3.

Welle (W.-brüche) 1, 133, 149, 153.
Widerstand (W.-moment) 3, 12, 114.
Winkelbeschleunigung 15, 127.
Winkelgeschwindigkeit 15, 74.
Wirkungsgrad 109.

Zweikurbelmaschine 101.

Namenregister.

v. Bach 26.
Bauer 149, 152, 153.
Berling 128, 140, 148.
Busley 101.
D'Alembert.
Finsterwalder 93.
Flamm 153.
Fränzel 56, 97, 147, 153.
Gümbel 108, 109.
Herrmann 67.
Knoller 35, 57.
Lagrange 7.
Laplace 38.
Le Chatelier 21.
Macalpine 19.

Mariotte 88.
Mc. Farlane Gray 57.
Radinger 3, 15, 147, 154.
Rausenberger 4.
Riedler 56.
Schlick 28, 32, 34, 39, 41, 43, 49, 56, 57, 71, 85, 102, 148, 150.
Schubert 33, 35, 38, 39, 51, 57.
Taylor 28, 56.
Watt 57.
Weisbach 67.
Yarrow 28.
Zeuner 71.

Berichtigungen

zur „Dynamik der Kurbelgetriebe" von H. Lorenz.

S. 8. Zeile 1 von oben lies $\dfrac{\partial f}{\partial y'} x'$ statt $\dfrac{\partial f}{\partial y'} x''$.

S. 8. „ 16 „ „ „ $\lambda_1 \dfrac{\partial f_1}{\partial x} + \lambda_2 \dfrac{\partial f_2}{\partial x} + \cdots$ statt $\lambda_1 \dfrac{\partial f_1}{\partial x} - \lambda_2 \dfrac{\partial f_2}{\partial x} + \cdot$

S. 9. In den letzten 4 Formeln lies

$$\sum m' z' \frac{d^2(x'-x'')}{dt^2} \quad \text{statt} \quad \sum z' \frac{d^2(x'-x'')}{dt^2}.$$

$$\sum m' z' \frac{d^2(y'-y'')}{dt^2} \quad \text{statt} \quad \sum z' \frac{d^2(y'-y'')}{dt^2}.$$

S. 18. In Gl. 5b) lies $\dfrac{1}{4}\dfrac{r^3}{l^3}$ statt $\dfrac{1}{4}\dfrac{r^3}{l^2}$.